Bosch und das Kraftfahrzeug – Rückblick 1950–2003

Walter Kaiser

Bosch und das Kraftfahrzeug

Rückblick 1950–2003

Mit einem Vorwort von
Hermann Scholl

© 2004 Hohenheim Verlag GmbH, Stuttgart · Leipzig
Alle Rechte vorbehalten
Gesamtherstellung: Ludwig Auer GmbH, Donauwörth
Printed in Germany
ISBN 3-89850-117-5

Inhalt

Hermann Scholl
Vorwort

Die Entwicklung des Hauses Bosch von der feinmechanischen Werkstatt in den achtziger und neunziger Jahren des 19. Jahrhunderts bis zum heutigen Hightech-Unternehmen war stets eng mit dem Kraftfahrzeug verbunden. Die Niederspannungs-Magnetzündung, bis Anfang des 20. Jahrhunderts im Einsatz, war noch ein Nachbau, den Robert Bosch aber entscheidend verbesserte. Die ersten sehr erfolgreichen eigenen Entwicklungen waren Hochspannungs-Magnetzünder und Zündkerze, die von 1902 an wesentlich dazu beitrugen, aus dem Automobil ein zuverlässiges Transportmittel zu machen.

In der ersten Hälfte des 20. Jahrhunderts entwickelte sich das Auto zum Massenverkehrsmittel; vor allem die Elektrik mit Batterie, Starter, Generator, Scheinwerfer und Scheibenwischer machte es komfortabler und sicherer und auch einfacher zu bedienen. Mit dem Autoradio hielt die Elektronik Einzug, damals noch unter Verwendung von Verstärker-Röhren. Bei der Autoelektrik von Bosch kamen die Ideen für Funktion und Konstruktion noch überwiegend von außen. Der große Beitrag von Bosch lag vor allem in der zuverlässigen und kostengünstigen Großserienfertigung.

Die nächste epochemachende Produktneuheit des Unternehmens, nach der Hochspannungszündung, war 1927 die Dieseleinspritzpumpe, die dem Dieselmotor zum Durchbruch verhalf, vor allem für den Einsatz in Nutzfahrzeugen, wo die Wirtschaftlichkeit durch den wesentlich niedrigeren Kraftstoffverbrauch im Vordergrund stand. Aber auch im Pkw gab es in den dreißiger Jahren die ersten Anwendungen.

Beim Otto-Motor wurde der Kraftstoff, im Auto wie im Flugzeug, zunächst durch den Vergaser zugeführt. Mit den zunehmenden technischen Anforderungen, zum Beispiel beim Start des kalten Motors oder beim Betrieb bei niedrigerem Luftdruck in großen Höhen, wurden die Vergaser immer aufwändiger und komplizierter; sie waren auch im Service schwer zu beherrschen. Die Antwort war die Benzineinspritzung, ebenfalls eine originäre Bosch-Entwicklung. Sie entstand aus der Dieseleinspritzpumpe, wobei die unzureichende Schmierfähigkeit des Benzins eine besondere Herausforderung für Konstruktion und Werkstoffe war. Der erste Einsatz der Benzineinspritzung, in der klassischen Form der Reihenpumpe, fand Mitte der dreißiger Jahre bei Flugmotoren statt. Anfang der fünfziger Jahre hielt sie dann ihren Einzug auch im Auto, zuerst im Kleinwagen der deutschen Marke Gutbrod, um den starken Durst des Zweitakters zu verringern, und dann bei Mercedes zur Steigerung von Leistung und Drehmoment. Den großen Durchbruch erreichte sie jedoch, als Umweltauflagen höhere Anforderungen an die Abgasreinigung stellten.

Mitte der fünfziger Jahre wurde bei Bosch neben dem Forschungsbereich auch eine Vorausentwicklung eingerichtet, welche die Aufgabe hatte, die Einsatzmöglichkeiten der damals ganz neuen Halbleiterbauelemente zu untersuchen und, darauf aufbauend, ganz neue elektronische Erzeugnisse und Systeme für das Kraftfahrzeug zu entwerfen. Die ersten Resultate führten bereits in der zweiten Hälfte der sechziger Jahre zur weltweiten ersten Serienproduktion einer elektronisch gesteuerten Benzineinspritzung. Weitere elektronische Systeme für Hochleistungszündung und Getriebe folgten.

Bei Bosch kam man bereits in den sechziger Jahren zu der Erkenntnis, dass die Halbleitertechnik und die darauf aufbauenden elektronischen Steuerungen in Analog- und Digitaltechnik dem Unternehmen große Wachstumsmöglichkeiten bieten würden. Gleichzeitig war abzusehen, dass die im Markt verfügbaren Halbleiter den hohen Anforderungen im Kraftfahrzeug, zum Beispiel sehr großer Temperaturbereich und sehr hohe Zuverlässigkeit, auf absehbare Zeit nicht genügen würden. Bosch baute deshalb Ende der sechziger Jahre eine eigene Halbleiter-Entwicklung und eine eigene Fertigung auf, die entscheidend zum Erfolg der elektronischen Bosch-Systeme beitrugen. Die Fertigung wurde in den folgenden Jahrzehnten mehrmals ausgebaut und inzwischen durch die Herstellung mikromechanischer Komponenten in Siliziumtechnik ergänzt.

Ein großer Wurf war das Antiblockiersystem ABS, das 1978 in Serie ging. Die Grundidee war nicht neu. Aber Bosch gelang es als erstem Unternehmen, ein sicheres und verlässliches ABS in großen Stückzahlen zu produzieren. Entscheidend war dabei die erstmalige Anwendung der Digitaltechnik in der elektronischen Steuerung. Das darauf aufbauende elektronische Stabilitätsprogramm ESP, seit 1995 in Serie, war, wie das ABS, ein großer Beitrag von Bosch zur Fahrzeugsicherheit.

Blaupunkt, eine Tochtergesellschaft von Bosch, war seit den zwanziger Jahren in der Unterhaltungselektronik tätig. Die Gesellschaft war bei Autoradios besonders innovativ, so zum Beispiel bei der Erfindung des Systems ARI, das sich zu einem für ganz Europa einheitlichen System für Verkehrsdurchsagen entwickelte. Bereits Mitte der siebziger Jahre befasste sich Blaupunkt auch mit Fahrzeugnavigation; der Durchbruch kam allerdings erst mit der digitalen Routenspeicherung auf einer CD-ROM, die Blaupunkt 1989 auf den Markt brachte.

In den achtziger und neunziger Jahren wurde immer deutlicher, dass die besonderen Stärken von Bosch in der Kraftfahrzeugtechnik auf der Kombination einer Reihe technischer und technologischer Fähigkeiten beruhten: hochpräzise und gleichzeitig robuste Feinwerktechnik, wie sie vor allem in der Diesel- und Benzineinspritzung zur Anwendung kommt; Halbleitertechnik und Elektronik einschließlich Softwaretechnik, vor allem für komplexe Systeme; und Sensortechnologien zur Messung einer Vielzahl von Eingangsgrößen, zunehmend in Mikromechanik. Diese Fähigkeiten zeigten sich in besonderem Maße, zum Vorteil von Bosch, als Ende der achtziger Jahre der direkt eingespritzte Pkw-Dieselmotor serienreif war und innerhalb sehr kurzer Zeit ein riesiger Bedarf an neuartigen Hochdruck-Einspritzsystemen entstand. Die Antwort waren das Common-Rail-System und der Unit Injector für Pkw-Motoren, die Bosch jeweils mit großem zeitlichem Vorsprung vor dem Wettbewerb auf den Markt bringen konnte. Auch bei Benzinmotoren wird der Kraftstoff zunehmend direkt eingespritzt. Die neuen Hochdrucksysteme von Bosch zur Senkung des Verbrauchs sind sehr gefragt.

Bosch hatte sich bereits 1973 das 3-S-Programm auf die Fahnen geschrieben, mit dem Ziel, das Kraftfahrzeug sicherer, sauberer und sparsamer zu machen. Neue Einspritzsysteme sowie elektronische Brems- und Stabilisierungssysteme wurden daher mit besonderem Nachdruck entwickelt. Bosch konnte dadurch vor allem in den letzten 20 Jahren hohe Umsatzsteigerungen erzielen: Wachstum durch Innovation. Das 3-S-Programm ist heute aktueller denn je. Der Markt verlangt dringend nach weiteren Fortschritten auf diesen Gebieten. Innovation muss systematisch betrieben werden und hat ihren Preis. Die Bosch-Gruppe wendet insgesamt rund 7 Prozent ihres Umsatzes für Forschung und Entwicklung auf; auf dem Gebiet der Kraftfahrzeugtechnik sind dies sogar 8–9 Prozent.

Eine Stärke von Bosch ist die Fähigkeit, die interne Organisation immer wieder an die neuen technischen und technologischen Chancen anzupassen. So wurden 1983 Benzineinspritzung und Zündung in einem neuen Geschäftsbereich für »Benzinsysteme« zusammengefasst. Die zentralen Bereiche Forschung, Vorausentwicklung und Verfahrensentwicklung wurden 1994 unter einer eigenen Geschäftsleitung gebündelt, wodurch ihre Schlagkraft wesentlich erhöht werden konnte.

Schutzrechts- und Know-how-Lizenzen spielen bei Bosch traditionell eine große Rolle. Durch Lizenzvergaben wurden vor allem in früheren Jahrzehnten Märkte für Bosch-Erzeugnisse erschlossen, die für eine eigene Produktion schwer zugänglich waren, zum Beispiel Japan. Aber auch der Kauf von Lizenzen war auf einigen Arbeitsgebieten ein entscheidendes Mittel, um neue Produkte noch schneller auf den Markt bringen zu können. Die Lizenzbilanz war jedoch stets positiv, die Einnahmen überstiegen die Ausgaben bei weitem.

Die Kraftfahrzeugtechnik hat der Bosch-Gruppe besondere Wachstumschancen geboten. Das Unternehmen ist dadurch in den letzten Jahrzehnten außergewöhnlich stark gewachsen. Im Jahr 2003 betrug der Umsatz der Bosch-Gruppe 36,4 Mrd. Euro, wovon 23,6 Mrd. Euro auf die Kraftfahrzeugtechnik entfielen. Das Unternehmen beschäftigte Anfang 2004 weltweit rund 232 000 Mitarbeiter.

Das Kraftfahrzeug für den Transport von Personen und Gütern hat weiterhin eine glänzende Zukunft. Die eingesetzte Technik wird sich im Lauf der Zeit weiter verändern, und neue Erzeugnisse und Systeme, die heute noch niemand kennt, werden bestehende Produkte ersetzen oder ganz neue Funktionen bieten. Bosch ist dafür gut gerüstet.

I Das Unternehmen seit 1945

Wiederaufbau und Konsolidierung

Robert Bosch war schon seit den dreißiger Jahren ein bedeutendes Zulieferunternehmen mit sehr hohen Marktanteilen in der elektrischen Fahrzeugausrüstung und der Dieseleinspritztechnik. Die Marktanteile von Bosch in Deutschland im Jahre 1930 lagen bei Anlassern, Generatoren und den Komponenten des Zündsystems zwischen 80 und 90 Prozent. Hinzu kamen erste Ansätze auf dem Gebiet der Benzineinspritzung bei Flugmotoren. Mit dieser neuen Technik zeichnete sich aber auch die Ein-

beziehung des Unternehmens in die forcierte Aufrüstungspolitik der NS-Reichsregierung ab. Der Zweite Weltkrieg bedeutete für Bosch eine immense Steigerung der Produktion und zugleich die existentielle Bedrohung. Wie schon im Ersten Weltkrieg war das Unternehmen von seinen ausländischen Fertigungsstätten und von den Exportmärkten abgeschnitten worden, wobei man sich allerdings wegen der Erfahrungen des Ersten Weltkriegs noch vor Kriegsausbruch aus den Gemeinschaftsunternehmen mit

Zerstörte Hallen des Stuttgarter Bosch-Werks nach den Angriffen von 1944.

Werk Stuttgart: nach Luftangriff 1944 in Trümmern.

Zerstörte Gebäude im Lichtwerk in Stuttgart-Feuerbach nach Bombenangriff 1944.

Lavalette in Frankreich und mit Lucas in England zurückgezogen hatte. Im Jahr 1942 ging zudem eine unternehmensgeschichtliche Ära zu Ende: Im März starb der Gründer Robert Bosch. Dieses Jahr steht aber auch für die vom Reichsminister für Bewaffnung und Munition, Albert Speer, durchgesetzte Intensivierung der gesamten deutschen Kriegswirtschaft. Da die Firma Bosch große Bedeutung für die nun auf Hochtouren laufende deutsche Rüstungsindustrie besaß, wurden die Werke fast zwangsläufig Ziel alliierter Luftangriffe. Besonders hart trafen die Angriffe im Juli und September 1944 das Stuttgarter Stammwerk und die Verwaltung. Um die Fertigung aufrechtzuerhalten, wich man aufgrund einer Anordnung von Albert Speer mit Verlagerungsbetrieben in weniger gefährdete Gebiete aus. Schließlich wurden auch einige der Verlagerungswerke durch Bomben zerstört.

Dem Wiederaufbau standen zunächst die ungeheuren Verluste an Menschen und Sachwerten entgegen. Die gesamten Bombenschäden wurden mit 88 Millionen Reichsmark beziffert. So waren bei Kriegsende nur noch 30 Prozent der Bausubstanz des Stammwerks in der Stuttgarter Innenstadt benutzbar, in den Werkanlagen in Stuttgart-Feuerbach waren es 53 Prozent. Die Zahlen für die Bosch-Werke in Stuttgart waren zwar geringfügig günstiger als die, die von anderen großen Unternehmen, etwa von Daimler-Benz, berichtet werden. Bei den Fertigungseinrichtungen überstiegen jedoch die Verluste aufgrund der von den Alliierten veranlassten Demontage von Maschinen bald die eigentlichen Kriegsschäden. Insgesamt gingen dem Unternehmen etwa 10 000 Maschinen verloren. Vollständig büßte das Unternehmen die Werke im Osten ein. Aus den in der französischen Zone liegenden Verlagerungsbetrieben auf der Schwäbischen Alb konnte zwar einiges an Inventar in das amerikanisch besetzte Stuttgart geschafft werden. Im Zuge

der Demontage wurden die Werke aber weitgehend leergeräumt. Die Fertigungseinrichtungen von Reutlingen brachte man zum Beispiel in ein von Bosch abgetrenntes, französisch kontrolliertes »Saarwerk« nach Homburg. Die Ironie der Geschichte wollte es, dass dort vorübergehend die Ateliers de Construction Lavalette Hauptaktionär wurden, ein altes Partnerunternehmen von Bosch aus der Vorkriegszeit, und dass später bei der erneuten Übernahme des nun als »Feintechnik AG« firmierenden Homburger Werks die museal gewordenen Reutlinger Maschinen noch einmal gekauft werden mussten.

Ein schwerwiegendes Hemmnis für die Wiederaufnahme der Wirtschaftstätigkeit waren die allgemeinen Mängel der Infrastruktur, also die Engpässe in der Energieversorgung und die fehlenden Transportkapazitäten. Trotzdem war der Wille, das Unternehmen wieder aufzubauen, ungebrochen. Sofort nach der Besetzung Stuttgarts am 21. 4. 1945 – und noch vor dem Waffenstillstand – gründeten Hans Walz und andere Führungspersonen von Bosch einen »Vorläufigen Württembergischen Wirtschaftsrat«. Im Zusammenwirken mit der lokalen Verwaltung und den alliierten Militärbehörden sollte er Verkehr, Handel und Produktion wieder in Gang bringen. Tatsächlich hatte Bosch ungeachtet der insbesondere bei Werkzeugmaschinen fühlbaren Einbußen an Kapazitäten einen Fertigungsplan erstellt, der schon im Mai 1945 anlief. Den Anschub brachte dann eine Erlaubnis der Militärregierung, auf einzelnen Erzeugnisgebieten Reparaturaufträge auszuführen.

So begann im Juni 1945 der Wiederaufbau mit 800 Mitarbeitern, und Ende 1945 waren in Stuttgart bereits wieder 5800 Personen für Bosch tätig (insgesamt 9610). Gebäude, die noch leidlich erhalten waren, wurden wieder instand gesetzt. Auch die von der Stuttgarter Innenstadt und von Stuttgart-Feuerbach ausgelagerten Betriebsteile wurden, soweit sie nicht der Demontage zum Opfer gefallen waren, nach und nach

ORDNANCE PRODUCTION CONTROL
THIRD U.S. ARMY.

REF.N._____   DATE   11 September 1945

Subject: Authorization for production.

To   :   ROBERT BOSCH AG. AUSSENWERK 1 BAMBERG.

     1. You are hereby directed to start immediate production of the
following listed items utilizing present stocks of material on hand:

SPARK PLUGS for: 1. American Army
                  2. Firms authorized to work by Third Army Production
                     Control
                  3. Needs considered essential by Military Government
                     Authorities.

     2. A report in duplicate as of 1200 each Saturday properly
enveloped and addressed to:

                     THIRD ARMY ORDNANCE OFFICER
                     A.P.O.NO.403 U.S.ARMY
                     ATTN. PRODUCTION CONTROL

will be delivered to the local Military Government on or before 1000
the following Monday giving the following information:

                     WEEKLY PRODUCTION REPORT
                               Period Covered from 3.9. to 8.9.45

(1)	(2)	(3)	(4)	(5)	(6)
ITEM	TOTAL ON HAND PREVIOUS REPORT	PRODUCTION THIS PERIOD	SHIPMENTS THIS PERIOD	TOTAL ON HAND	NO. OF EMPLOYEES
spark plugs	137 730	72 985	5 010	205 705	410 without apprentices

     3. You will contact the Mil. Govt. on all local problems and for
all proper military clearances.

     4. Remarks:

                              FRANK D. SCHNITZER
                              1st Lt. ORD. DEPT.

                                   Rec'd 11-7-45

Dist.:
2 Copies files
1 Copy AMG
1 Copy FIRM.

*Fertigungs-
genehmigung der
U.S. Army für
Zündkerzen
(1945).*

Der kleine Bosch-Zünder

Mitteilungen der Geschäftsführung der Robert Bosch Gmbh-Stuttgart

Herausgegeben mit Genehmigung der
Publications-Control OMG Württemberg-Baden JCO

Dezember 1946

Weihnachten 1946 ☆

Zum zweitenmal seit Kriegsende feiern wir Weihnachten, und noch immer ist nicht Friede auf Erden. Das Fest der Nächstenliebe und der Familie bedeutet für alle, die aus der Heimat flüchten mußten, die ausgebombt wurden oder noch in Gefangenschaft sind, eine wehmütige Erinnerung an vergangene, glücklichere Tage. Jeder andere, der vom Schicksal verschont daheim im Kreis seiner Familie unterm eigenen Dach Weihnachten feiern darf, möge sich dieser unendlichen Not erinnern und sein Teil zu ihrer Linderung beitragen. Die Gutsteller sind auch in diesem Jahr nicht so gefüllt, wie wir es eigentlich gehofft hatten, und auf Geschenke herkömmlicher Art müssen wir bei unserer Rohstoffarmut leider ebenfalls verzichten. Als schönstes Weihnachtsgeschenk jedoch möchte der „Bosch-Zünder" allen Gliedern der weitverzweigten Bosch-Familie die Erhaltung ihrer Gesundheit und Schaffenskraft wünschen, die schließlich die Grundlagen unseres materiellen und geistigen Wiederaufstiegs bilden. In diesem Sinne rufen wir allen Boschlern frohe Weihnachten und ein glückliches neues Jahr zu. Gleichzeitig wollen wir jedem einzelnen herzlich danken, der in diesem Jahre durch tatkräftige Mitarbeit am Wiederaufbau unseres Betriebs seinen guten Willen bewiesen hat.

Weihnachts-Leistungen

Alle Rentner, Rentnerinnen und Witwen, deren Monatsrente RM 50.- nicht übersteigt, sowie Witwen und Waisen Gefallener und Kinder von Vermißten und Gefangenen erhielten von der Bosch-Hilfe eine einmalige Herbst- und Winterbeihilfe in Gesamthöhe von RM 83 750.-.

Auch in diesem Jahre gewähren wir an Rentner, Rentnerinnen und Rentnerwitwen mit einer niedrigeren Monatsrente als RM 30.- und an Waisen, Kinder von Vermißten und Gefangenen sowie an Angehörige ehemaliger zur Zeit noch im Ausland internierter Mitarbeiter ein kleines Weihnachtsgeldgeschenk. Die Gesamtaufwendungen hierfür betragen rund RM 30 000.-.

Die 6-14jährigen Kinder von Bosch-Hilfe-Rentnerwitwen sowie von gefallenen, vermißten und gefangenen Firmenangehörigen haben wir an drei Nachmittagen zu einer Weihnachtsmärchenvorstellung in das „Theater der Jugend" eingeladen.

Der finanzielle Stand unserer Firma erlaubt es in diesem Jahre leider nicht, allen Betriebsangehörigen ein Geldgeschenk zukommen zu lassen, das eine fühlbare Hilfe bedeuten würde. Wir haben uns deshalb entschlossen, jedem Firmenangehörigen eine nützliche, kleine Sachspende zu überreichen, und hoffen damit manchen lange gehegten Wunsch zu erfüllen.

Alle bei uns beschäftigten Flüchtlinge erhalten außerdem als Weihnachtsbeihilfe je RM 15.-; solche, die Angehörige zu versorgen haben, für jedes unterhaltsberechtigte Familienmitglied zusätzlich RM 5.-.

Aus unseren Verkaufshäusern und Tochtergesellschaften

In unseren 6 deutschen Verkaufshäusern - Berlin, Frankfurt, Hannover, Köln, München und Stuttgart - waren Ende September 1946 insgesamt 628 Personen beschäftigt.

Die Tochtergesellschaften wiesen Ende September 1946 folgende Belegschaftszahlen auf:

Eugen Bauer GmbH., Stuttgart-Unterürkheim	127
Blaupunkt-Werke GmbH., Berlin-Wilmersdorf (einschl. Verkaufshäuser) und Blaupunkt-Apparatebau GmbH., Hildesheim	1 364
Eisemann GmbH., Kirchheim/Teck	58
Fernseh-GmbH., Taufkirchen b. München und Hildesheim	75
Dessa GmbH., Stuttgart-Feuerbach	62
Metallerzbergbau Westmark GmbH., Traben-Trarbach	34
Sundgau-Maschinenbau GmbH., Giengen/Brenz	315
Trillke-Werke GmbH., Hildesheim	1 331
insgesamt:	3 366

Die Dreilinden-Maschinenbau GmbH. in Kleinmachnow bei Berlin ist enteignet worden.

Die Junkers & Co. GmbH. in Dessau steht unter Treuhandverwaltung des Präsidenten der Provinz Sachsen.

Die der Robert-Bosch-Siedlung gGmbH. gehörende Werksiedlung in Kleinmachnow bei Berlin ist zugunsten der Provinzialverwaltung Brandenburg enteignet worden. Dies bedeutet bei der Bosch-Hilfe einen jährlichen Einnahmenausfall von rund RM 115 000.-, der auf die Dauer sich auch in der Höhe der Renten auswirken wird.

Nicht mitzuhassen, mitzulieben bin ich da. Sophokles

Ausschnitt aus der Mitarbeiterzeitung „Der kleine Bosch-Zünder", Weihnachten 1946.

wieder an ihre alten Standorte zurückverlegt. Im Umkreis anderer Werke wurden ebenfalls wieder »Bosch-Zellen« aktiv. Das Fertigungsprogramm schloss dann – ähnlich wie in anderen Bereichen der Automobilindustrie – unmittelbar an die Vorkriegsproduktion an. Erstaunlich ist es aber doch, welche Stückzahlen bereits im August 1946, nachdem die Neufertigung die Reparaturaufträge abgelöst hatte, wieder erreicht waren: über zweieinhalb Millionen Zündkerzen, nahezu zweihunderttausend Scheinwerfer, weit über einhunderttausend Zündspulen und Zündverteiler, jeweils mehrere zehntausend Magnetzünder, Anlasser und Lichtmaschinen. Besonders bedeutsam für den Wiederaufstieg und für die Wiedergewinnung technischer Kompetenz war es sicherlich, dass bereits wieder 11 000 Dieseleinspritz- und Förderpumpen sowie die entsprechende Zahl von Düsen gefertigt wurden. Auch die Herstellung von Erzeugnissen außer-

halb der Kraftfahrzeugtechnik wurde sofort wieder aufgenommen. So umfasste das Fertigungsprogramm, wie es im ersten »Bosch-Zünder« nach Kriegsende im September 1946 vorgestellt wurde, neben Kraftfahrzeugelektrik, Einspritzpumpen und Druckluftbremsanlagen auch Schmierpumpen, Elektrowerkzeuge und Hämmer. Außerdem wurde die Fabrikation von Lenkschlössern, von Kühlmaschinen (für gewerbliche Zwecke) und von Zubehör für Haarschneidemaschinen vorbereitet.

Begünstigt war die Wiederaufnahme der Produktion durch die Hilfe der amerikanischen Militärregierung bei der Beschaffung von Rohstoffen und Teilen. Möglicherweise machte auch die berühmt gewordene Stuttgarter Rede des US-Außenministers James Byrnes vom September 1946 dem Unternehmen Mut. Mit dieser Rede hatten die USA ihre programmatische Abkehr vom Morgenthau-Plan deutlich

Wieder aufgebautes Werk Stuttgart im Jahr 1949.

Blechschild mit Bosch-Werbung für Glühkerzen und Einspritzdüsen für Dieselmotoren (1949).

Werbeplakat für Dieseleinspritzpumpen von Bosch (1949).

gemacht und die Weichen ihrer Deutschlandpolitik in Richtung eines wirtschaftlichen Wiederaufbaus gestellt.

Ungeachtet solcher positiver Signale stellte der im März 1948 von der Militärregierung erlassene Entflechtungsbescheid für Bosch noch über Jahre hinweg eine ernste Bedrohung dar. Der Vorwurf der Decartelization and Industrial Deconcentration Group lautete: der Bosch-Konzern stelle mit seinem enormen Patentbesitz eine übermäßige Konzentration von Wirtschaftsmacht dar, da der größte Teil der deutschen Produktion von Diesel- und Vergasermotoren, von Kraftfahrzeugen sowie von Radio- und Fernsehgeräten vom Bosch-Konzern abhängig und insofern jeder Wettbewerb ausgeschaltet sei.

Allein aus Gründen der gänzlich unterschiedlichen wirtschaftlichen und politischen Dimensionen konnte eine solche Maßnahme

nie das Ausmaß der Entflechtung der riesigen IG Farbenindustrie AG bekommen. Gleichwohl gefährdete die an Bosch gerichtete Forderung, sich (mit Ausnahme der Verkaufshäuser) von allen außerhalb Stuttgarts gelegenen Betrieben und Tochtergesellschaften zu trennen, die Existenz des Unternehmens. Dies gilt umso mehr, als das zentral geführte Unternehmen Bosch organisch gewachsen und nicht durch eine Fusion nahezu gleich bedeutender Partner entstanden war. Bosch führte zwar das einleuchtende Argument ins Feld, seine starke Position am Markt rühre von hochrangiger Forschung und Entwicklung sowie von besonders leistungsfähigen Produktionsverfahren her und nicht von unternehmenspolitischen, rechtlichen Manövern zur Schaffung eines Monopols. Trotzdem konnte die Auseinandersetzung um Bosch erst im Februar 1952 mit einem Vergleich beendet werden. Die Einigung sah so aus, dass Bosch als Gegenleistung für die Einstellung des Entflechtungsverfahrens sich verpflichtete, auf allen Fertigungsgebieten seine zum Zeitpunkt des Vergleichs bestehenden Patente und Gebrauchsmuster (sowie die entsprechenden Anmeldungen) auf Antrag allen Interessenten in der Bundesrepublik zur Verfügung zu stellen. Für die Rettung der Integrität und Zukunftsfähigkeit des Unternehmens nach dem Zweiten Weltkrieg musste man am Ende einen hohen Preis bezahlen: Zum Verlust von Menschen, zur Zerstörung von Sachwerten und zur Trennung von alten Märkten traten die Verluste an geistigem Eigentum. Es war vor allem die Leistung von Hans Walz, der als alter Vertrauter seit dem Tod von Robert Bosch das Amt eines Testamentsvollstreckers inne hatte und dann bis 1963 als Vorsitzender der Geschäftsführung wirkte, das Unternehmen durch diesen schwierigen Übergang zu führen.

Diskontinuität und Kontinuität prägen also auch die Geschichte von Bosch unmittelbar nach 1945. Kontinuität bedeutet aber bei Bosch mehr als Bewahrung von technischem Wissen, Rettung von begrenzten Fertigungskapazitäten und engagierte Tätigkeit alter Mitarbeiter. Aus seiner Geschichte heraus betrachtet musste es dem Unternehmen in der Nachkriegszeit vor allem darum gehen, an die inhaltlich längst entwickelten Unternehmensziele, wie Streben nach Internationalisierung, Weiterentwicklung des Kerngeschäfts sowie Risikoausgleich und Wachstum durch Erzeugnisse außerhalb des Kraftfahrzeugmarktes, wieder anzuknüpfen und sie gleichzeitig unter den sich ändernden nationalen und weltwirtschaftlichen Rahmenbedingungen auszubalancieren.

Seit den im ersten Jahrzehnt des 20. Jahrhunderts sprunghaft gewachsenen Produktionsziffern bei Magnetzündern lag das Kerngeschäft eindeutig in der Kraftfahrzeugtechnik. Die enorme Entwicklung des Individualverkehrs in der Nachkriegszeit bot dem Unternehmen besonders günstige Rahmenbedingungen, um das traditionelle Gebiet der Kraftfahrzeugtechnik weiter zu stärken. Bereits wenige Jahre nach dem Ende des Zweiten Weltkriegs vollzog man in Europa und vor allem in der Bundesrepublik nach, was in den USA spätestens in den zwanziger Jahren Realität war, nämlich die Entwicklung des Individualverkehrs auf der Basis des Automobils und die daraus erwachsende Massenmotorisierung.

Der unternehmerische Rahmen, in dem sich Bosch in der Nachkriegszeit bewegte, war durch die im Testament Robert Boschs im Grundsatz festgelegte und 1964 etablierte neue Verfassung des Hauses Bosch gegeben. Sie bildete den Abschluss einer Entwicklung, die 1921 mit der Gründung der Vermögensverwaltung Bosch GmbH ihren Anfang genommen hatte. Die Vermögensverwaltung sollte langfristig alle Aktien der Robert Bosch AG übernehmen und die Geschäftsführung beaufsichtigen. Dabei ging es einmal darum, den Bestand des Unternehmens zu sichern und zugleich eine gesellschaftsrechtliche Regelung für die gemeinnützigen und sozialen Aktivitäten von Robert Bosch zu treffen. Innerhalb einer Frist von 30 Jahren hatten die von Bosch eingesetzten Gesellschafter zu entscheiden, ob und wann die etwa 86 Prozent der Geschäftsanteile, die nach dem Tod von Robert Bosch 1942 zunächst an seine Erben übergegangen waren, auf die Vermögensverwaltung Bosch GmbH übertragen werden sollten. Von 1962 bis 1964 erwarb die Vermögensverwaltung Bosch GmbH aufgrund einer Übereinkunft zwischen Erben und Testamentsvollstreckern – unter ihnen Hans Walz – die zum Nachlass gehörenden Geschäftsanteile. Zur Trennung der gemeinnützigen von den wirtschaftlichen Aufgaben der Vermögensverwaltung Bosch GmbH wurde die wirtschaftliche Lenkungsfunktion auf die Robert Bosch Industriebeteiligung GmbH übertragen. Dieses Lenkungsorgan, das 1976 in die heutige Robert

Bosch Industrietreuhand KG umgewandelt wurde, erhielt bei einer Beteiligung von 0,01 Prozent das Stimmrecht aus allen Geschäftsanteilen der Vermögensverwaltung Bosch GmbH. 1969 änderte die Vermögensverwaltung Bosch GmbH ihren Namen in Robert Bosch Stiftung GmbH. Die Robert Bosch Stiftung GmbH, die ausschließlich gemeinnützige Zwecke verfolgt und heute zu den größten Industriestiftungen in Deutschland zählt, besitzt 92 Prozent des 1,2 Milliarden Euro betragenden Stammkapitals der Robert Bosch GmbH.

Eine wichtige strukturelle Veränderung im Unternehmen setzte 1958 mit der Umwandlung des Elektrowerkzeugbaus in einen selbständigen Geschäftsteil ein, nämlich die Divisionalisierung des Unternehmens. Diese fand mit der Aufteilung des kraftfahrzeugtechnischen Bereichs in sieben Geschäftsbereiche zum

1. Oktober 1968 ihren vorläufigen Abschluss. Lange Zeit wurden zur Bezeichnung der Geschäftsbereiche Kürzel verwandt, wie zum Beispiel K1, K3 oder K5. Anfang 2001 wurden diese Kürzel durch Fachausdrücke wie Chassis Systems (Chassissysteme), Gasoline Systems (Benzinsysteme) und Diesel Systems (Dieselsysteme) ersetzt. Im Jahr 2000 wurde der Unternehmensbereich K von Kraftfahrzeugausrüstung in Kraftfahrzeugtechnik umbenannt.

Sichtbares Zeichen des Wachstums des Unternehmens waren 1968 der Bezug des Technischen Zentrums Autoelektrik in Schwieberdingen im Kreis Ludwigsburg sowie des Technischen Zentrums Forschung auf der Schillerhöhe bei Gerlingen und im Jahr 1970 die Verlagerung der gesamten Bosch-Zentrale zum neuen Standort auf der Schillerhöhe. Mit dem Festschreiben der heutigen Unternehmensver-

Technisches Zentrum Schwieberdingen im Landkreis Ludwigsburg (1984).

Bosch hatte seine Zentrale bis 1970 in der Stuttgarter Breitscheidstraße (1953).

Richtfest der neuen Zentrale auf der Gerlinger Schillerhöhe (1969).

fassung, mit der Divisionalisierung und mit dem Umzug der Führung von der Innenstadt Stuttgarts auf die Schillerhöhe sind wichtige Ereignisse der Periode der Unternehmensgeschichte benannt, die durch Hans L. Merkle geprägt war. Auch in anderer Hinsicht hat Hans L. Merkle das Erbe von Hans Walz angetreten. Das Selbstverständnis, mit dem er für das Unternehmen tätig war, seit 1959 als für die Finanzhauptleitung zuständiger Geschäftsführer und von 1963 bis 1984 als Vorsitzender der Geschäftsführung, war von Anfang an durch das Bestreben bestimmt, entsprechend der bisherigen Ausrichtung alles dafür zu tun, die Technikentwicklung bei Bosch weiter zu fördern und den technischen Vorsprung für das Unternehmen zu erhalten. Tatsächlich stellte das Unternehmen zu jeder Zeit die erforderlichen Mittel bereit, um eine offensive Entwicklung seiner Technik zu betreiben.

Neben der Zentrale fand auf der Schillerhöhe auch noch das Technische Zentrum Forschung Platz (1972).

Seit der zweiten Hälfte der sechziger Jahre brachte Bosch in ununterbrochener Folge wichtige neue Erzeugnisse auf den Markt: 1965 wurde die Verteilereinspritzpumpe VA für Dieselmotoren vorgestellt, 1967 das erste elektronische Benzineinspritzsystem »Jetronic« eingeführt, wobei seit 1968 auch die Bosch-eigene Halbleiterfabrik in Reutlingen aufgebaut wurde. 1973 kam als Pendant zur »Jetronic« die mechanische »K-Jetronic«. 1975 wurde die später enorm erfolgreiche Verteilereinspritzpumpe VE vorgestellt, 1976 begann die Serienfertigung der für den »geregelten« Dreiwege-Katalysator entscheidenden Lambda-Sonde, 1978 erschien das erste serienreife elektronische Antiblockiersystem für Personenwagen, 1979 wurde schließlich die Zündung und Einspritzung umfassende elektronische Motorsteuerung »Motronic« auf den Markt gebracht. In deutlichem Kontrast zu der vielfach kritisierten Innovationsschwäche der Bundesrepublik führte Bosch die elektronische Benzineinspritzung, die Lambda-Sonde, das elektronische Antiblockiersystem und die komplette Motorsteuerung in Gestalt der Motronic weltweit als erstes Unternehmen in den Markt

Im Werk Reutlingen wurden die ehemaligen Fabrikgebäude der Firma Gminder aufwändig restauriert (1985).

ein. Die Motronic war zudem die erste Motorsteuerung, die auf einem Mikroprozessor beruhte.

Auf dem Weg zum global handelnden Unternehmen

Eine weitere Aufgabe, die sich Hans L. Merkle stellte, war die Wiedergewinnung der internationalen Handlungsfähigkeit und die Wiederherstellung der internationalen Bedeutung des Unternehmens. Wie 1918 hatte Bosch auch nach dem Zweiten Weltkrieg sämtliche Auslandsgesellschaften verloren. Schon unter Hans Walz war Bosch aber wieder im Ausland tätig geworden: 1953 wurde die Robert Bosch Corporation in New York gegründet, im selben Jahr bereits ein Lizenzabkommen mit der japanischen Nippon Electrical Equipments Co. Ltd. in Kariya geschlossen. Das Unternehmen war 1949 aus der Toyota Motor Co. Ltd. hervorge-

gangen und änderte 1958 seine Firmenbezeichnung in Nippondenso; seit 1996 firmiert es mit Blick auf den Weltmarkt schlicht als Denso Corporation. Wichtiger noch waren die 1954 eröffneten überseeischen Auslandsfertigungen in Australien, Brasilien und Indien. Bedeutend wurde hier vor allem Robert Bosch do Brasil mit dem Standort Campinas bei São Paulo. Nach bescheidenem Start mit der Montage von Dieselprodukten und der Herstellung von Verschleißteilen für Einspritzpumpen wurde später eine ganze Palette von Erzeugnissen der Diesel-, Elektro- und Hydraulik-Ausrüstung für Kraftfahrzeuge und von Elektrowerkzeugen gefertigt. In Indien gründete Bosch zur Überwindung gesetzlicher Markteintrittsbarrieren ein Joint-Venture: 1954 begann die indische Beteiligungsgesellschaft Motor Industries Company Ltd. (MICO) im neuen Werk Bangalore Zündkerzen und Dieseleinspritzausrüstung zu fertigen. Ab 1966 gab es dann eine ganze Reihe

Zentrale von Bosch in Campinas, Brasilien (1989).

Areal der MICO in Bangalore, Indien (1976).

von Gründungen und Übernahmen von Gesellschaften im Ausland: 1966 wurde die Auto-
magneto SA de CV in Toluca in Mexiko (heute:
Robert Bosch SA de CV) gegründet, außerdem
übernahm Robert Bosch (France) SA das Werk
Rodez. 1972 kam es zur Gründung einer Vertriebsgesellschaft in Japan sowie einer Ferti-
gungsgesellschaft in Malaysia.

Vielfach folgte Bosch mit seiner Auslands-
fertigung in einem typischen Dreisprung den
deutschen Automobilherstellern: Zunächst wurden vor Ort Original-Ersatzteile für importierte
deutsche Fahrzeuge bereitgestellt, vor allem
auch dann, wenn im Ausland Devisenmangel die
Einfuhr aus der Bundesrepublik erschwert hätte.
Nach der Errichtung lokaler Automobilfabriken
durch deutsche Unternehmen wurde eine Belieferung mit neuen Bosch-Komponenten ermöglicht, wobei die in vielen Ländern geltenden
Local-Content-Bestimmungen geradezu eine
Fertigung im Ausland erzwangen. In einer dritten Phase gelang es schließlich, ausländische
Automobilhersteller als Erstausrüstungskunden
zu gewinnen. Außerdem konnte mit einer Fertigung im Ausland das Problem der schwankenden
Wechselkurse abgemildert werden. Nach den
ersten Schritten der Internationalisierung wurden seit den frühen siebziger Jahren Anstren-

gungen unternommen, die eher der Globalisierung zuzurechnen sind. Dieser Prozess hält bis
heute an und wird weiter fortgesetzt werden. Da
die großen Automobilkonzerne bereits Basismo-
delle im weltweiten Fertigungsverbund herstell-
ten, musste sich auch Bosch bemühen, in einem
internationalen Fertigungsverbund zu produzieren und in eine strategisch günstige Position
gegenüber dem Wettbewerb zu gelangen.

1973 wurde ein neues Werk in Bursa in der
Türkei eröffnet. Gezielt auf den zu dieser Zeit
dominierenden und zugleich stark wachsenden
Nutzfahrzeugsektor fertigte man zunächst Düsen für Dieseleinspritzausrüstungen. Besonders
wichtig wegen des riesigen nordamerikanischen Kraftfahrzeug-Marktes war die ebenfalls
1973 geschaffene neue Fertigungsstätte in
Charleston, South Carolina. Der Start in den
USA verlief nicht ohne Probleme. Einmal musste in Charleston die ganze Produktion am Null-
punkt beginnen, auch mit Blick auf die vor Ort
zu gewinnenden Arbeitskräfte. Ein ganzes Paket
von Aus- und Weiterbildungsmaßnahmen war
erforderlich, um die amerikanischen Bosch-
Mitarbeiter für die Fertigung von Komponenten
höchster Präzision zu qualifizieren. Die geplante Fertigung der Verteilereinspritzpumpe
wurde jedoch nicht realisiert, da sich der Die-

Fertigungsstandort im australischen Clayton (1954).

Bosch-Werk Toluca in Mexiko (1969).

Das Bosch-Werk im französischen Vénissieux (1986).

Eingangsbereich des türkischen Bosch-Werks in Bursa (1973).

Fertigung von Dieseleinspritzpumpen im US-amerikanischen Werk Charleston, South Carolina (1983).

Technisches Zentrum in Farmington Hills nahe der US-amerikanischen Autostadt Detroit (1983).

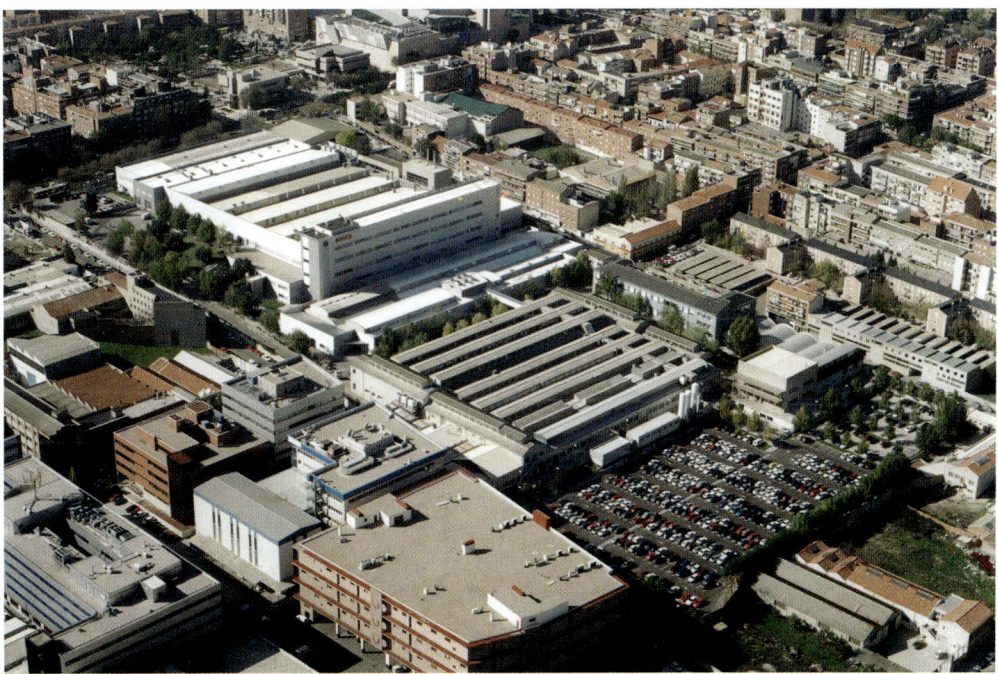

Bosch-Werk Madrid, ehemals FEMSA (2000).

sel-Pkw in den USA damals als völliger Fehlschlag erwies. Die Fertigungseinrichtungen wurden daher später nach Brasilien transferiert. Es wurde jedoch die Produktion von Reihenpumpen aufgenommen. Kunden waren hier zunächst die amerikanischen Nutzfahrzeughersteller: Die erste Einspritzpumpe ging 1974 an den Landmaschinenhersteller John Deere.

Erst im Laufe der Zeit entwickelte sich die Bosch-Fertigung in den USA zu ihrer heutigen hohen Leistungsfähigkeit. Entscheidend für den Standort Charleston war die Fertigung hochwertiger Magnetventile für Benzineinspritzungen sowie Antiblockiersystemen für die großen nordamerikanischen Pkw-Hersteller Chrysler, Ford und General Motors. Nach kriegsbedingter Enteignung konnte Bosch seit 1983 endlich auch wieder uneingeschränkt Namen und Marke für alle Produkte benutzen. 1990 sagte Bosch 15 Millionen US-Dollar als Stiftungskapital für das gemeinsam mit der Carnegie Mellon University gegründete Carnegie Bosch Institute im amerikanischen Pittsburgh zu; das neue Institut soll Probleme des internationalen Managements untersuchen. Im Jahr 2000 wurde in den USA von mehr als 17 000 Bosch-Mitarbeitern ein Umsatz von 8,3 Milliarden DM erzielt, wobei im selben Jahr die Zentrale für die Kraftfahrzeug-Aktivitäten in Nordamerika am erweiterten Standort Farmington Hills bei Detroit angesiedelt wurde. Dieses Bosch-Zentrum für Entwicklung und Erzeugnisanpassung »im Herzen« der amerikanischen Automobilindustrie hatte 1983 den Betrieb aufgenommen.

Ein langfristig besonders wichtiges Projekt war der Versuch, über die wirtschaftlich und politisch etablierte Regionalgesellschaft Robert Bosch Española (RBES) hinaus auf dem spanischen Markt Fuß zu fassen. Seit 1977, also etwa zeitgleich mit dem Demokratisierungsprozess in Spanien, führte Bosch Verhandlungen mit der Familie Caprile mit dem Ziel, sich an der

Luftaufnahme des Bosch-Werks in Castellet, Spanien (1984).

Fábrica Española Magnetos SA (FEMSA) zu beteiligen. FEMSA fertigte im Stammwerk Madrid und an weiteren acht Standorten klassische Automobilelektrik, also Drehstromgeneratoren, Starter für Personenwagen und Nutzfahrzeuge, Batterien, Zündverteiler, Zündspulen, Wischer- und Kleinmotoren sowie Kompressoren für Klimaanlagen. Das börsennotierte Unternehmen, an dem die Familie Caprile die Mehrheit hielt, litt unter seiner geringen Ausstattung mit Eigenkapital. Die Stückzahlen reichten außerdem für kostengünstiges Fertigen nicht mehr aus, und nach dem bevorstehenden Beitritt Spaniens zur Europäischen Gemeinschaft drohte der scharfe Wind des internationalen Wettbewerbs. 1978 konnte Bosch eine Mehrheitsbeteiligung an der FEMSA erwerben. Dabei galt es nicht nur, die nationale Identität von FEMSA zu wahren (Bosch hatte sich gegenüber den spanischen Behörden dazu verpflichtet), sondern zudem, den Wünschen der französi-

schen Automobilindustrie hinsichtlich einer weiteren Belieferung durch die FEMSA entgegenzukommen. Wegen der Schwäche des spanischen Automobilmarktes entstanden bei FEMSA hohe Verluste, welche Bosch durch Zuschüsse ausgleichen musste. Der prozentuale Anteil der Minderheitsaktionäre sank durch Kapitalschnitte so stark, dass diese 1983 abgefunden wurden und Bosch die FEMSA fast vollständig übernahm. Schliesslich wurden die einige Jahre parallel laufenden Aktivitäten 1990 in der Robert Bosch SA zusammengeführt (seit 1996 ist Bosch in Spanien durch die Robert Bosch España SA vertreten). Als die hohen Herstellungskosten in der Bundesrepublik Ende der achtziger Jahre die Verlagerung der Fertigung der neuen Compact-Generatoren ins Ausland erzwangen, wäre auch die FEMSA ein geeigneter Hersteller gewesen. Hier entschied sich Bosch zunächst für den Aufbau eines Werkes in Großbritannien. Anfang 1991 konnte das neue

Das neue Bosch-Werk für Compact-Generatoren in Cardiff, Großbritannien (1991).

1992 wurde im spanischen Treto eine weitere Fertigung für Compact-Generatoren aufgebaut (1996).

Werk bei Cardiff/Wales mit der Produktion beginnen. Allerdings wurde 1992/1993 zusätzlich am Standort Treto in Spanien die Produktion des Compact-Generators aufgenommen.

Japan verdankte seinen industriellen Aufstieg bis in die Mitte der sechziger Jahre weitgehend der Nutzung von Lizenzen ausländischer Hersteller. Auch Bosch war Lizenzgeber auf allen wesentlichen Gebieten der Kraftfahrzeugtechnik. Verschiedene steuerliche und industriepolitische Maßnahmen förderten jedoch seit den sechziger Jahren in einer gegenläufigen Bewegung die Entwicklung einer eigenständigen japanischen Hochtechnik. Hilfreich waren zum Beispiel die zinsgünstigen Kredite der staatlichen Japan Development Bank. Kontrollinstanz für die Durchführung dieser Maßnahmen war das Ministerium für Internationalen Handel und Industrie, das MITI (Ministry of International Trade and Industry). So wurde der heimische Markt zunehmend gegenüber Einfuhren abgeschottet. Kooperationen mit ausländischen Firmen prüfte man immer strenger darauf hin, ob sie mehr als nur eine formale Lizenz, also einen echten Transfer von technischem Wissen in die japanische Industrie erbrachten. Auch Bosch konnte sich in Japan nur innerhalb dieses engen industriepolitisch kontrollierten Rahmens bewegen. Man sah sich deshalb gezwungen, zusammen mit japanischen Partnern Joint-Ventures zu schaffen. Schon 1973 war zur Herstellung von Komponenten und zur Montage von Systemen der elektronischen Benzineinspritzung das Gemeinschaftsunternehmen Japan Electronic Control Systems (JECS) gegründet worden. Nissan, Bosch und Diesel-Kiki waren an JECS zunächst je zu einem Drittel beteiligt. 1984 gründeten Bosch und die Nippon Air Brake Co. Ltd. zur Erschließung des japanischen Marktes für Antiblockiersysteme die Nippon ABS Ltd. in Tokio. Man musste unter allen Umständen auf dem japanischen Markt präsent sein, weil das Land die wachstumsstärkste Automobilindustrie

besaß und 1980 mit rund 11 Millionen Einheiten die USA auf den zweiten Platz der Welt-Automobilproduktion verwiesen hatte. Auf die zunehmend globale Bedeutung der japanischen Automobilindustrie reagierte Bosch mit der Gründung von deutsch-japanischen Joint-Ventures in den USA, namentlich zusammen mit dem Gemeinschaftsunternehmen JECS im Jahr 1988 sowie 1989 zusammen mit Nippondenso. Damit sollte ein Zugang zu den amerikanischen Kunden und zu den japanischen Transplants in den USA geschaffen werden.

Die genannten Schritte machen deutlich, dass der Prozess der Internationalisierung und Globalisierung seit der Unternehmensgründung und insbesondere nach dem Zweiten Weltkrieg unter der Führung von Hans Walz und Hans L. Merkle weitgehend kontinuierlich vorangekommen ist.

Mitte der achtziger Jahre war eine wichtige Wegmarke der Robert Bosch GmbH erreicht, nämlich der Übergang des Vorsitzes in der Geschäftsführung von Hans L. Merkle an Marcus Bierich. Die durch Hans L. Merkle bestimmte Zeitspanne der Unternehmensgeschichte war für die heutige Stellung der Robert Bosch GmbH von entscheidender Bedeutung. Er hat durch seine Persönlichkeit das Unternehmen nicht nur tief geprägt, unter seiner Führung fand auch ein gewaltiger Zuwachs von Größe und Wirtschaftskraft statt, der sich am besten in einigen Zahlen ausdrücken lässt: Als Hans L. Merkle 1958 in die Geschäftsführung eintrat, lag der Umsatz bei einer Milliarde DM, als er 1963 den Vorsitz übernahm, betrug der Umsatz etwas mehr als zwei Milliarden DM; 1984, als er den Stab an Marcus Bierich weiterreichte, war der Umsatz auf mehr als 18 Milliarden DM angewachsen. 1963 lag die Zahl der Mitarbeiter bei etwa 75 000, 1984 war sie auf mehr als 130 000 angestiegen. Unter der Leitung von Hans L. Merkle – von der technischen Seite her unterstützt durch Hans Bacher

Das Werk Immenstadt im Allgäu zur Fertigung von ABS-Komponenten (1988).

– erreichte die Robert Bosch GmbH also im Wesentlichen ihren heutigen Rang in der Industrielandschaft der Bundesrepublik.

Mit Marcus Bierich, der zuvor im Vorstand von Mannesmann und Allianz gewirkt hatte, wurde aber kein Wechsel in der Geschäftspolitik vollzogen. Als er 1984 den Vorsitz der Geschäftsführung übernahm, wurde vielmehr die Internationalisierung und Globalisierung des Unternehmens fortgeführt. Kontinuität gab es auch mit Blick auf die weitere Diversifikation: Eine wichtige Aufgabe war die schrittweise Übernahme der ehemaligen AEG-Gesellschaften Telenorma und ANT in den Jahren 1981 bis 1988. Die Bedeutung dieser Aktivitäten zeigt sich darin, dass der Ausbau der Kommunikationstechnik das bis dahin größte Projekt zur Verbreiterung der Produktpalette in der Nachkriegszeit war. Dabei waren gleichzeitig traditionelle Bereiche, nämlich Junkers (die heutige Thermotechnik) und der Geschäftsbereich Elektrowerkzeuge, in Krisen geraten. Auch die Bosch-Siemens Hausgeräte GmbH erwirtschaftete zu dieser Zeit nur schwach positive Ergebnisse. Bosch und Siemens hatten 1965 grundsätzlich eine »Interessengemeinschaft« auf dem Gebiet der Hausgeräte vereinbart und 1967 die gemeinsame, paritätisch geführte Tochter Bosch-Siemens Hausgeräte GmbH (BSHG) gegründet, die 1972 die Hausgerätewerke der Muttergesellschaften Bosch und Siemens übernahm. Durch die fortschreitende Rationalisierung, durch Verlagerung von Teilen der Fertigung an kostengünstigere ausländische Standorte und durch umfangreiche Zukäufe konnten die Probleme bei den Gebrauchsgütern gelöst werden. Die Zukäufe spiegeln dann auch die für die Globalisierung typischen Tendenzen: Es ging primär nicht mehr darum, den Erfordernissen des ausländischen Marktes gerecht zu werden. Das Hauptmotiv lag vor allem in der ungünstigen

31

Kostensituation des Heimatstandortes und im Versuch, sich durch eine Mengenstrategie am Weltmarkt zu behaupten.

Insgesamt änderte sich die Verteilung zwischen Heimatmarkt und Auslandsmärkten grundlegend: 1984 verkaufte Bosch noch 47 Prozent seiner Fertigung im Inland und 53 Prozent im Ausland, im Jahr 2000 entfielen nur noch 28 Prozent auf das Inland, bereits 72 Prozent des Umsatzes wurden im Ausland erwirtschaftet. Die starke Nachfrage nach den neuen mechanischen und elektronischen Systemen für das Kraftfahrzeug erforderte einen raschen Aufbau der Fertigungskapazitäten. Wegen der sehr anspruchsvollen Technik war der Ausbau im Inland, in dem man auf deutsches Fachpersonal zurückgreifen konnte, zunächst der schnellste und sicherste Weg, zumal der Kosten- bzw. Preisdruck seinerzeit noch nicht in dem Maße bestand wie in den späteren Jahren. In der

Tat wurden noch 1985 neue Fertigungsstätten für elektronische Steuergeräte in Salzgitter und für ABS-Komponenten in Immenstadt (Allgäu), 1987 neue Werke in Ansbach (für ABS-Komponenten) und Reutlingen (für elektronische Steuergeräte) errichtet. Um der weiteren Zunahme des Auslandsumsatzes und dem leidigen Wechselkurs-Risiko begegnen zu können, musste der Aufbau zusätzlicher Kapazitäten im Ausland, also unter Beibehaltung der Inlandskapazitäten, geplant werden. Im Fall von Junkers wurde jedoch der Fertigungsstandort von Gas-Warmwasserthermen in Neckartenzlingen aufgegeben und nach Erwerb des portugiesischen Lizenznehmers Vulcano die in Aveiro vorhandene Fertigung stufenweise ausgebaut. Auch bei der Generatorfertigung, die nach Cardiff/Großbritannien und Treto/Spanien ging, ließen sich die Inlandskapazitäten nicht erhalten. Der steigende Preisdruck in den neunziger Jahren

Der Sitz der Wuxi Europe-Asia Diesel Fuel Injection Co. Ltd. in Wuxi, Volksrepublik China (2003).

Bosch am Standort Yokohama, Japan (1997).

machte eine Produktion in Billiglohnländern unumgänglich.

Spiegel der politischen Ereignisse nach der
Wende in der Sowjetunion und den anderen
Staaten des Warschauer Pakts war die Gründung von Vertriebs- und Servicegesellschaften
in Mittel- und Osteuropa in den Jahren 1992
bis 1994. In der ersten Hälfte der neunziger
Jahre wurden aber auch weitere Unternehmen
in Asien geschaffen, etwa in Japan, Korea und
China. 1994 vereinbarte Bosch zusammen mit
dem japanischen Bosch-Lizenznehmer Zexel
Corporation eine Beteiligung an dem chinesi-
schen Gemeinschaftsunternehmen Wuxi Europe-Asia Diesel Fuel Injection Co. Ltd. mit Sitz
in Wuxi. Mit einem von der Regierung in Peking
initiierten Konsortium gründete Bosch 1995 für
Fertigung und Vertrieb von Benzin-Einspritzan-
lagen das Gemeinschaftsunternehmen United
Automotive Electronics Systems Co. Ltd.. Aus
der seit 1987 bestehenden Korea Diesel Industries Co. Ltd. entstand 1991 die Doowon Preci-
sion Industry Co. Ltd. 1994 wurde zur Fertigung
von Komponenten der Benzineinspritzung zusammen mit der Kia-Gruppe die Automotive
Systems Technology and Electronics Company
gegründet, im selben Jahr zusammen mit der
Doowon-Gruppe die Korea Bosch Mechanics
and Electronics Corporation Ltd. Dieses neue
Gemeinschaftsunternehmen sollte Applikation,

Fertigung und Vertrieb von Antiblockiersystemen übernehmen. Bosch ist heute in Korea
durch die Robert Bosch Korea Mechanics &
Electronics Corporation Ltd., die Korea Automotive Motor Corporation sowie das seit 1991 bestehende Gemeinschaftsunternehmen KEFICO
Corporation vertreten. Charakteristisch für den
entstehenden Entwicklungsverbund war ein
1996 gemeinsam in Deutschland, Australien,
Korea, Japan und den USA entwickeltes neues
Antiblockiersystem.

In jüngster Zeit ordnete Bosch sein Japan-
Geschäft grundsätzlich neu: Nachdem das Unternehmen im Frühjahr 1999 mit 50,04 Prozent
die Mehrheit bei der Zexel Corporation übernommen hatte, sind die japanischen Aktivitäten
im Dieselgeschäft und auf dem Gebiet der Benzineinspritzung bei Zexel zusammengefasst
worden. Das Geschäft auf dem Gebiet Bremsen
für Personenwagen wurde in der Zexel Tochtergesellschaft Jidosha Kiki Co. Ltd. zusammengeführt. Bosch übernahm in dieser neuen Gesellschaft, die in Bosch Braking Systems umbenannt
wurde, die unternehmerische Führung. Seit dem
Jahr 2000 firmiert die Zexel Corporation als
Bosch Automotive Systems Corporation.

Seit 1983 stieg der Umsatz der Bosch-
Gruppe sogar noch steiler an als in den sechziger und siebziger Jahren. Während er 1983 bei
rund 16 Milliarden DM lag, war er 1992 – unter

33

Umsätze und Mitarbeiter von Bosch zwischen 1898 und 2003

Jahr	Umsatz RB Welt	Auslands-Anteil in %	Mitarbeiter RB Welt Jahresmittel	Jahr	Umsatz RB Welt	Auslands-Anteil in %	Mitarbeiter RB Welt Jahresmittel
1898	163 000 RM	14,7	9	1952	419 Millionen DM	13,0	24 300
1899	236 000 RM	15,8	28	1953	469 Millionen DM	16,7	25 530
1900	295 000 RM		37	1954	599 Millionen DM	18,0	30 870
1901	369 500 RM		45	1955	757 Millionen DM	17,0	36 880
1902	Nicht ermittelbar		80	1956	860 Millionen DM	18,8	40 020
1903	Nicht ermittelbar		150	1957	967 Millionen DM	18,4	34 867
1904	842 500 RM		300	1958	1 153 Millionen DM	19,8	39 684
1905	1 726 000 RM		500	1959	1 495 Millionen DM	19,2	59 733
1906	4 614 718 RM	78,9	600	1960	1 741 Millionen DM	19,1	69 335
1907	8 088 965 RM	86,7	950	1961	1 883 Millionen DM	20,5	72 622
1908	8 759 503 RM	87,7	1 100	1962	2 031 Millionen DM	19,6	70 149
1909	17 805 633 RM	89,6	2 100	1963	2 232 Millionen DM	35	73 892
1910	19 627 508 RM	87,2	3 000	1964	2 650 Millionen DM	35	84 758
1911	22 285 593 RM	86,5	3 660	1965	2 970 Millionen DM	34	91 479
1912	33 146 809 RM	83,8	4 050	1966	3 168 Millionen DM	36	86 272
1913	26 861 569 RM	88,7	5 100	1967	3 051 Millionen DM	39	84 714
1914	23 560 221 RM	77,1	4 080	1968	3 751 Millionen DM	40	93 367
1915	33 126 325 RM	12,7	3 100	1969	4 719 Millionen DM	40	109 897
1916	47 512 944 RM	9,8	4 330	1970	5 508 Millionen DM	39	119 502
1917	77 462 421 RM	8,5	7 780	1971	5 606 Millionen DM	40	114 800
1918	73 462 273 RM	8,5	8 940	1972	5 765 Millionen DM	46	107 483
1919	62 538 905 RM	14,8	6 440	1973	6 461 Millionen DM	48	113 023
1920	221 596 902 RM	57,4	7 070	1974	7 076 Millionen DM	52	115 171
1921	245 414 161 RM	40,2	7 010	1975	7 281 Millionen DM	53	105 553
1922	2 051 781 751 RM	49,2	6 610	1976	8 319 Millionen DM	51	105 827
1923	454 561 813 865 RM	Inflation	9 960	1977	9 160 Millionen DM	49	110 459
1924	55 956 731 RM	34,6	9 990	1978	9 618 Millionen DM	49	110 801
1925	70 861 813 RM	31,6	10 490	1979	10 804 Millionen DM	51	120 487
1926	45 712 237 RM	41,1	12 450	1980	11 809 Millionen DM	54	121 584
1927	67 540 974 RM	34,1	7 960	1981	12 950 Millionen DM	56	115 869
1928	78 089 555 RM	40,6	10 200	1982	13 813 Millionen DM	56	112 154
1929	80 458 979 RM	43,5	10 300	1983	14 352 Millionen DM	55	109 660
1930	64 050 632 RM	46,5	9 550	1984	19 373 Millionen DM	53	131 882
1931	53 777 114 RM	48,6	7 770	1985	21 223 Millionen DM	54	140 374
1932	46 877 770 RM	55,7	8 080	1986	23 807 Millionen DM	50	147 378
1933	57 726 219 RM	34,8	8 050	1987	25 365 Millionen DM	50	161 343
1934	91 750 161 RM	22,0	11 170	1988	27 675 Millionen DM	51	165 732
1935	105 388 387 RM	16,5	14 590	1989	30 588 Millionen DM	52	174 742
1936	128 023 651 RM	15,9	16 150	1990	31 824 Millionen DM	51	179 636
1937	150 054 396 RM	17,4	18 420	1991	33 600 Millionen DM	48	181 498
1938	174 916 784 RM	11,6	19 890	1992	34 432 Millionen DM	47	177 183
1939	210 796 119 RM	9,3	23 500	1993	32 469 Millionen DM	49	164 506
1940	218 338 439 RM	10,3	21 520	1994	34 478 Millionen DM	54	156 000
1941	275 841 673 RM	9,9	23 280	1995	35 844 Millionen DM	56	158 000
1942	318 455 734 RM	11,1	24 260	1996	41 146 Millionen DM	61	172 000
1943	357 170 107 RM	12,7	25 150	1997	46 851 Millionen DM	65	180 000
1944	353 949 332 RM	7,4	22 430	1998	50 333 Millionen DM	65	188 000
1945	81 133 965 RM	0	9 610	1999	54 579 Millionen DM	66	194 000
1946	36 059 558 RM	0	9 220	2000	61 717 Millionen DM	72	196 880
1947	53 313 745 RM	4,1	10 190	2001	34 029 Millionen Euro	72	218 377
1948	85 Millionen RM/DM	5,4	10 660	2002	34 977 Millionen Euro	72	225 897
1949	188 Millionen DM	10,3	17 190	2003	36 357 Millionen Euro	71	229 439
1950	258 Millionen DM	10,5	14 280				
1951	385 Millionen DM	13,3	19 580				

leichter Abflachung der Kurve – auf etwas mehr als 34 Milliarden gestiegen. 1993 erfolgte jedoch aufgrund der Rezession in vielen Industrieländern ein heftiger Einbruch und ein Rückgang um etwa 2 Milliarden; vor allem war aber das zuletzt schon schwache Betriebsergebnis zum ersten Mal in der Nachkriegsgeschichte negativ. Die Maßnahmen zur Kostensenkung führten zu einer deutlichen Verringerung der Mitarbeiterzahlen: Von 1993 bis 1995 wurden etwa 20 000 Arbeitsplätze abgebaut.

Mitten in der kritischen Phase gab es auch einen Wechsel in der Führung. Nachdem Marcus Bierich aus Altersgründen ausgeschieden war, übernahm Hermann Scholl im Juli 1993 den Vorsitz der Geschäftsführung. Das Unternehmen konnte sich rasch aus der Krise befreien und erneut ein nachhaltiges Wachstum in Gang setzen: 1994 war mit 34,5 Milliarden der Umsatz von 1992 schon wieder leicht überschritten, und 1997 hatte auch die Zahl der Mitarbeiter mit 180 000 erneut den Stand von 1991 erreicht.

Trotz der wirtschaftlich schwierigen Zeit führte Bosch in den neunziger Jahren eine große Anzahl innovativer Produkte in den Markt ein, etwa das »Litronic«-Beleuchtungssystem, die Fahrdynamikregelung ESP, das Navigationssystem »Travelpilot« sowie das neue Dieselsystem »Common Rail«. 1998 wurde ein Umsatz von 50,3 Mrd. DM erreicht, im Jahr 2000 waren es 61,7 Mrd. DM. 2001 spürte jedoch auch die Bosch Gruppe die abermals weltweite Konjunkturabschwächung. Zwar nahm der Umsatz 2001 auf 34,0 Mrd. Euro (66,3 Mrd. DM) und im Jahr darauf auf 35,0 Mrd. Euro zu; dieser Anstieg resultierte jedoch überwiegend aus Neukonsolidierungen, vor allem der Bosch Rexroth AG, die sich auf beide Jahre verteilte. Auch im Jahr 2003 gab es mit 4 Prozent nur ein verhaltenes Wachstum, der Umsatz erreichte 36,4 Mrd. Euro. In diesem Jahr hatte die starke Euro-Aufwertung jedoch eine währungsbe-

dingte Umsatzeinbuße von rund 6 Prozent zur Folge, die durch den Erwerb der Buderus AG und ihrer Konsolidierung von Mitte 2003 an zur Hälfte ausgeglichen wurde.

Die Mitarbeiterzahl der Bosch Gruppe erhöhte sich von rund 190 000 Ende 1998 auf rund 232 000 Ende 2003. Zu diesem Anstieg haben Neuzugänge von rund 63 000 Mitarbeitern vor allem durch die Zukäufe von Rexroth und Buderus beigetragen, dem Abgänge von rund 22 000 Mitarbeitern durch den schrittweisen Verkauf des Bereichs Kommunikationstechnik in den Jahren 1999–2000 gegenüberstehen.

Die Bosch-Gruppe bewegte sich natürlich nicht im industriell luftleeren Raum. Zum Tagesgeschäft gehörten – wie noch deutlich werden wird – die Auseinandersetzung und das Zusammenwirken mit den großen Konkurrenten: etwa mit den angelsächsischen Firmen Bendix, Lucas, Stanadyne, Kelsey-Hayes und TRW (ursprünglich Thompson-Ramo-Wooldridge), mit der französischen Valeo-Gruppe und ihren vielen Vorgängerfirmen oder mit Teves und Siemens in Deutschland. In jüngster Zeit kamen die großen, von General Motors und Ford ausgegründeten Zulieferer Delphi und Visteon hinzu, die sich nun ebenfalls frei auf dem Weltmarkt bewegen.

Auch Nippondenso (seit 1996 Denso Corporation) wird trotz alter Bindungen stärker mit Bosch konkurrieren. Das Unternehmen hatte mit Blick auf das rasche Aufschließen zur technischen Spitze über Lizenzverträge ab 1953 Know-how von Bosch erhalten. Seit 1971 war es zudem durch den ständigen technischen Informationsaustausch in Technical Liaison Committee Meetings mit Bosch verbunden. Nach der Selbsteinschätzung von Denso führten diese Beziehungen zu einem dramatischen Anstieg im Niveau seiner Technik und zur Begründung eines hohen Qualitätsstandards seiner Produkte. Umgekehrt hatte Bosch gegen die vergebe-

Preisgekrönte institutionelle Bosch-Werbung für Kraftfahrzeugtechnik (1998).

nen Lizenzen eine Beteiligung an Nippondenso erworben: 1984 hielt zum Beispiel die Toyota-Gruppe einen Kapitalanteil von 29,3 Prozent und Bosch einen Anteil von 7,1 Prozent; im Jahr 2001 waren die entsprechenden Zahlen auf 24 bzw. 5 Prozent zurückgegangen.

Deutlich verschieden vom Gebiet der Gebrauchsgüter war in der Kraftfahrzeugtechnik die Struktur der Kunden: Mit dem Handelsgeschäft für Kraftfahrzeug- und Werkstattausrüstung, dessen Bedeutung sich im 1979 eröffneten Vertriebszentrum Karsruhe spiegelte, wandte sich Bosch an den Kraftfahrzeugteile-Handel und an Werkstätten. Als bedeutender selbständiger Zulieferer kämpfte Bosch nicht auf dem in der Öffentlichkeit sichtbaren Markt um Anteile, sondern bei wenigen großen Kunden, eben bei den weltweit agierenden Automobilherstellern. Mit den vielfach erzielten Erfolgen ging jedoch eine ungewöhnliche Zurückhaltung in der öffentlichen Selbstdarstellung einher. Bosch hat es über Jahrzehnte hinweg geradezu kultiviert, hinter den großen Automobilherstellern zurückzutreten. Im Abstand von einigen Jahren wurde aber doch mit »institutionellen« Werbekampagnen auf die herausragende Rolle des Unternehmens in der Automobiltechnik, bei Gebrauchsgütern und in der Industrieausrüstung hingewiesen. 1976 hatte man das Motto gewählt: »Sie haben mehr mit Bosch zu tun, als Sie denken«. 1986 stand das 3-S-Programm im Mittelpunkt: Unter der von Hans L. Merkle in den frühen siebziger Jahren geprägten Devise »Sicher – Sauber – Sparsam« versuchte man 1986 deutlich zu machen, dass Bosch-Produkte dazu beitragen, die Umweltbelastung durch Automobile zu verringern, die Sicherheit der Fahrzeuge zu erhöhen und den Kraftstoffverbrauch zu reduzieren. Mit einer Anzeigenserie »Hundert Jahre Bosch Ideen« wies man aus Anlass des 100-jährigen Firmenjubiläums auf die Innovationsfähigkeit des Unternehmens hin. Ende der neunziger Jahre

wurde dies unter dem Motto »Bosch – immer eine Lösung« wiederholt. In der vielleicht originellsten – mit einem Preis gewürdigten – Anzeige blieb nach Abzug der Bosch-Technik ein aufziehbares Schuco-Spielzeugauto übrig.

Eine Ausnahme im öffentlichen Auftreten bilden die Ersatzteile für den Kfz-Teilehandel und der Bosch-Dienst (heute Bosch-Service). Hier hat es Bosch schon vor dem Zweiten Weltkrieg geschafft, mit seinen Produkten ins Bewusstsein des Endverbrauchers zu treten.

Eine gewisse Akzentverschiebung im Wettbewerb ist heute dort gegeben, wo es nicht mehr nur um die Zulieferung von Einzelgeräten geht, sondern um die Bereitstellung größerer Systeme oder Module. Eine ausgeprägte Systemfähigkeit besaß Bosch schon seit langem auf dem Gebiet der Autoelektrik, der Benzineinspritzung und auf dem Dieselgebiet, unterstützt durch die Entscheidung, möglichst alle Einspritzsysteme den Kunden anzubieten. Unternehmenspolitisch fordernder war aber zweifellos das System ABS und der Sektor Bremsen. Dort sind Kelsey-Hayes in den USA (seit 1999 unter dem Dach von TRW) sowie die seit 1998 zur deutschen Continental AG gehörende Frankfurter Firma Teves («Continental Teves») bedeutende Konkurrenten. Außerordentlich wichtig für die Zukunftsfähigkeit des Unternehmens war deshalb 1996 der Erwerb des weltweiten Geschäfts mit Bremsausrüstung für Personenkraftwagen sowie leichte und mittlere Nutzfahrzeuge von der amerikanischen AlliedSignal Inc. (heute Honeywell). Damit sicherte sich Bosch nach den herausragenden Innovationen von ABS und Fahrdynamikregelung nun auch die für ein Gesamtsystem notwendige Kompetenz bei Bremsen.

Im Jahr 2001 konnte Bosch die Mannesmann Rexroth AG übernehmen und diese mit der eigenen Automationstechnik zum selbständig agierenden Teilkonzern Bosch Rexroth AG verschmelzen. Die neue Tochtergesellschaft ist

Fertigung von Bremskraftverstärkern im französischen Werk Drancy, das Bosch von AlliedSignal übernahm (1997).

auf den Feldern Industriehydraulik, Pneumatik, Montage- und Lineartechnik, Elektrische Antriebe und Steuerungen sowie Mobilhydraulik tätig. Bosch erwartet besonders große Synergieeffekte zwischen dem Unternehmensbereich Kraftfahrzeugtechnik und dem durch Rexroth gestärkten Unternehmensbereich Industrietechnik, da in beiden Gebieten die Kernkompetenz in einer Kombination von Hydraulik, Feinstmechanik, Elektronik und den dazugehörigen Fertigungsprozessen liegt. Mit dem Kauf von Buderus hat Bosch seine Position in der Thermotechnik weiter ausgebaut.

Der Anteil des Bereichs Gebrauchsgüter und Gebäudetechnik blieb gegenüber 1998 aber mit 23 % unverändert; der Mehrumsatz durch die Teilkonsolidierung von Buderus im Jahre 2003 wurde durch währungsbedingte Umsatzeinbußen egalisiert. Der Anteil der Industrietechnik hat sich in diesem Zeitraum vor allem durch den Erwerb von Rexroth von 4 auf 12 Prozent erhöht. Der Bereich Kraftfahrzeugtechnik kam 2003 auf einen Anteil von 65 Prozent gegenüber 63 Prozent in 1998. Hier konnten Währungseinflüsse allein durch internes Wachstum ausgeglichen werden.

II »Klassische« Autoelektrik

Die Automobilindustrie nach dem Zweiten Weltkrieg

Schon unmittelbar nach Kriegsende begann der Wiederaufbau der deutschen Automobilindustrie, und bereits nach wenigen Jahren zeichnete sich der rasche Aufstieg zum führenden Industriezweig der Bundesrepublik ab. So bauten die Lastwagenwerke (Daimler-Benz, Büssing, Ford, MAN, Tempo) und die Motorradfabriken der drei Westzonen bereits 1950 mehr Fahrzeuge als 1938 die Hersteller im ganzen Reichsgebiet. Ein Jahr später überschritt auch die entsprechende Pkw-Produktion die Zahlen von 1938, trotz des Verlustes oder des Ausscheidens ganzer Firmen. Die Firma Stoewer in Stettin lag nun auf polnischem Gebiet. Maybach in Friedrichshafen, Vorkriegshersteller bester Motoren und großer Luxuswagen, und Adler in Frankfurt am Main gaben den Autobau auf. Hanomag konzentrierte sich auf Nutzfahrzeuge. BMW verlor sein Werk in Eisenach, Opel sein Lkw-Werk in Brandenburg. Außerdem musste Opel seine Kadett-Produktionsanlage als Reparationsleistung an die UdSSR ausliefern. Die Auto Union schließlich, die in Chemnitz Wanderer- und in Zwickau Horch-, Audi- und DKW-Wagen produzierte, wurde enteignet.

Hinzugekommen als Pkw-Hersteller war aber schon seit 1945 das Volkswagenwerk in Wolfsburg. Dabei schien die Prognose für den Volkswagen 1945 nicht einmal besonders günstig. Britische Autofachleute – die Briten hatten am 26. Mai 1945 die Stadt und ein zu 70 Prozent zerstörtes Werk von den Amerikanern übernommen – waren von den formalen und technischen Qualitäten des Fahrzeugs keinesfalls überzeugt. Trotzdem brachte Major Ivan Hirst ab August 1945 die Autoproduktion im Volkswagenwerk wieder in Gang, zunächst als Montage von Kübelwagen aus Restbeständen, seit September 1945 auch durch die Produktion von Personenwagen. Insgesamt lieferte das Volkswagenwerk 1945 als einziges funktionsfähiges Autowerk der Westzonen 1293 Fahrzeuge. Aus verschiedenen Gründen förderten die Briten die Autoproduktion im VW-Werk weiter: Sie wollten nicht für ein wirtschaftlich dahinsiechendes Deutschland die Verantwortung tragen, die Reindustrialisierung und die erneute Motorisierung Deutschlands versprachen im Gegenteil wirtschaftlichen Gewinn auch für die Besatzungsmacht. Außerdem galt es, Wolfsburg als intakte Produktionsstätte vor etwaigen Demontagegelüsten der nahen russischen Truppen abzuschirmen; ein Argument, das nach Ausbruch des kalten Kriegs weiter an Bedeutung gewonnen hatte. Im Januar 1948 wurde die Verantwortung im VW-Werk auf das ehemalige Opel-Vorstandsmitglied Heinrich Nordhoff übertragen. Das VW-Werk schien zu diesem Zeitpunkt mit der 1947 erreichten Jahresproduktion von 9000 Wagen wirtschaftlich stabilisiert und gleichzeitig politisch sicher vor dem Zugriff der Sowjetunion.

Mit der Wiederaufnahme der Produktion folgten auf Volkswagen rasch Daimler-Benz (1946), Opel (1947), Ford (1948), Borgward (1949) sowie die im Westen neugegründete Auto Union (mit der Marke DKW), dann Goliath, Lloyd, Gutbrod und Porsche 1950. 1952 begann auch BMW wieder mit dem Autobau. Soweit es möglich war, knüpften die Firmen konstruktiv an ihre Vorkriegsmodelle an, Daimler-Benz etwa an das Modell 170 V. Immerhin wurden bereits 1954 rund 500 000 Personenwagen und Kombi in der Bundesrepublik hergestellt, 1960 waren es nahezu zwei Millionen.

Der schnelle Wiederaufbau und die darauf folgende Konsolidierung der bundesdeutschen Autoindustrie hat einmal mit dem Überleben technischen Wissens und industrieller Infrastrukturen zu tun – trotz der Kriegszerstörungen und trotz der Teilung Deutschlands. Außerdem hatte es bereits im Krieg, wie offenbar bei Daimler-Benz, verdeckte Vorbereitungen für eine erwartete zivile Produktion nach Ende des Krieges gegeben. Hinzu kamen die seit April 1948 in die westeuropäischen Länder fließenden Gelder aus dem European Recovery Program, dem Marshall-Plan, sowie die Einbindung in das westliche Bündnis- und Wirtschaftssystem. Entscheidend für die wirtschaftliche Stabilisierung im Westen Deutschlands war die Währungsreform vom 20. Juni 1948. In der Aufbauphase erlangte die liberalisierte Marktwirtschaft mit ihrem Verzicht auf staatliche Preisvorgaben und ihrer Förderung des Individualverkehrs wachsende wirtschaftspolitische Bedeutung.

Materiell wurde der Individualverkehr durch die in den fünfziger Jahren sich unerwartet günstig entwickelnden Kraftstoffpreise massiv unterstützt. Öl, überwiegend aus Nahost, überschwemmte den westeuropäischen Markt regelrecht. Der Preiskampf zwischen den Förderländern und den zum Teil mit Dumpingpreisen operierenden Ölgesellschaften sowie – nach steilem Anstieg – sinkende Seefrachtraten, bedingt durch den verstärkten Bau von Tankern nach der kurzzeitigen Sperrung des Suezkanals 1956/57, führten zu einem deutlichen Verfall des Ölpreises. Der liberale Umgang mit den Importen preiswerten Erdöls, so wie er vor allem von Ludwig Erhard verfochten wurde, begünstigt den Individualverkehr weiter.

Im Unterschied zu den Informations- und Kommunikationstechniken glich die technische Entwicklung des Automobils nach 1945 eher der langsamen, in eine Sättigungskurve einmündenden Evolution einer typischen ausgereiften Technik. Über die vergangenen fünf Jahrzehnte hinweg war das Auto in der Werbung nahezu unverändert ein Sinnbild für schnelles, individuelles Reisen, bei dem Vergnügen und sportliches Erlebnis im Vordergrund standen. Schon eine geringfügig stärker differenzierte Geschichte des Kraftfahrzeugs zeigt jedoch, dass die Weiterentwicklung des Autos von ganz unterschiedlichen Zielvorstellungen beeinflusst war. So lassen sich in der Bundesrepublik typische Phasen identifizieren: Zunächst war das Automobil Rückgrat des Wiederaufbaus und Symbol des sozialen Aufstiegs im Kontext des »Wirtschaftswunders«. Typisch sind die von einer großen Zahl von Firmen hergestellten Klein- und Kleinstwagen der unmittelbaren Nachkriegszeit. Während die große und gut motorisierte klassische Reiselimousine zunächst Firmenkunden und Beziehern höherer Einkommen vorbehalten war, konnte sich mit steigenden Einkommen auch eine breiter werdende Käuferschicht den bereits tief in die deutsche Mentalität eingedrungenen Wunsch erfüllen, ein technisch hochwertiges Automobil zu fahren. Wie rasch das Auto zum Massenprodukt geworden war, lässt sich daran ablesen, dass es bald seine Rolle als Statussymbol nur noch dann erfüllte, wenn es sich durch Designelemente und Zubehör vom Normalmaß abhob.

Über die Fahrzeuggestaltung ging eine Welle von funktionslosem Zierrat hinweg, von der Chromleiste über die Weißwandreifen bis zu der aus den USA importierten Heckflosse. Ab der Mitte der fünfziger Jahre diente zunehmend die Leistung des Fahrzeugs zur Differenzierung des Marktes. Da viele Fahrzeuge dieser Zeit »untermotorisiert« waren, wurden Motorleistung und Höchstgeschwindigkeit zum ent-

Der Cadillac Eldorado als Sinnbild des amerikanischen Straßenkreuzers (1961).

scheidenden Argument für eine bestimmte Automobilmarke oder eine bestimmte Modellvariante.

Aufgrund der seit Mitte der fünfziger Jahre (und bis 1970 anhaltend!) steigenden Zahl der Verkehrsopfer wurde zudem die Verbesserung der Sicherheit diskutiert. Nachdem der Schwerpunkt zunächst auf menschlichem Versagen und dadurch auf der Verkehrserziehung lag, bemühte man sich seit 1960, die passive und die aktive Sicherheit der Fahrzeuge zu verbessern. Als Folge des – zuerst in den USA – zunehmenden Umweltbewusstseins und aufgrund der Verteuerung des Kraftstoffs seit der ersten Ölkrise begannen die Unternehmen in den siebziger Jahren, an der Verbesserung der Emissions- und Verbrauchswerte zu arbeiten.

Die vielfältige Überlappung dieser Aspekte, auch der zunehmende politisch-ökologische Erklärungsbedarf mancher Entwicklungsziele, führte sogar in der Automobilindustrie zu der Vorstellung, in der Kraftfahrzeugentwicklung würden fortwährend komplexe Zielkonflikte ausgetragen. So kollidierten fast alle Maßnahmen zur Verbesserung von Sicherheit und Komfort, zur Abgasreinigung und zur Geräuschminderung mit der Forderung nach Reduktion von Gewicht und Verbrauch. Ähnliche Konflikte gibt es zwischen Senkung des Luftwiderstandes, Dimensionierung des Innenraums, Gestaltung der Frontscheibe und Schutz vor übermäßiger Sonneneinstrahlung. Vor Einführung des Dreiwegekatalysators mit Gemischregelung hatte man die Bedeutung der Schadstoffe gegeneinander abzuwägen; vor allem schien eine Verringerung von unverbrannten Kohlewasserstoffen und von Kohlenmonoxid mit Hilfe einer verbesserten Verbrennung durch höhere Temperaturen unweigerlich den Ausstoß von Stickoxiden in die Höhe zu treiben. Außerdem musste man die Verringerung der Schadstoffemissionen durch den Dreiwegekatalysator mit höherem Kraftstoffverbrauch bezahlen. Bosch hat dies auch bei der Präsentation seines seit 1974 propagierten 3-S-Programms als unvermeidbaren Zielkonflikt dargestellt, der nur durch die Einführung moderner elektronischer Systeme gemildert werden könne. Die daraus erwachsenden Lösungsansätze hatten kaum je eine wirkliche Einbuße an Gebrauchswert zur Folge; in aller Regel kam es zu einer stetigen Optimierung der Fahrzeuge. Allenfalls vom Luxus im Karosseriebau vergangener Jahrzehnte hat man sich weitgehend verabschiedet.

Gelegentlich wird dem durch das Automobil repräsentierten Gesamtsystem des Individualverkehrs Unbeweglichkeit, Innovationsträgheit und Lernunfähigkeit zugeschrieben, also Eigenschaften, die dem technischen Fortschritt diametral entgegenstehen. Die auf der technischen Ebene zu verzeichnenden Verbesserungen könnten daher als bloßes »upgrading« der Reiselimousine abgetan werden. Tatsächlich wurden wegen der immer noch zunehmenden Zahl der Kraftfahrzeuge sowie aufgrund wachsender Leistung und Höchstgeschwindigkeit der Fahrzeugflotten Minderungen bei Verbrauch und Emissionen wieder kompensiert. Außerdem lockerte man in der Technik in einem veränderten wirtschaftlichen Umfeld die Zügel wieder. So stieg nach einem Rückgang der Benzinpreise Mitte der achtziger Jahre der Kraftstoffverbrauch der in Deutschland ausgelieferten Pkw bis 1990 vorübergehend erneut an. Aufgrund der gesetzlichen und wirtschaftlichen Rahmenbedingungen, der Anforderungen der Konsumenten und des Entwicklungspotenzials des Verbrennungsmotors haben auch alternative Antriebssysteme, an deren Entwicklung sich Bosch ebenfalls beteiligte, wegen erheblicher wirtschaftlicher und technischer Nachteile bis heute keine Akzeptanz gefunden. Insofern erscheint lediglich die Nutzung moderner Informationstechniken an der Schnittstelle von Einzelfahrzeug und Verkehrsgeschehen, etwa mit Blick auf Navigationshilfen und Telematik, als Einfallspforte des technischen Fortschritts.

Wie kaum in einem anderen Feld der Technik bestimmen jedenfalls beim Automobil Begrenzungen durch gesellschaftlich-politische Rahmenbedingungen, die Reaktion auf ökologische Forderungen, die Schaffung komplexer technischer Systeme, die Verfügbarkeit geeigneter Stoffe und Materialien und das Beherrschen ausgefeilter Fertigungsverfahren die Entwicklung. Genau aus diesem Spannungsfeld und als Antwort auf die vielfältigen, sich zum Teil widersprechenden Anforderungen hat der Bosch-Unternehmensbereich Kraftfahrzeugtechnik seine Motivation für eine besonders ab den sechziger Jahren ausgeprägte Innovationstätigkeit bezogen. Denn: Weder das Bild der ausgereiften Technik einer schnellen

Reiselimousine noch die genannten unterschiedlichen Ziele der Entwicklung und Verwendung des Automobils geben einen realistischen Eindruck von dem Wandel, der sich etwa in der Autoelektrik, der Motoren-Technik und bei den Bremssystemen vollzogen hat, und von dem Ausmaß, mit dem die Wertschöpfung in Richtung elektronischer Systeme verschoben worden ist. Trotz des allzu vertrauten Erscheinungsbildes des Produkts hat auch die Fahrzeugtechnik bei vielen Komponenten, in ihrer Produktionsweise und in der Bedienung das Niveau der übrigen, mit dem Begriff »high-tech« belegten Technikbereiche längst erreicht.

Bosch-Kerzen und Bosch-Licht

Gerade auch die »klassische« Autoelektrik wurde von diesen Innovationsprozessen erfasst, und die Veränderungen wiegen umso schwerer, als das Gebiet eine jahrzehntelange Tradition hat. Seit 1897, also mit der frühesten Anwendung der Niederspannungsmagnetzündung im Kraftfahrzeug, füllte sich schrittweise die Produktpalette der elektrischen Ausrüstung, die Bosch für die junge Automobilindustrie bereitstellte. Die »Niederspannungsmagnetzündung« bestand in der fahrzeugtauglichen, für höhere Drehzahlen geeigneten Variante aus einem kleinen permanenterregten Generator mit ruhendem Doppel-T-Anker und einer pendelnden Weicheisenhülle, die als Kraftlinienleitstück den magnetischen Fluss der Permanentmagnete vermittelte und so als bewegter Außenpol wirkte. Im Stromkreis des Magnetzünders wurde – trotz niedriger Spannung – durch plötzliches Öffnen eines im Brennraum gelegenen Kontakts ein »Abreißfunke« erzeugt. 1902 wurden der erste Hochspannungsmagnetzünder und die ersten Bosch-Zündkerzen an die Daimler-Motoren-Gesellschaft geliefert. In der fortgeschrittenen Version dieses Zündverfahrens erzeugte der (ebenfalls permanenterregte) Generator aufgrund eines doppelt bewickelten rotierenden Ankers eine sehr hohe Spannung, die zwischen den Elektroden einer Zündkerze einen Zündfunken überspringen ließ. Im Jahr 1912 experimentierte Bosch mit einem Schwungkraft-Anlasser; auf den Markt kam aber 1914 der zusammen mit Fichtel & Sachs entwickelte Freilauf-Anlasser. 1913 stellte Bosch die erste komplette elektrische Kraftfahrzeuganlage her, bestehend aus Lichtmaschine, Reglerschalter und Scheinwerfern. In Anlehnung an den Querschnitt des Doppel-T-Ankers im Magnetzünder entwarf 1918 Gottlob Honold, der erste Technische Direktor, den stilisierten »Anker im Kreis« und damit das bis heute kontinuierlich gepflegte Firmenzeichen des Unternehmens. 1921 erschien das Bosch-Horn, ein neues Signalgerät mit harmonischem Klang und großer Reichweite. Im Jahr 1922 begann Bosch mit der Herstellung von Motorradbatterien; 1927 kamen Autobatterien hinzu. Von großer prinzipieller Bedeutung war jedoch, dass mit der Fertigung von Zündspulen (als hochspannungserzeugendes Element) und Zündverteilern 1925 der Übergang auf das System der Batteriezündung eingeleitet wurde. Dieser Wandel wurde weniger durch den technischen Fortschritt erzwungen als durch das Vorbild der wirtschaftlich erfolgreichen US-amerikanischen Automobilindustrie. 1926 wurde zudem die Fertigung von elektrisch angetriebenen Scheibenwischern aufgenommen. In den Grundzügen hatte sich damit Mitte der zwanziger Jahre die klassische Autoelektrik etabliert. Sieht man von konstruktiven Verfeinerungen, von verbesserten Werkstoffen und vom Übergang zur Großserienproduktion ab, so änderte sich die elektrische Ausrüstung von Automobilen bis etwa 1960 nur noch graduell.

Trotzdem deutet sich hier an, dass das Gesamtgebiet der Kraftfahrzeugtechnik mit

Bosch-Werbeplakat für Zündverteiler und Zündspulen (1949).

seinen unterschiedlichen Produkten und seinen vielen fahrzeugspezifischen Varianten einen beträchtlichen Umfang besitzt. Obwohl man durch Normung oder Baukastensysteme versuchte, dem Ziel einer Typenvereinfachung näher zu kommen, hatte man bei Bosch gelegentlich den Eindruck, dass es den Verantwortlichen im Unternehmen wie Herakles im Kampf mit der neunköpfigen Schlange Hydra ergehe: Wenn er einen Kopf abschlug, wuchsen sofort zwei neue nach. Man wird in einer zeitlich umfassenden historischen Betrachtung nicht umhin können, sich bewusst zu beschränken. Bei einem vielfältigen und sich evolutionär entwickelnden Produkt wie der Zündkerze soll es um Exemplarisches gehen, insbesondere mit Blick auf Konstruktion, Materialien und Fertigung. Auf dem Gebiet der Fahrzeugbeleuchtung und auch bei der Auslegung von Scheibenwischern wird eine herausragende Verfahrensinnovation im Vordergrund stehen. Beim neuen Produkt der Gasentladungsleuchte oder der »Litronic« soll der Schwerpunkt auf dem Umbruch in den physikalischen Grundlagen liegen.

Ähnlich wie die frühen Magnetzünder, die trotz des Übergangs zum Batteriezündungssystem die Identität des Unternehmens über Jahrzehnte hinaus prägten, gingen auch die Zündkerze und der Name Bosch eine anhaltende Verbindung ein. In beiden Fällen war es wohl die eindringliche Ästhetik der frühen Werbung, die erheblich zu dieser Verschmelzung von Produkt und Firmennamen beitrug. Hierher gehört der berühmte – wahrscheinlich von Julius Klinger um 1910 entworfene – rote Bosch-Mephisto, der durch die stilisierte Wiedergabe des belgischen Rennfahrers Camille Jenatzy und durch die zugleich diabolische wie zupackende Geste, mit der er einen Magnetzünder oder auch eine

Blechschild zur Bosch-Zündkerze – nach einem Motiv von Lucian Bernhard (1955).

Zündkerze präsentierte, eine außerordentlich suggestive Wirkung erzielte. Mindestens genauso eindrucksvoll waren die wenig später entstandenen Entwürfe Lucian Bernhards, in denen der schlichte Namenszug »Bosch«, die sachliche Gestalt der Zündkerze und ein – nun weit von der technischen Realität entfernter – alles überstrahlender »zerberstender« Funke geradezu zum Sinnbild einer Zündkerze wurden. Diese markante Werbung lässt sich allerdings nur vor dem technisch-wirtschaftlichen Hintergrund verstehen: Bei der Kerze spielte das Erstausrüstungsgeschäft eine vergleichsweise geringe Rolle. Entscheidend war, dass sie wegen ihres anfänglich hohen Verschleißes als Handelsware bald in großen Stückzahlen weltweit vertrieben wurde.

Deutlich wird hier noch einmal, dass die Zündkerze ein sehr altes Produkt ist. Umgekehrt hat sie heute eine Reife erreicht, die im Umfeld der sich überschlagenden Entwicklung der Informations- und Kommunikationstechnik fast schon banal erscheint. Die Zündkerze teilt hier in vieler Hinsicht das Schicksal der Glühlampe. In beiden Fällen verdeckt das heutige einfache Erscheinungsbild, dass am Anfang eine bemerkenswert aufwändige physikalisch-chemische Forschung stand, und – mehr noch – dass das Serienprodukt die Entwicklung einer ausgefeilten Fertigungstechnik erforderte.

Mit der Anordnung und Gestalt der Mittelelektroden tastete man sich in vielen kleinen Schritten zu der heutigen meist nur geringfügig über den Isolator ragenden schlichten Form heran. Bei den Masseelektroden ging der Weg von steil ansteigenden Seitenelektroden über »Entenfußelektroden« bis zu den lange gängigen Dach- und Seitenelektroden.

Das Elektrodenmaterial war von Anfang an vielfältig. Mit Blick auf geringen Elektrodenabbrand und verbesserte Wärmeleitfähigkeit wurden nach dem Vorbild der Flugmotorenkerzen des Zweiten Weltkriegs für Renn-

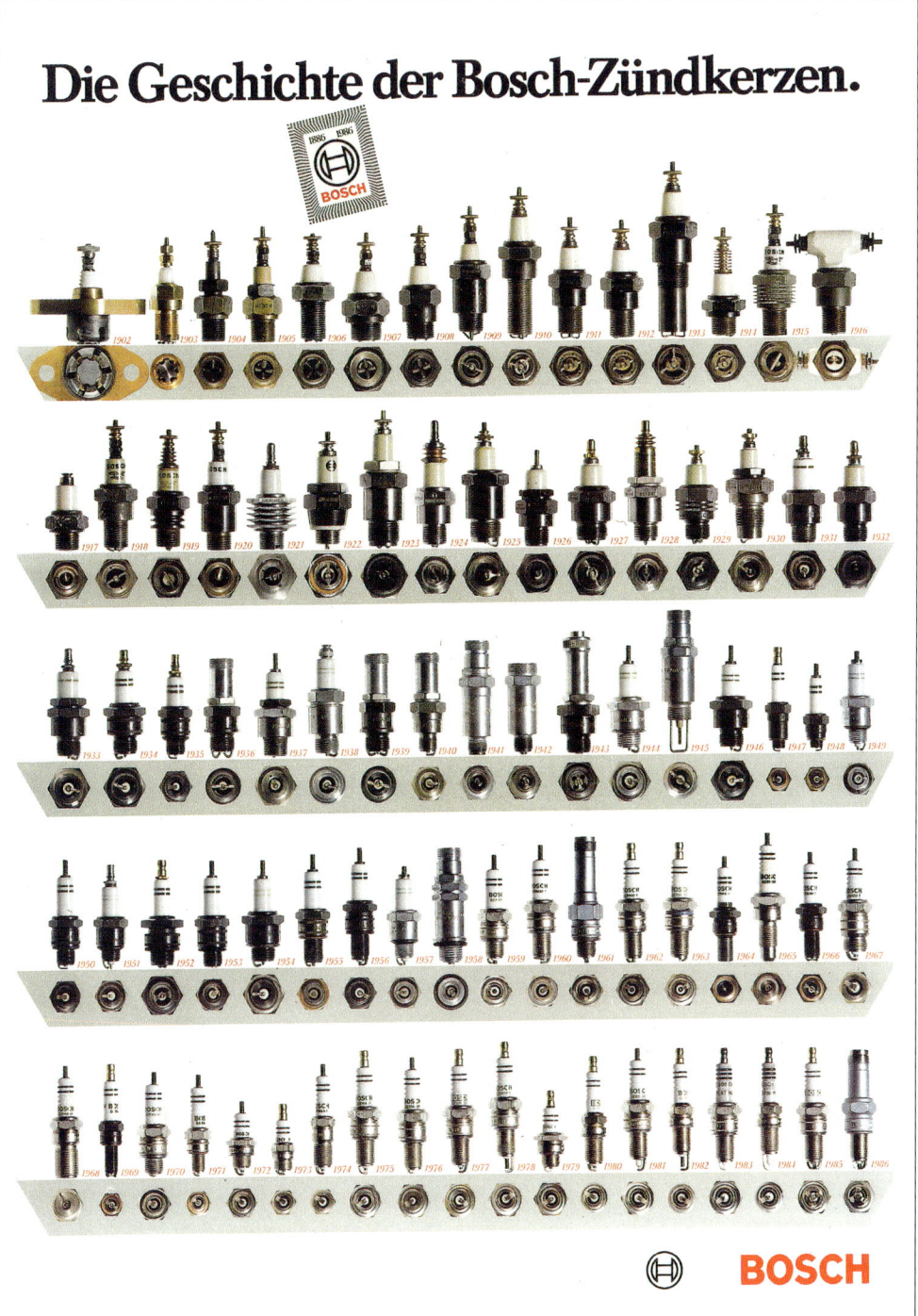

Plakat zur Entwicklung der Bosch-Zündkerze zwischen 1902 und 1986.

kerzen nach 1945 bereits dreiteilige Mittelelektroden verwandt. Diese Mittelelektroden bestanden aus dem Anschlussteil aus Stahl und aus einem sehr gut wärmeleitenden Kupferschaft, der zum Schutz vor Oxidation an der Funkenseite einen an der Stirn geschlossenen Nickelmantel erhielt. Die im Wesentlichen aus Kupfer bestehende Mittelelektrode wurde später durch eine Nickel-Legierung ersetzt. In den siebziger Jahren setzte man dann Verbund-Elektroden ein: Sie enthielten einen Kupferkern sowie einen Mantel aus Nickel, dem Chrom, Mangan und Silizium zulegiert waren. Hinzu kamen (deutlich kleiner dimensionierte!) Mittelelektroden aus Silber und Platin, die Kupfer in der Leitfähigkeit für Wärme noch übertrafen. Platin-Zündkerzen werden seit 1983 gefertigt.

Mit den Fortschritten bei den Materialien gingen auch Änderungen in den Fertigungsver-

fahren einher. Bedeutend für kostengünstiges Fertigen hoher Stückzahlen war in den siebziger Jahren der Übergang zum Fließpressen der Zündkerzengehäuse. Mit den dadurch erreichten enormen Ausbringungen pro Sekunde kam im Übrigen zum ersten Mal der Einfluss von Hans Bacher voll zum Tragen. Hans Bacher, der herausragende Techniker in der von Hans L. Merkle geleiteten Geschäftsführung, hatte früh darauf gedrängt, wo immer möglich, von den spanenden Fertigungsverfahren zu den spanlosen Umformungstechniken überzugehen.

Beim Isolatormaterial war vor allem die unterschiedliche Wärmeausdehnung von Isoliermaterial, Mittelelektrode und Stahlgehäuse zu berücksichtigen. Man begann mit schlichtem Porzellan, ging dann aber rasch zu Glimmer und Steatit (einem Magnesiumsilikat) über. Wegen der wachsenden Anforderungen an die Temperaturwechsel-Beständigkeit des Materi-

Kerzen-Fertigung im Bosch-Werk Bamberg (1952).

als schuf man nach dem Ersten Weltkrieg in einer ganzen Reihe von Entwicklungsschritten eine tonerdereiche (also Aluminiumoxid enthaltende) Aluminiumsilikat-Keramik, welche die Serienbezeichnung »Pyranit 1« erhielt. Bei der anhaltenden Suche nach neuen leistungsfähigen Isolatormaterialien fasste man dann als erfolgversprechende Substanz den Korund ins Auge, also natürlich vorkommendes reines Aluminiumoxid. Allerdings musste man an Hochleistungsmotoren feststellen, dass Korund bei hohen Temperaturen zum Halbleiter wird und sich dadurch die Isolationseigenschaften drastisch verschlechtern. Die Lösung brachte dann das mit eigenständigen keramischen Verfahren dargestellte Isolatormaterial »Pyranit 2«. Es bestand tatsächlich im Wesentlichen aus Aluminiumoxid (nun aus synthetischem Material), enthielt aber kleinste Zusätze von Kaolin (einem Tonerdesilikat), Quarzmehl und Erdalkalioxiden. Schon seit 1936 wurden sämtliche Kerzentypen mit diesem »Pyranit 2« ausgerüstet, und bis heute hat sich die Herstellung des Keramikkörpers aus Aluminiumoxid gehalten.

Mit der Ausweitung der Produktion wurde 1939/1940 neben Feuerbach eine weitere Fertigung in Bamberg aufgebaut, ein Standort, der sich später zum Schwerpunkt der Zündkerzenherstellung entwickelte. Insgesamt liefen in diesem Werk bisher etwa sechs Milliarden Zündkerzen vom Band. Weitere Fertigungsanlagen bestehen in Brasilien, Indien und seit 1993 auch in China. Nach wie vor läuft jedoch die Produktion neuer Zündkerzen in Bamberg an; hier werden auch die neuen Technologien und Verfahren entwickelt. Mitte der neunziger Jahre wurden allein im Werk Bamberg mehr als tausend verschiedene Zündkerzentypen gefertigt.

Selbst in den neunziger Jahren waren Formgestaltung und Materialwahl noch keinesfalls zur Ruhe gekommen. Motoren mit modernem Motormanagement, mit Mehrventiltech-

Plakat zur Lichttechnik (1949).

nik und geregeltem Katalysator können Leistungsfähigkeit und Fahrbarkeit nur dann voll entfalten, wenn sie auch mit zuverlässigen Zündkerzen ausgestattet sind. Bosch hat deshalb für Hochleistungsmotoren Zündkerzen entwickelt, die neben einer Kupferkern-Mittelelektrode auch in der Masseelektrode einen Kupferkern mit optimaler Wärmeleitung besitzen. Vorwiegend auf die Folgen von zähfließendem Verkehr, also Rußablagerungen, Zündaussetzer und Kaltstartprobleme, zielen die neuen Luftgleitfunken-Zündkerzen. Wegen der deutlich verlängerten Lebensdauer erlauben die seit 1995 auf den Markt gebrachten Longlife-Typen, die bei Autoherstellern wie BMW, Opel und Porsche inzwischen in vielen Motoren Serienausstattung sind, Wechselintervalle zwischen 40 000 und 60 000 km.

Um das Motiv einer alten, aber prägenden Technik – mit ähnlich »gültigen« Darstellungen in der Werbegrafik des Unternehmens – noch einmal aufzunehmen: Auch im 1913 eingeführten »Bosch-Licht« und in der Bezeichnung Feuerbacher »Lichtwerk« lässt sich unschwer die herausragende Rolle der Fahrzeugbeleuchtung in der Geschichte des Unternehmens erkennen. Hier dominieren jedoch kleine Schritte und eher evolutionäre Verläufe.

In der tiefer liegenden Schicht der Prozessinnovationen spielte die Beleuchtung aber eine besonders bedeutsame Rolle, nämlich bei der Einführung rechnergestützter Entwurfs- und Produktionsverfahren. Zur »Vereinfachung« der Variantenfertigung bei der Einspritzausrüstung hatte Bosch sich zwar um 1970 bereits mit Computer Aided Design (CAD) auseinander gesetzt. Aufgrund der begrenzten Leistungsfähigkeit von Rechneranlagen und Programmen hatten die Konstrukteure jedoch bei der Einführung von CAD-Verfahren solche Schwierig-

keiten, dass der Zeitaufwand zunächst sogar anstieg. Vor allem mangelte es lange an einer Verbindung von CAD-Verfahren und numerisch gesteuerten Werkzeugmaschinen, also an der Verknüpfung des rechnergestützten Entwurfs mit der Fertigung auf NC-Maschinen (von Numerical Control). Der Geschäftsbereich K2 mit seinen Arbeitsgebieten Leuchten und Scheinwerfer wurde geradezu zum Vorreiter. Begünstigt war dies dadurch, dass bei der rechnergestützten Konstruktion von Scheinwerfern und Leuchten und deren Übernahme in die Fertigung die einfacher zu verarbeitenden geometrischen Formen und Freiformflächen bei der Erstellung der Einstellparameter der NC-Maschine im Vordergrund stehen (gegenüber den komplizierten technologischen Parametern wie Werkzeug-, Werkstoff- und Maschinendaten). Außerdem konnte Bosch nicht umhin, sich an das Karosserie-CAD der Kunden anzuschließen.

Oberflächenbearbeitung von Scheinwerfer-Reflektoren (1990).

Daimler-Benz begann zum Beispiel 1979, Karosserien mit Hilfe des Rechners zu entwerfen. Dabei wurde der technische Wandel noch dadurch beschleunigt, dass die Fahrzeughersteller die Scheinwerfer zunehmend als zentrales Stilelement verstanden. Ein wirtschaftlicher Grund kam hinzu: Die enorme Vielfalt der Produkte zwang dazu, effektiv zu konstruieren und zu fertigen. So umfasste Anfang der neunziger Jahre das Programm der Lichttechnik mehr als 1600 verschiedene Kraftfahrzeug-Beleuchtungseinrichtungen.

Charakteristischerweise strahlten diese Ergebnisse in den Geschäftsbereich K4 (Scheibenwischer und Wischermotoren) aus, da die Fähigkeit, die Geometrien von Scheinwerfern mit dem Rechner zu modellieren, unmittelbar auf die Darstellung der Scheibengeometrie und des Wischfeldes von Scheibenwischern übertragen werden konnte. Auch hier war aber entscheidend, dass nur noch so auf Kundenwünsche sinnvoll reagiert werden konnte. Nachdem der erste Pendelwischer von 1926 samt außen liegendem Motor eher unorganisch am oberen Rand der Windschutzscheibe befestigt war, hatte der Wischer fünfzig Jahre später eine möglichst vollkommene Einheit mit den nun stark gebogenen Scheiben zu bilden. Das Wischfeld sollte möglichst groß sein, gleichzeitig musste sichergestellt werden, dass der Wischer bei hohen Geschwindigkeiten nicht abhebt.

Die Erfahrungen des Geschäftsbereichs K2, der mit Hilfe selbst entwickelter Software die Übersetzung von geometrischen CAD-Daten in Steuerungsdaten für CNC-Maschinen (Computerized Numerical Control) realisiert hatte, sowie die anfängliche Nutzung eines CAD-Systems im Geschäftsbereich K4, dienten dann auch Anfang der achtziger Jahre als Diskussionsbasis für eine durchgreifende Einführung von CAD-Techniken bei Bosch. Im Vordergrund stand die Frage, wie das rechnergestützte Kon-

Werbung für Scheibenwischer (1954).

struieren und die Fertigung mit NC-Maschinen zu verbinden sind.

Im Geschäftsbereich K2 selbst war dieses Computer Aided Manufacturing (CAM) 1987 Wirklichkeit geworden. Man hatte mittlerweile neue Rechnerprogramme für die Entwicklung von Scheinwerfern erstellt, mit denen man die angestrebte Verteilung des Lichts auf der Fahr-

Konstruieren von Scheibenwischeranlagen am CAD-Arbeitsplatz des Geschäftsbereichs K4 in Bühlertal (1994).

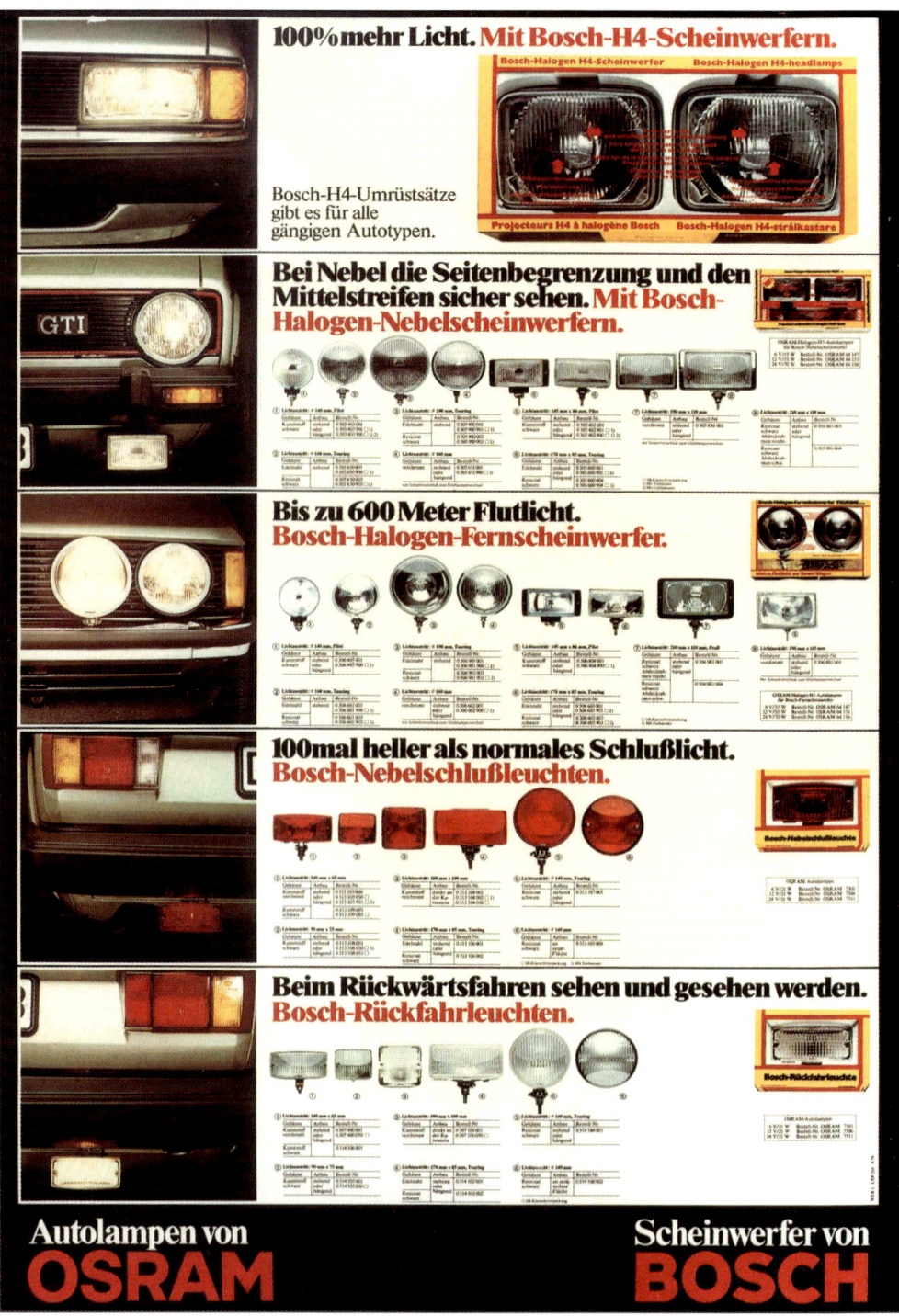

Werbeplakat: »100 % mehr Licht mit Bosch-H4-Scheinwerfern« (1979).

bahn schon in der Konzeptphase am Bildschirm darstellen konnte. Die dabei errechneten Daten der Geometrie des Scheinwerferreflektors gingen dann direkt in die Steuerungen der NC-Maschinen zur Herstellung der Formwerkzeuge ein. Auf Lichtversuche zur Beurteilung der Lichtwirkung konnte damit zunehmend verzichtet werden, so dass die Entwicklungszeiten deutlich geringer wurden. In wenigen Jahren verfeinerte Bosch seine spezielle Technik des Computer Aided Lighting so weit, dass es möglich war, das Scheinwerferlicht zu simulieren und den Scheinwerfer ohne ein einziges Muster bis ins Detail zu optimieren. Anders wären auch die seit den achtziger Jahren rasch aufeinander folgenden optischen Konzepte nicht mehr zu realisieren gewesen: So folgten auf die homofocalen Reflektoren, bei denen Sektoren unterschiedlicher Brennweite einen gemeinsamen Brennpunkt besitzen, die Multifocus-Reflektoren, die aus mehreren parabolischen und parelliptischen Segmenten mit unterschiedlichen Brennweiten zusammengesetzt sind, sowie die geometrisch noch komplizierteren Reflektoren mit variablem Focus.

Während die Zündkerze und in vieler Hinsicht auch die Scheinwerfer und Leuchten Paradebeispiele evolutionärer Entwicklungen darstellen, war ein zweites klassisches Gebiet der Autoelektrik geradezu von einem Bruch in den physikalischen Grundlagen geprägt, nämlich das Gebiet der Lampen. Der Schritt von den konventionellen Glühlampen, den seit den zwanziger Jahren verfügbaren Bilux-Lampen, zu den ab den sechziger Jahren eingeführten Halogenlampen, änderte am Prinzip der Glühlampe noch wenig. Kern war nach wie vor der Glühwendel aus Wolfram. Die Lampe hatte lediglich durch den Halogenzusatz an Lichtausbeute und Konstanz zugelegt. Dagegen veränderte sich mit dem von Bosch 1991 eingeführten Litronic-System das physikalische Konzept der Lampe. Lichtquelle war nun nicht mehr ein

Prototyp des Xenon-Scheinwerfers Litronic (1989).

glühender Metallfaden, sondern eine Gasentladung.

Aufgrund des tageslichtähnlich gefärbten, im Vergleich mit der Halogenlampe aber bläulich wirkenden Lichts und wegen des (weitgehend) subjektiven Eindrucks der Blendung wurde das System in der Öffentlichkeit gelegentlich kritisiert. Im Vergleich mit der Halogenlampe kann man mit dem Litronic-System aber rund doppelt so viel Licht auf die Straße bringen und bei geeigneter Lichtverteilung auch Blendung ausschließen. Da selbst auf den Autobahnen das Abblendlicht nahezu zum normalen Fahrlicht geworden ist, bringt diese höhere Lichtausbeute beachtliche Vorteile. Außerdem kann dieses Mehr an Licht etwa mit der Hälfte der elektrischen Energie erzeugt werden. Der Wirkungsgrad ist also um den Faktor Vier höher. Für die Automobilhersteller ist eine solche Verbesserung bei einem der Hauptverbraucher außerordentlich attraktiv, da dies der allgemeinen Tendenz entgegenwirkt, Batterie und Generator zunehmend mehr elektrische Verbraucher zuzumuten. Allein in den sechziger und siebziger Jahren war die Verbraucherleistung von 200 auf 1200 Watt angestiegen. Bei Wagen der oberen Preisklassen muss inzwischen mit 3000 Watt gerechnet werden.

Die Lampe als zentrale Komponente des Litronic-Systems stammte von Philips. Schon seit den dreißiger Jahren hatte Philips sich intensiv mit Gasentladungslampen auseinander gesetzt, so dass in den Niederlanden bereits erste Straßenbeleuchtungssysteme auf der Basis von Gasentladungslampen getestet werden konnten. Das monochromatische gelbe Licht der in Natriumdampf stattfindenden Gasentladung beschränkte die Anwendungen allerdings auch in der Folge auf Straßen- und Sicherheitsbeleuchtungen. Die Gasentladungslampen wurden deshalb seit Ende des Zweiten Weltkriegs dadurch weiter entwickelt, dass man zu einer bei hohem Druck stattfindenden Gasentladung im Edelgas Xenon überging und damit intensives tageslichtähnliches Licht erzeugte. Diese Edelgas-Gasentladungslampe konnte sogar so weit miniaturisiert werden, dass Philips schließlich eine kirschkerngroße Lampe für die Verwendung im Fahrzeug bereitstellte. Im winzigen Quarzkolben dieser Lampe brennt in einer Xenon-Metalldampf-Atmosphäre bei einer Temperatur von rund 4500 Grad Kelvin ein Lichtbogen, der für die hohe Lichtausbeute und für die dem Tageslicht nahe kommende Lichtfarbe verantwortlich ist.

Der Part von Bosch war es, das Gesamtsystem zu entwickeln, also im Wesentlichen das Zündmodul und das elektronische Steuergerät. Da Gasentladungslampen aus physikalischen Gründen mit bis zu 12 000 Volt gezündet werden müssen, gehört zu jedem Scheinwerfer ein kompaktes elektronisches Vorschaltgerät, das die Zündspannung liefert und auch im stationären Betrieb (und im Übergang zwischen Zündung und stationärem Betrieb) die Leistungsaufnahme der Lampe regelt. Seit 1985 wurde in der Vorentwicklung bei Bosch an einem Steuergerät für den Betrieb von Gasent-

ladungslampen im Kraftfahrzeug gearbeitet. 1987 waren die Überlegungen zu einem Beleuchtungssystem auf der Basis von Gasentladungslampen so weit vorangeschritten, dass über den Entwicklungsstand berichtet werden konnte. Zu den intensiven Entwicklungsarbeiten an Scheinwerfern und Versorgungselektronik trat seit 1988 der Versuch, im Rahmen des bei der europäischen Forschungsförderungsorganisation EUREKA (der European Research Agency) angesiedelten Projekts VEDILIS (Vehicle Discharge Lighting System) die Voraussetzungen für die internationale Normung eines solchen Scheinwerfersystems zu erarbeiten. 1990 war das von Bosch unter der Bezeichnung »Litronic« (Licht-Elektronik) entwickelte Beleuchtungssystem serienreif; auf dem Pariser Automobilsalon wurde das erste System in einem Serienfahrzeug vorgeführt. Seit Jahresmitte 1991 lief die Serienfertigung an, so dass Scheinwerfer mit Gasentladungslampen erstmals als Sonderausstattung angeboten werden konnten.

Da aber an den Schnittstellen zwischen Lampe, Elektronik und Fahrzeugelektrik die Interessen der Hersteller zwangsläufig kollidierten, war die endgültige Formung des Systems und die Aufteilung der Wertschöpfung schwierig. Ähnlich wie bei der auf automobiltechnische Systeme zielenden Geschäftspolitik Boschs war es Teil der Wachstumsstrategie der Siemens-Tochter Osram, das Systemgeschäft mit Lampen und elektronischen Vorschaltgeräten an sich zu ziehen und durch direkten Einbau der Elektronik in die Lampe in Konkurrenz zu Bosch und Hella als Anbieter externer Vorschaltgeräte zu treten.

1999 vervollständigte Bosch das Litronic-System durch die Einführung der Abblend- und Fernlicht zusammenfassenden Bi-Litronic. Deutlich wurde dabei auch die enge Wechselwirkung von Lampenentwicklung und Scheinwerfergestaltung. Für das Umschalten von Abblendlicht auf Fernlicht wird die kontinuierlich brennende Lampe in Sekundenbruchteilen von einem Motor um Millimeter nach hinten gezogen. Der Reflektor im Scheinwerfer ist dabei so berechnet, dass nach dieser kleinen Positionsveränderung der Lampe Fernlicht abgestrahlt wird. Für besondere gestalterische Anforderungen an das Fahrzeug, wenn der Fahrzeughersteller also einen besonders flachen und kompakten Bauraum vorsieht, wurde die PES-Bi-Litronic (PES heißt Polyellipsoid-Scheinwerfer) bereitgestellt. Sie lenkt den Lichtstrom wie ein Diaprojektor mittels Projektionslinse und spezieller Blende auf die Straße. Zum Umschalten auf Fernlicht wird bei diesem System blitzschnell die Blende aus dem Strahlengang des Lichtstroms gezogen. Der Scheinwerfer strahlt danach Fernlicht mit Litronic-Eigenschaften auf die Fahrbahn.

Im Zuge der Neuordnung des Unternehmensbereichs Kraftfahrzeugtechnik ist das zu den ganz jungen Innovationen zählende Litronic-System zusammen mit dem traditionsreichen Scheinwerfergeschäft an die heute im Besitz von Magneti Marelli befindliche Automotive Lighting übergegangen. Die außerordentlich hohen Kosten für die Entwicklung und die Werkzeuge konnten zuletzt bei den im Weltmaßstab geringen Stückzahlen von Bosch nicht mehr erwirtschaftet werden. Die Zusammenlegung erhöht dagegen die Umsatzbasis erheblich.

Generatoren und Starter

Zu den Pioniererzeugnissen von Robert Bosch und zugleich zu den Produkten, die seit dessen Gründung 1913 wesentlich die Identität des

Fertigung von Lichtmaschinen im Werk Feuerbach (1952).

traditionsreichen und selbstbewussten »Licht-werks« in Feuerbach (seit 1933 Ortsteil von Stuttgart) ausmachten, gehörten neben Scheinwerfern insbesondere »Lichtmaschinen« und »elektrische Anlasser«, wie sie bei Bosch intern bezeichnet wurden. Zur Kompensation der Drehzahlabhängigkeit der Generatorspan-nung hatte sich Bosch bei den Lichtmaschinen gegen das Konzept der Stromregelung ent-schieden und von Anfang an auf den span-nungsgeregelten (Gleichstrom-)Generator ge-setzt. Nach der Verwendung von Kohlekörner-reglern in den ersten Lichtmaschinen griff man 1917 zum Tirill-Regler, einem elektromechani-schen Kontaktregler. Bei den Anlassern wurden zunächst unterschiedliche Konzepte verfolgt. In rascher Folge wurden Schwungkraft-Anlasser, Freilauf-Anlasser und Schubanker-Anlasser entwickelt. Als Bosch 1926 eine Lizenz für den Schraubtrieb-Anlasser von Bendix erwarb, wurde dieser das dominierende Produkt.

Auch nach dem Krieg zählten elektrische Anlasser und Lichtmaschinen wieder zur Pro-duktpalette des Lichtwerks. Ein technischer Wandel zeichnete sich dann seit 1963/1964 ab, als neben den (bis 1978 in Stuttgart-Feuer-bach und dann noch in Brasilien produzierten) Gleichstromgeneratoren die neuen Drehstrom-generatoren in das Produktionsprogramm in Feuerbach aufgenommen wurden. Diese hatten

mit ihrem wesentlich größeren Drehzahlbereich bei wachsender Verkehrsdichte und zunehmen-den Verkehrsstaus den entscheidenden Vorteil, dass sie auch bei niedrigen Drehzahlen des Fahrzeugmotors – selbst im Leerlauf – bereits eine ausreichende Leistung abgeben und die Batterie laden konnten. Außerdem waren sie bei langen Laufzeiten und hohen Temperaturen im Motorraum robuster. Dabei nahmen bei Drehstromgeneratoren – was ganz allgemein für den Generatorbau gilt – bei einer Leistungs-erhöhung die Abmessungen und das Gewicht weit weniger zu als bei Gleichstromgenera-toren.

Da die Drehstromgeneratoren zunächst einen Dreiphasen-Wechselstrom erzeugen, muss dieser gleichgerichtet werden. Die Ein-führung der Drehstromgeneratoren war also im Grunde erst möglich, als in der Halbleitertech-nik geeignete Gleichrichterbauelemente zur Verfügung standen. Naheliegend war, dass das Lichtwerk nicht nur mit der Fertigung des Ge-nerators betraut wurde, sondern auch mit der Herstellung der erforderlichen Gleichrichter-dioden. Das Lichtwerk mit seiner eher elektro-mechanischen Kompetenz musste sich deshalb rasch die durch physikalische und chemische Verfahren geprägten Halbleiterprozesse aneig-nen. 1968 wurden tatsächlich die ersten Erre-gerdioden (für die Bereitstellung von Gleich-strom zur Felderregung) produziert, 1969 folg-ten die Leistungsdioden (zur Bereitstellung von Gleichstrom für das Bordnetz). 1971 hatte man bereits die volle Fertigungskapazität von je zwei Millionen Erreger- und Leistungsdioden im Monat erreicht und war damit von fremden Herstellern unabhängig geworden. Im selben Jahr wurden für die Spannungsregelung, also für das Konstant-Halten der Generatorspan-nung über den gesamten Drehzahlbereich des Fahrzeugmotors, Transistorregler in das Ferti-gungsprogramm des Lichtwerks aufgenommen. Damit wurde der ältere elektromagnetische

Drehstromgenerator mit eingebautem Transistorreg-ler für Nutzfahrzeuge und Busse (1965).

Kontaktregler abgelöst und die neue elektronische Feldregelung realisiert.

Die Generatorenfertigung in Feuerbach stand vor einer Herausforderung. Der Übergang vom Gleichstromgenerator zum Drehstromgenerator war zu zögerlich vollzogen worden. Erst 1973 hatte bei Bosch der Drehstromgenerator den Gleichstromgenerator weitgehend ersetzt. Außerdem hatte der Technologiewechsel den Wettbewerbern – oder den Unternehmen, die in den Markt eintreten wollten – die Chance eröffnet, mit einem neuen Produkt neue Kunden zu gewinnen. Trotz hoher eigener Marktanteile im Bereich der gesamten Motorelektrik war der Markteintritt des Halbleiterherstellers Motorola für Bosch ein Ereignis, dessen Nachwirkung noch nach zwanzig Jahren zu spüren war. Da Motorola über Halbleiterdioden verfügte, hatte es einen beachtlichen Startvorteil und konnte als erster Ausrüster Drehstromgeneratoren an Chrysler liefern. Motorola gelang es somit, den Verkauf von Leistungshalbleitern durch den Bau eigener Drehstromgeneratoren zu beschleunigen und gleichzeitig seine bislang auf Autoradios konzentrierte Automotive Product's Division auszubauen. 1974 wurde als europäischer Brückenkopf die Motorola Automobile SA gegründet, mit einer Produktionsstätte im französischen Angers. Der zusätzliche Anbieter und die Absicht der vorhandenen Generatorenhersteller, mit der neuen Technik zusätzliche Marktanteile zu erwerben, führten zu beträchtlichen Überkapazitäten und einem verschärften Wettbewerb. Seit der Gründung von Valeo-Motorola Alternateurs im Jahr 1983 zog sich Motorola auch wieder schrittweise aus diesem Geschäft zurück. Der starke Preisverfall hatte für Bosch in der Herstellung von Drehstromgeneratoren wirtschaftliche Konsequenzen.

In technischer Hinsicht war der Drehstromgenerator ebenfalls schwierig. Dabei war das Lichtwerk in Feuerbach in Bezug auf mechanische und elektromechanische Fertigungstechnik sogar bestens auf die Großserienproduktion vorbereitet. Beim Rotor der als Klauenpolgenerator konstruierten Maschine standen dem Lichtwerk modernste Umformeinrichtungen für die Klauen und auch für die Herstellung von Welle und Kern zur Verfügung. Als Herstelltechnik für den Stator wurde zum Beispiel das von Bosch patentierte und besonders abfallarme Hochkant-Rollen eingesetzt. Die Probleme rührten bis in die siebziger Jahre von der Halbleitertechnik und der Elektronik her. So nahm man anfänglich an, dass bei einem Kraftfahrzeugbordnetz mit 14 Volt für die Spannungsfestigkeit einer Leistungsdiode Werte von 100 bis 120 Volt ausreichen. Später stellte man aber fest, dass die Spannungsfestigkeit sich in einer Größenordnung von 350 Volt bewegen muss. Ein anderes Problem waren die Temperaturwechsel im Fahrzeug, die bei der Leistungsdiode zur Ermüdung der Lötschicht zwischen dem Kupfersockel und dem Silizium führten. Sorgen bereitete auch der mit diskreten Bauelementen aufgebaute Transistorregler. Die Folge waren Qualitätsbeanstandungen, die – bezogen auf die Garantiezeit von einem Jahr – eine Größenordnung von nahezu zwei Prozent erreichten.

In den Griff bekam man die Qualitätsprobleme erst, als man Mitte 1978 auf den so genannten Hybridregler umstellte. »Hybridtechnik« bedeutete, dass ein Keramiksubstrat mit aufgedruckten Widerständen, mit einem kleinen integrierten Schaltkreis für die Regelfunktionen, mit einer Kombination von Transistor und Widerstand als Endstufe sowie mit einer Freilaufdiode versehen wurde. Diese Komponenten wurden dann durch Bonden miteinander verdrahtet. Mit dieser fortgeschrittenen Hybridtechnik, bei der nicht mehr nur einzelne miniaturisierte Bauelemente eingesetzt wurden, sondern durch den Integrated Circuit die Zahl der Komponenten bereits beträchtlich reduziert wurde, konnte vor allem auch die Zahl der Kontaktstellen deutlich verringert werden.

Ein weiterer Innovationsschritt beim Drehstromgenerator betraf die Änderung des Produktkonzepts: Bosch hatte sich zunächst für den so genannten Topfgenerator entschieden. Er besaß einen außenliegenden Lüfter; über das Stator-Paket wurden zwei Töpfe gestülpt, der komplette Generator wurde schließlich mit vier Durchgangsschrauben zusammengehalten. Angesichts der ungünstigen Ergebnisse bei Generatoren machte Bosch dann Anstrengungen, den Topfgenerator durch ein kostengünstigeres Konzept abzulösen. In dieser Situation musste man erkennen, dass es japanischen Herstellern, insbesondere Nippondenso, gelungen war, besonders kompakte und relativ leichte Drehstromgeneratoren mit innenliegenden Lüftern zu schaffen. Anlässlich eines Besuches stellte man 1984 fest, dass Nippondenso bereits ein Drittel der Fertigung auf diesen neuen Compact-Generator umgestellt hatte.

Bosch kam nun nicht mehr umhin, einen eigenen Kompaktgenerator zu entwickeln. Verbessert wurde zunächst die mechanische Steifigkeit. Außerdem wurde nach dem Vorbild von Nippondenso der Außenlüfter durch zwei innenliegende Lüfter ersetzt. Dadurch konnte der Generator kompakter, die Geräuschabstrahlung deutlich verringert und der Wirkungsgrad bei größeren Drehzahlen angehoben werden. Bosch verbesserte vor allem die elektrische Auslegung, so dass zum Beispiel eine deutlich gesteigerte Ausnutzung des Magnetfeldes erzielt werden konnte. Hinzu kam der auf den Bürstenhalter aufgebrachte Monolith-Regler, bei dem die Steuer- und Regelfunktionen, die Freilaufdiode und die Endstufe auf einem winzigen Chip integriert wurden.

Für die Produktion des Compact-Generators baute man 1988 noch in Feuerbach die Pilotserie auf, und zwar neben der nach wie vor

Kompakter Drehstromgenerator mit innenliegendem Lüfter (1985).

in großen Stückzahlen laufenden Produktion des Topfgenerators. Mit den Vorbereitungen der Großserienfertigung des neuen Bosch-Compact-Generators war man jedoch in eine wirtschafts- und unternehmenspolitische Situation geraten, in der nicht mehr geleugnet werden konnte, dass trotz guter Produkt- und Fertigungskonzepte Standorte in Deutschland an internationaler Wettbewerbsfähigkeit eingebüßt hatten. Außerdem hatte Bosch längst Konzepte für einen internationalen Produktionsverbund entwickelt. 1988 wurde entschieden, mit der Großserienfertigung des Compact-Generators nach Großbritannien zu gehen. Aufgrund von Kostenrechnungen stellte sich heraus, dass man beim Aufbau einer Großserienfertigung für Generatoren im walisischen Cardiff rund 15 Prozent günstiger als am deutschen Standort produzieren würde. Wegen der starken Dominanz der britischen Firma Lucas hatte Bosch bis in die siebziger Jahre davon abgesehen, in Großbritannien eine Fertigung einzurichten. Mit der neuen Technik ergab sich nun die Möglichkeit, für die japanischen Kunden mit ihren neuen Produktionsstätten in Großbritannien eine lokale Präsenz zu bieten. Anfang 1991 konnte das zügig erbaute neue Werk mit der Herstellung von Compact-Generatoren beginnen; die Fertigung umfasste drei Baureihen der Leistungsklasse von 50 bis 140 Ampère und deckte damit den Pkw-Bereich bis hin zur Oberklasse ab. Nach dem Fertigungshochlauf in Cardiff wurde 1992/1993 zusätzlich am Standort Treto in Spanien die Produktion des Compact-Generators aufgenommen. Da immer mehr Kunden zum Compact-Generator übergingen und außerdem Ersatzteile für den Topfgenerator in Spanien gefertigt wurden, stellte man am traditionellen Standort in Feuerbach die Generatorproduktion völlig ein.

Mehr noch als die seither genannten Innovationsschritte, die ganz unmittelbar am Produkt abzulesen sind und insofern eher vordergründig wirken, zeigt der Forschungs- und Entwicklungsprozess einen Umschwung, dessen Tiefgang den Paradigmenwechseln anderer Technikbereiche nicht nachsteht. Gemeint sind die ebenfalls über Jahrzehnte entwickelten Verfahren, bei Generatoren die Felder numerisch zu berechnen. Ziel war es, den Erregerbedarf zu verringern, die Ausnutzung des magnetischen Feldes zu verbessern und die Leistung zu steigern.

Die numerische Feldberechnung, bei der das magnetische Feld direkt über die Maxwellschen elektrodynamischen Gleichungen aus der räumlichen Verteilung seiner erregenden Ströme berechnet wird, wurde zunächst an den Hochschulen vorangetrieben. Das Verfahren war, das gekoppelte System der Maxwellschen Differentialgleichungen – hier für zeitlich langsam veränderliche Felder – mit den Materialgleichungen in ein lineares Gleichungssystem zu überführen, welches dann mit numerischen Verfahren gelöst werden konnte. 1970 machte Gerhard Henneberger am Institut für elektri-

Compact-Generatoren-Fertigung im britischen Werk Cardiff – Maß-Prüfung des Generators.

sche Maschinen der RWTH Aachen mit einer Dissertation über die – noch zweidimensionale – numerische Berechnung des magnetischen Feldes von Turbogeneratoren den Anfang. Durch Forschungsprojekte, die Wilhelm Müller in Zusammenarbeit mit Egon Andresen seit 1975 am Institut für elektrische Energiewandlung der TH Darmstadt durchführte, wurde die numerische Feldberechnung weiter vorangetrieben. Mit dem von Wilhelm Müller entwickelten Feldberechnungsprogramm PROFI konnten dann, ausgehend von der Methode der finiten Differenzen, dreidimensional Felder berechnet werden. Die von Wilhelm Müller gegründete Firma PROFI Engineering führte auch Anfang der achtziger Jahre für Bosch Feldberechnungen durch. Da die Maschinen nur im Leerlauf berechnet werden konnten, musste am Ende aber doch wieder mit Mustern empirisch optimiert werden.

Als Gerhard Henneberger, der 1973 bei Bosch eingetreten war und seit 1978 Entwicklungsleiter für den Bereich Starter, Generator, Batterie und Elektrofahrzeuge war, 1988 wieder an die RWTH Aachen zurückgekehrt war, befasste er sich erneut mit Fragen der Feldberechnung. Mit Hilfe des von dem kanadischen Software-Haus Infolytica Ltd. erstellten Feldberechnungsprogramm »MagNet« war das Aachener Institut für Elektrische Maschinen Anfang der neunziger Jahre erstmalig in der Lage, einen Klauenpolgenerator dreidimensional zu berechnen und vor allem auch das Betriebsverhalten der Maschine zu simulieren. In enger Zusammenarbeit mit Bosch erstellte das Aachener Institut für elektrische Maschinen Software-Werkzeuge, die es erlaubten, Drehstromgeneratoren für industrielle Ansprüche zu berechnen. Nachdem Bosch das Feldberechnungsprogramm »MagNet« ebenfalls beschafft hatte, konnte das Verfahren in die Bosch-eigene Entwicklung übernommen werden.

Ein weiterer wichtiger Aspekt der modernen Elektrotechnik kam bei der Entwicklung von Startern zum Tragen, nämlich der Fortschritt bei den Werkstoffen. Nach der technischen Entwicklung der Ferritmagnete im Zweiten Weltkrieg hatten seit 1945 die magnetischen Werkstoffe große Bedeutung erlangt. In das Blickfeld der Entwicklung elektrischer Maschinen in der Automobilelektrik gerieten die neuen magnetischen Werkstoffe seit den siebziger Jahren, als man begann, Permanentmagnete für die Felderregung bei Startern einzusetzen.

Bosch sah sich veranlasst, permanenterregte Maschinen zu entwickeln, als es Nippondenso, Mitsubishi und Hitachi um 1980 gelang, besonders leistungsfähige (elektrisch erregte) Vorgelegestarter auf den Markt zu bringen und Erfolge bei Bosch-Kernkunden zu erzielen, etwa bei Audi und Volkswagen. Mit dem Vorgelege konnte bei gleichbleibender Leistung die Baugröße von Startern, die ja grundsätzlich auf einem Gleichstrommotor basieren, deutlich reduziert werden. Über das Untersetzungsgetriebe war es möglich, das verringerte Drehmoment bei kleiner Baugröße wieder auszugleichen. Bosch war mit seinem Starterprogramm auf diese Konkurrenz zunächst nicht vorbereitet, da in diesem Leistungsbereich nur direkt getriebene Starter gefertigt wurden.

Angesichts des Wettbewerbs entwickelte Bosch einen permanent erregten Vorgelegestarter. Der ständige Leistungszuwachs der Ferritmagnete erlaubte die Prognose, dass mit Abschluss der Entwicklung eines Vorgelegestarters gleichzeitig ausreichend leistungsfähige Ferritmagnete zur Verfügung stehen würden. Dabei zeigte sich die Bosch-eigene Ferrit-Herstellung in Herne mit ihren selbst entwickelten Zweikomponenten-Materialien dem Pionier Philips sogar überlegen. Ein weiteres Novum für die anvisierte Leistungsgröße war die sechspolige Ausführung des Starters (also die Feld-

Permanentmagnet-Starter für Pkw (1985).

erregung nicht nur durch vier, sondern durch sechs Ferritmagnete). Als letzte Hürde, die in der Homologierungsphase zu überwinden war, musste der neue Vorgelegestarter mit allen Komponenten widerstandsfähig gegenüber hohen Temperaturen gemacht werden.

Trotz der Schwierigkeiten in der Homologierungsphase gelang es seit 1982 unter Einbeziehung modernster Fertigungsverfahren die Großserienfertigung in Hildesheim aufzubauen. Seit 1984 wurde der neue Starter gefertigt. Gelungen war er in mehrfacher Hinsicht: Ein seit der Ölkrise zwingendes Entwicklungsziel, nämlich Gewichtseinsparung, wurde auf ganz eklatante Weise erreicht. So konnte bei einem 1,4-Kilowatt-Starter das Gewicht von 6,3 auf 3,6 Kilogramm reduziert werden. Außerdem war der neue Starter wirtschaftlich durchaus erfolgreich. Schließlich wurde das Konzept praktisch von allen Wettbewerbern aufgegriffen; lediglich Nippondenso verzichtete darauf, die Permanenterregung zu verwenden.

Die hier deutlich erkennbaren Ziele bestimmten die weitere Entwicklung bei Startern und Generatoren bis heute: Reduktion von Gewicht und Volumen, Steigerung der Leistung und des Wirkungsgrads, Differenzierung im Baukasten von Leistungsabstufung und Größe sowie

Verbesserung der Produktionsmethoden. Ein neuer Ansatz in der Auslegung von Generatoren wurde Anfang der neunziger Jahre mit der Entwicklung eines flüssigkeitsgekühlten Generators gemacht, wobei die Kühlung durch einen Bypass der Motorkühlung realisiert wurde. Der besonders geräuscharme und langlebige Generator war für Fahrzeuge der gehobenen Klasse mit hohen Energieanforderungen sowie für Bordnetze mit unterschiedlichen Spannungen gedacht. Die Serienfertigung des weltweit ersten flüssigkeitsgekühlten Drehstromgenerators für Pkw lief 1998 im Werk Cardiff an. Der für zwei Automobilhersteller gefertigte Generator lieferte bei 14 Volt zunächst bis zu 150 Ampère, heute bis zu 180 Ampère und mehr. In den Compact-Generatoren wurden 1994 für die Gleichrichtung (in Verbindung mit Monolith-Reglern) neue eigenentwickelte Zenerdioden eingesetzt. Dieser Diodentyp ist für noch höhere Umgebungstemperaturen ausgelegt und verbessert dadurch die Zuverlässigkeit des Generators. Wie alle Gleichrichter wird er im Bosch-Halbleiterwerk in Reutlingen hergestellt. Im Folgejahr wurde für den Compact-Generator ein neuer Spannungsregler eingeführt, der den Generator zeitlich verzögert einschaltet und damit den Motor beim Startvorgang entlastet. Serienreif wurde ferner ein neuer Spannungsregler mit serieller Schnittstelle, der zum Beispiel die Kommunikation mit dem Motorsteuergerät ermöglicht und somit Batterieladung, Startvorgang und Leerlaufstabilität verbessert. Ende der neunziger Jahre wurde zudem über die Entwicklung des seit längerem diskutierten Startergenerators berichtet. Mit diesen Aggregaten kann eine automatische Motorabschaltung bei Fahrzeugstillstand (Start-Stopp-Betrieb) und Energierückgewinnung im Schubbetrieb zur weiteren Senkung des Kraftstoffverbrauchs realisiert werden. Außerdem intensivierte man die Arbeiten an künftigen kombinierten 14/42 Volt- und an reinen 42 Volt-Bordnetzen.

Der neue Generator LI-X mit besonders kompaktem Aufbau und besonders hohem Wirkungsgrad (2003).

Hinsichtlich der zu erwartenden schärferen Abgasgesetzgebungen verstärkt Bosch auf dieser technischen Basis zu Beginn des 21. Jahrhunderts die Entwicklung von Hybrid-Antrieben, bei denen der Verbrennungsmotor durch einen Elektromotor intelligent ergänzt wird.

III Dieseleinspritzausrüstung, Evolution eines traditionellen Geschäftsbereichs

Der schwierige Anlauf des Diesel-Personenwagens

Bereits unmittelbar nach dem Ende des Zweiten Weltkriegs konnten wieder beachtliche Stückzahlen im Bereich der Einspritzausrüstung geliefert werden. Damit schloss man an die erfolgreiche Vorkriegsentwicklung an. Was für das Gesamtprogramm von Bosch zu beobachten ist, gilt auch für die Dieselausrüstung, nämlich die technische Kontinuität – oder auch: die Evolution des Erzeugnisgebiets samt der zugehörigen Prozesse für eine Mengenfertigung von Feinpassungsteilen und feinwerktechnischen Komponenten.

Dabei müssen natürlich die Rahmenbedingungen der Dieselmotorenentwicklung, die sich grundsätzlich durch Krieg und Wiederaufbau nicht geändert hatten, berücksichtigt werden: Wegen der schweren Nebenaggregate und niedrigen Drehzahlen wurde der Dieselmotor zunächst als ortsfeste Maschine eingesetzt, dann hatte er sich kurz nach der Jahrhundertwende als Schiffsantrieb etabliert. 1904 war er zum ersten Mal auch in einem Diesel-Kraftwerk verwendet worden. In den zwanziger Jahren versuchte man sein angestammtes Gebiet der

Erster Diesel-Pkw mit Diesel-Einspritzpumpe von Bosch – Mercedes Benz 260 D (1936).

4-Zylinder-Dieselmotor des Mercedes Benz 260 D (OM 138) mit Reihen-Einspritzpumpe von Bosch (1936).

stationären Motoren sowie der Schiffsantriebe auszuweiten. Erst zu dieser Zeit begann eine breitere Anwendung im Fahrzeugbau, charakteristischerweise aber zuerst bei den schweren Motoren der Nutzfahrzeuge. Damit wurde auch die Kraftstoffeinblasung durch die mechanische Einspritzung des Kraftstoffs über eine Einspritzpumpe verdrängt, durch ein Verfahren, das James McKechnie als technischer Direktor der englischen Vickers-Werke bereits 1910 entwickelt hatte. Nach hausgemachten Versionen bei Benz und MAN – MAN als die eigentliche Entwicklungsfirma des Dieselmotors zögerte bei der Anwendung im Fahrzeug – setzte dann Robert Bosch ab 1927 mit marktreifen Einspritzpumpen, Reglern und Düsen den Standard in der Dieselausrüstung.

Die Domäne des Dieselantriebs bei Fahrzeugen war aber zunächst noch der »große« Motor. Um 1930 folgten auf die Diesel-Lastwagen die ersten mit den sparsamen Dieselmotoren ausgerüsteten Omnibusse für den öffentlichen Nahverkehr, 1934 etwa bei der Berliner Verkehrs-Aktien-Gesellschaft BVG. Wesentlich schwieriger als beim Benzinmotor war es, die Dimensionen des Dieselmotors weiter in Richtung Pkw-Motor herunterzudrücken und dabei die Leistung durch höhere Drehzahlen zu steigern. Die hohen Drücke forderten einerseits schwerere Motorenteile, andererseits wurde es wegen der kleinen Verbrennungsräume (für kleine Kraftstoffmengen und hohe Verdichtung!) an manchen Stellen auch räumlich sehr eng am Motor, insbesondere bei der Anordnung der Ventile und der Einspritzvorrichtungen. Erst Ende 1936, nachdem man den Motor von sechs auf vier Zylinder abgemagert und die immer noch beachtlichen schwingungstechnischen Probleme (der Drehmomentanstieg bei der Verbrennung ist sehr viel steiler als beim Otto-Motor) beim Einbau des schweren Motors in das Fahrwerk gemeistert hatte, konnte Daimler-Benz auf der Automobilausstellung in Berlin mit dem Mercedes 260 D den ersten Diesel-Personenwagen vorstellen. Sein Vierzylinder-Motor, bei dem der Kraftstoff mit Hilfe einer Bosch-Reihenpumpe bei moderatem Druck und unter Schonung des Motors in eine Vorkammer eingespritzt wurde, wies eine Leistung von 45 PS bei 3200 U/min auf und ermöglichte eine Höchstgeschwindigkeit von 95 km/h. Im Vergleich zu den 13 Litern je 100 Kilometer beim entsprechenden 2,3 Liter-Ottomotor war beim Diesel-Motor mit 9,5 Litern pro Kilometer der Kraftstoffverbrauch bereits deutlich günstiger. Ebenfalls unter Hinweis auf die Wirtschaftlichkeit stellte die Hanomag AG 1938 mit dem Typ »Rekord« einen weiteren Diesel-Pkw vor (mit 1,9 Liter Hubraum, 35 PS Leistung und 7 Liter Verbrauch/100 km). Das hohe Gewicht, die Leistungsschwäche, die durch Vibration und Geräuschentwicklung beeinträchtigte Laufkultur und die ungünstigen Produktionskosten setzten der Attraktivität deutliche Grenzen. Von beiden Typen wurden nur 2000 bis 3000 Fahrzeuge verkauft. Von Anfang an war der Diesel-Pkw wegen seiner geringen Kraftstoffkosten und wegen seiner Zuverlässigkeit und Langlebigkeit das ideale Taxi.

Nach dem Zweiten Weltkrieg schien im Pkw-Sektor das Rennen zwischen Otto- und Dieselmotor wegen der unklaren Situation der Kraftstoffversorgung wieder etwas offener zu sein. Auf dem Papier nahezu vergleichbar waren auch die beiden 170er Modelle, mit denen Daimler-Benz seine Pkw-Produktion wieder aufnahm, wobei der »Benziner« seine 38 PS bei 3600 U/min

entwickelte, der »Diesel« die gleiche Leistung bei 3200 U/min. Das maximale Drehmoment von 98 Nm erreichte der Benziner bei 1800 U/min. Der auf der Basis des Otto-Motors entstandene Dieselmotor war etwas weniger elastisch: Bei 2000 U/min betrug sein maximales Drehmoment 96 Nm. Deutlich unterschiedlich fiel jedoch erneut der Kraftstoffverbrauch aus: 9,7 Liter auf 100 Kilometer beim Benziner und günstige 6,4 Liter je 100 Kilometer bei der »Sparvariante« für den billigeren Dieselkraftstoff. Was die Zahl der Automobilhersteller angeht, so blieb die weitere Förderung des Pkw-Diesels zunächst gering.

Typisch sind die von Daimler-Benz ab 1961 (bis 1979) gebauten Typen Mercedes 190 D und 200 D, die mit ihren – aus heutiger Sicht – schwachen 55-PS-Motoren (»Ölmotor« OM 615) vor allem von Taxifahrern und sparsamen Langstreckenfahrern geschätzt wurden. Durch die stetige Pflege der Qualität des Pkw-Dieselmotors hatte Daimler-Benz aber entscheidenden Anteil an der Verbesserung des Image des Diesel-Pkw: Er galt zwar als etwas behäbig und laut, aber auch als zuverlässig, sparsam und wertbeständig. Außerdem schien die zunehmende Verkehrsdichte und die bereits drohenden allgemeinen Geschwindigkeitsbegrenzungen nur für eine mäßige Anhebung von Leistung und Drehmoment zu sprechen. Der Absatz dieser Fahrzeuge war sowohl für Daimler-Benz als auch für Bosch wirtschaftlich von Bedeutung. Die jährlichen Stückzahlen zwischen 50 000 und 100 000 waren in der Zeit bis 1970 durchaus erheblich.

Trotzdem gab es nur wenige Hersteller von Gewicht, insbesondere neben Daimler-Benz auch Peugeot. Peugeot war sicher deshalb besonders aufgeschlossen in punkto Dieselentwicklung, weil Dieselfahrzeuge in Frankreich außerordentlich wirtschaftlich zu betreiben waren. 1970 lag zum Beispiel der Preis des Dieselkraftstoffs fast ein Drittel unter dem des Normalbenzins.

Robert Bosch besichtigt auf der Automobilausstellung 1936 den Hanomag-Dieselmotor mit Bosch-Einspritzpumpe.

Jedenfalls blieb der Dieselmotor bis weit in die Nachkriegszeit für den Normalverbraucher im Vergleich zu den hochentwickelten Ottomotoren eindeutig zweite Wahl. Erst die Ölpreiskrise von 1973/74 sollte den wirtschaftlich-technischen Kontext dramatisch verändern und in der Folge dem Dieselmotor wachsende Anteile bei Personenwagen aller Hersteller bringen.

Die bewährte Reihenpumpe

Bosch schloss 1945 zunächst an das Fertigungsprogramm der Vorkriegszeit an. Weitergeführt wurden die für stationäre Motoren konstruierten Einspritzpumpen PF. Vor allem wurde aber unmittelbar nach dem Krieg die seit 1930 mit verschiedenen Regeleinrichtungen versehene und (im Sinne wachsender Fahrzeuggröße) in unterschiedlichen Baugrößen A, B und C gefertigte Reiheneinspritzpumpe PE kontinuierlich weiterentwickelt. So wurde etwa der Leistungsbereich der A-Pumpe insofern nach oben erweitert, als sie nun bei Lastkraftwagen und Omnibussen mit kleineren Motoren die B-Pumpe ablösen konnte. Die Regeleinrichtungen wurden verfeinert, seit 1952 zum Beispiel durch einen neuen drehzahlabhängig arbeitenden Spritzversteller. Die als Fliehkraftversteller realisierten Spritzversteller wurden vor die Reihenpumpe gebaut und verdrehten die Antriebswelle der Pumpe relativ zur Antriebswelle des Motors. Bei Motoren mit großem Drehzahlbereich und langen Druckleitungen muss mit zunehmender Drehzahl der Förderbeginn zeitlich vorverlegt werden. Andernfalls würde die von der Drehzahl unabhängige Laufzeit der Druckwelle im Dieselkraftstoff eine zunehmende Verspätung des Einspritzbeginns nach sich ziehen.

Die Reiheneinspritzpumpe PE war in jeder Hinsicht auf Langlebigkeit angelegt. Bei ihr trafen sich das Konzept einer besonders robusten Pumpe, bei der jedem Zylinder ein eigenes Pumpenelement zugeordnet ist, mit der ständig ausgebauten Fähigkeit in der Präzisionsmengenfertigung. Nach über sechzig Jahren und einer Gesamtproduktion von fast neun Millionen lief 1998 in Feuerbach zwar die letzte A-Pumpe vom Band, für die Verwendung in Nutzfahrzeugen in der dritten Welt und für Off-Highway-Anwendungen wird diese rein mechanische Pumpe aber nach wie vor in ausländischen Werken in großen Stückzahlen gefertigt.

1957 ging innerhalb der Pumpenreihe PE die leistungsfähige, aber kompakte PE-M für Personenkraftwagen und kleine Nutzfahrzeuge in Serie. Die M-Pumpe, wobei M nach wie vor die Baugröße bezeichnete, war auch insofern eine wichtige Pumpe, da sie von Daimler-Benz als Ersatz der A-Pumpe an den Pkw-Diesel-

motoren verwendet worden ist, etwa am Serienmotor OM 615 mit 2,0 beziehungsweise 2,2 Litern Hubraum. Bosch hat Mercedes zwar wiederholt die kleinere, leichtere und kostengünstige Verteilerpumpe angeboten, Mercedes war aber die Zuverlässigkeit der M-Pumpe wichtig. Deren geringere Empfindlichkeit gegenüber dem Wassergehalt des Kraftstoffs, der geringere Wartungsaufwand und auch die Möglichkeit, dass mit der Reihenpumpe Vier-, Fünf- und Sechszylindermotoren mit identischer Einspritzhydraulik für jeden Zylinder bedient werden konnten, war entscheidend. Ein weiterer Vorteil der Reihenpumpe war, dass die Mengenstreuung von Zylinder zu Zylinder eingestellt werden konnte, wodurch eine niedrige und gleichmäßige Leerlaufdrehzahl erzielt werden konnte.

Bemühungen um ein tragfähiges Konzept für die Verteilerpumpe

Trotz dieser Vorzüge hatte das Konzept der Reihenpumpe für die Pkw-Anwendung auch erkennbare Schwächen, wie den relativ großen Platzbedarf und die geringe Eignung für schnell laufende kleinere Dieselmotoren. Der Grund war, dass ein flexibler last- und drehzahlabhängiger Spritzversteller praktisch nicht realisierbar war. Insofern sollte das Konzept der Verteilereinspritzpumpe zunehmende Bedeutung bekommen. Der amerikanische Erfinder Vernon D. Roosa – der an sich mit stationären Dieselmotoren für die Stromerzeugung bekannt geworden war – hatte einen solchen Pumpentyp im Auftrag der amerikanischen Armee im Zweiten Weltkrieg entwickelt. Seit 1947 führte Vernon D. Roosa bei der Hartford Machine Screw Company (in West Hartford, Connecticut) die später so genannte Roosa Master Pumpe zur Serienreife. Beginnend mit einem ersten Modell A im Jahr 1952 brachte die Hartford Machine Screw Company die Roosa Master Pumpe in im-

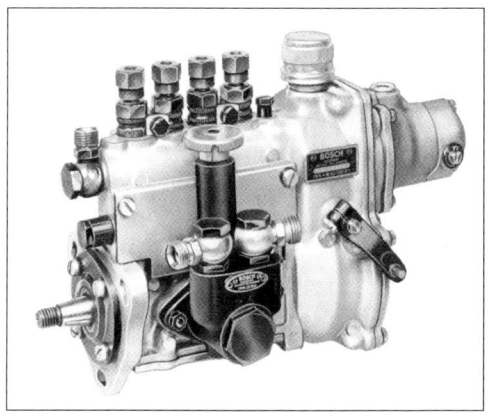

Reiheneinspritzpumpe Typ PES4M50 für den Mercedes-Benz 180 D (1959).

mer neuen Versionen auf den Markt, bis 1958 mit dem Modell DB ein erster Entwicklungszyklus abgeschlossen war. Die Weiterentwicklung dieser D-Pumpen in den Modellen DB und DM in den sechziger und siebziger Jahren spiegelt vor allem den Erfolg bei landwirtschaftlichen Fahrzeugen und in einem weiten Bereich der industriellen Nutzfahrzeuge. Gleichzeitig änderte das Unternehmen schrittweise seine Identität. Nachdem sich 1955 Hartford Machine Screw, Chicago Screw und Western Automatic Screw zur Standard Screw zusammengeschlossen hatten, entstand 1970 durch Umbenennung aus der Standard Screw die heutige Stanadyne. Die aus der Hartford Machine Screw hervorgegangene Stanadyne hatte um 1980 mehr als 13 Millionen Roosa Master Pumpen verkauft.

Die Unternehmensführung von Bosch verfolgte diese Entwicklung von Anfang an aufmerksam. Federführend war Walter Lippart, in den Nachkriegsjahren innerhalb der Geschäftsführung für die Technische Hauptleitung II verantwortlich. Er hatte nach dem Zweiten Weltkrieg begonnen, planvoll das Technologieangebot auf dem Gebiet der Kraftfahrzeugtechnik zu beobachten und unter dem Gesichtspunkt der Erweiterung der Produktpalette von Bosch zu sichten. Als Dieselmotorenspezialist erkannte er früh, dass die Verteilerpumpe ein besonders zukunftsträchtiges Pumpen-Konzept darstellt. Das Patent der nach dem Radialkolbenprinzip arbeitenden Roosa Master Verteilereinspritzpumpe wurde Bosch auch angeboten. Bosch besaß aber unmittelbar nach dem Zweiten Weltkrieg keine Devisen und konnte schon aus materiellen Gründen die Lizenz nicht erwerben. Offenbar wurde die Verteilereinspritzpumpe, mit der man sich seit 1935 in einer Vielzahl von Entwürfen auseinander gesetzt hatte, im Vergleich mit der erfolgreichen Reihenpumpe auch als zu teuer empfunden. Hinzu kam wohl, dass das Selbstbewusstsein der

Techniker bei Bosch auf eine eigene Lösung gerichtet war. Anstelle von Bosch kam so die Joseph Lucas Industries mit der Tochter CAV zum Zuge, also die britischen Partnerunternehmen der Vorkriegszeit, die Bosch ursprünglich an das Dieselgeschäft herangeführt hatte. Mit Hilfe der 1953 erworbenen Lizenz der Radialkolbenpumpe begann Lucas-CAV, auch den Markt für kleine Dieselmotoren zu erobern.

1956 ging die dem Konzept der Roosa Master Pumpe entsprechende DP-Verteilerpumpe bei Lucas-CAV in Serie. Diese Pumpe war klein, im Gegensatz zu den Reihenpumpen kraftstoffgeschmiert und konnte in beliebiger räumlicher Lage an den Motor gebaut werden, was insbesondere für den Einbau in kleine Motoren ein durchschlagendes Argument war. Um die weitere Entwicklung kurz vorwegzunehmen: Auf der Grundlage dieser Technik und ausgestattet mit einem etwa zehnjährigen Vorsprung am Markt sollte Lucas tatsächlich so erfolgreich werden, dass 1970 bereits vier Millionen DP-Pumpen ausgeliefert waren. 1993 überschritt die Zahl der DP-Pumpen insgesamt die Grenze von 30 Millionen.

Angesichts der aufkommenden Konkurrenz durch Standard Screw und Lucas-CAV trieb man bei Bosch die Entwicklung einer eigenen Verteilerpumpe voran. Dabei setzte man sich zunächst klar von der Roosa Master-Pumpe ab. Bei dieser von Roosa konstruierten Radialkolbenpumpe sind je nach Motorzylinderzahl eine Anzahl von kleinen Pumpenkolben radial zur Antriebswelle in einem Rotationsverteiler angeordnet. Wird der Rotationsverteiler vom Motor gedreht, erlaubt die Kontur eines feststehenden Nockenrings zunächst eine Zentrifugalbewegung der Pumpenkolben nach außen und damit die Füllung des Pumpenraums mit Kraftstoff. Anschließend werden die Pumpenkolben von den Nocken gegen die Zentrifugalkraft nach innen gepresst. Damit wird die Einspritzleistung erzeugt. Durch die (mit halber Motordrehzahl

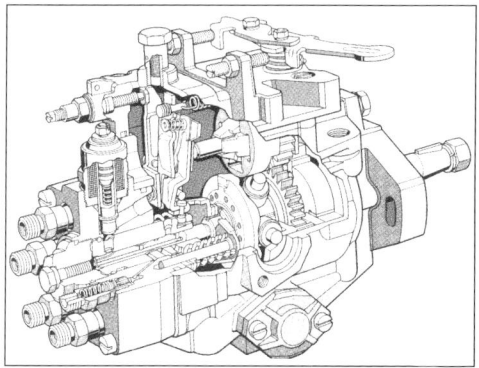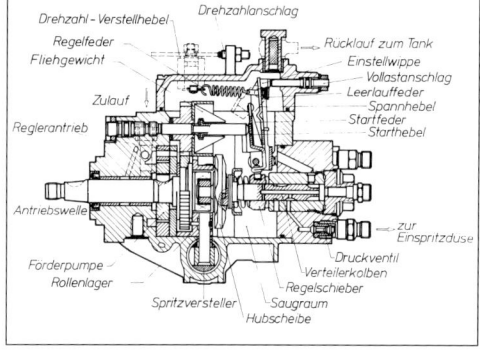

Axialkolben-Verteilereinspritzpumpe VE (1975).

erfolgende) Drehung des Rotors mit den Pumpenkolben werden schließlich über eine Verteilernut entsprechend der Zylinderzahl und der Zündfolge nacheinander die Düsen mit Kraftstoff versorgt. Im Gegensatz zu Vernon D. Roosa und dessen Lizenznehmern verfolgte man dagegen bei Bosch bewusst das Konzept einer Axialkolben-Verteilereinspritzpumpe. Zentrales Element ist eine Hubscheibe, die sich auf den Rollen eines Rollenrings abstützt und von der Antriebswelle und damit letztlich vom Fahrzeugmotor angetrieben wird. Die Hubscheibe erzeugt eine kombinierte Hub-Drehbewegung, die auf den axial angeordneten Förder- und Verteilerkolben übertragen wird: Die Nockenbahn der Hubscheibe wälzt sich auf den Rollen des Rollenrings ab und führt dabei je Umdrehung so viele Hübe aus, wie Auslässe vorhanden sind. Durch die Hubbewegung des mit der Hubscheibe verbundenen Kolbens wird der Kraftstoff gefördert. Gleichzeitig verdreht die Antriebswelle den Kolben und verteilt damit den Kraftstoff über eine Verteilernut auf sämtliche Auslässe der Pumpe und letztlich auf die verschiedenen Zylinder des Motors. Beiden Pumpentypen gemeinsam ist, dass sie gegenüber der Reihenpumpe, die pro Zylinder einen Nocken, einen Stößel und einen Kolben hat, deutlich weniger Volumen besitzen. Die kompakte Bauweise wird aber bei der Axial-

kolbenpumpe durch eine proportional zur Zylinderzahl höhere Hubfrequenz des einzigen Verteilerkolbens erkauft. Diese höhere Hubfrequenz lässt sich nur durch eine starke Verkürzung des Kolbenhubs realisieren, woraus sich eine höhere Verschleißempfindlichkeit und Einschränkungen bei der Genauigkeit ergeben. Auch beim Roosa-Prinzip bewegen sich die Radialkölbchen mit einer entsprechend der Zylinderzahl höheren Hubfrequenz. Die durch die kombinierte Hub-Drehbewegung des Förderkolbens erzielte Verminderung der Zahl der Pumpenelemente bei der Axialkolbenpumpe erlaubt jedoch besonders geringe Baumaße.

In der Anfangsphase der Entwicklung einer Bosch-Verteilerpumpe mussten beträchtliche Schwierigkeiten überwunden werden. Durch mehrfaches Anpassen der Regelungseinrichtungen versuchte man über Jahre hinweg, die Verteilerpumpe zu optimieren. Die erste Serieneinführung wurde 1960 mit der grundsätzlichen Freigabe der Axialkolben-Verteilereinspritzpumpe EP/VM eingeleitet. Ein großer Erfolg zeichnete sich ab, als sich Peugeot im Mai 1963 entschloss, die Verteilerpumpe VM in Serie zu bringen. Der Bosch-Vertrieb deutete das Kürzel VM dann auch schlagfertig als »Victoire Mondiale«. Bosch konnte davon profitieren, dass Peugeot als einer der wenigen bedeuten-

67

den Nachkriegs-Hersteller seit 1959 Diesel-Personenwagen in seinem Programm hatte. Dabei wurde der Serienanlauf bis in die letzten Feinheiten in enger persönlicher Zusammenarbeit zwischen den Ingenieuren von Peugeot und Bosch vorbereitet, vielfach vor Ort im Werk von Peugeot. 1964 kam die VM-Pumpe in einem 4-Zylinder-Motor im Peugeot 404 D, einem wegen seiner Solidität geschätzten Mittelklassefahrzeug dieser Zeit, auf den Markt.

Allerdings war die VM-Pumpe eben nur an diesem Peugeot-Motor in Serie. Sie harmonierte gut mit dem Motor, der Applikationsaufwand zur Anpassung an andere Motoren war aber hoch. Abgesehen von der speziellen Anpassung an den Peugeot-Motor gab es auch konstruktiv bedingte Probleme. Grundsätzlich war die Verteilereinspritzpumpe VM mit einer hydromechanischen Regelung der Einspritzzeit und mit einer automatischen Startmengenanhebung ausgestattet. Diffizil war aber die Regelung der Kraftstoffmenge, das heißt das feinfühlige Zusammenspiel der sozusagen selbstregelnden Saugdrossel (des Kraftstoffzulaufs zur Hochdruckpumpe) mit einem zusätzlichen kleinen mechanischen Fliehgewichtsregler sowie die »Absteuerung« des verdrängten Kraftstoffs, also die Unterbrechung der Kraftstoffförderung in Richtung der Einspritzdüsen.

Bosch entschloss sich deshalb, parallel zum Serienanlauf die VM-Pumpe weiterzuentwickeln. Charakteristisch für die planvolle und weitgespannte Gestaltung des Portfolios technischer Innovationen traf man die geschäftspolitische Entscheidung, das Konzept der 1961 vorgestellten »Silto«-Pumpe des französischen Erfinders P. E. Bessière einzubeziehen. Bessière war zugleich Inhaber der Firma Précision Mécanique Labinal SA in Paris. Mit Blick auf diese Verteilerpumpe und die damit verbundenen Patente kaufte Bosch die Firma und eröffnete über einen Beratervertrag mit Bessière eine intensive Wechselwirkung mit der in Frankreich verbleibenden Weiterentwicklung der Silto-Pumpe. Zusammen mit der (bereits in der Vorkriegszeit bestehenden) Bosch-Beteiligungsgesellschaft Ateliers de Construction Lavalette SA in St. Ouen bei Paris und der neu erworbenen Précision Mécanique wurde 1962 in Paris die Firma Les Constructeurs Associés SA gegründet, um die Fertigung der beiden Partner auf dem Gebiet der Einspritzausrüstung für Dieselmotoren zusammenzufassen. 1966 wurde die neue Firma Les Constructeurs Associés SA wiederum mit der Vertriebsgesellschaft Robert Bosch (France) SA verschmolzen.

Bei der Umsetzung der Konstruktion der Silto-Pumpe in ein serienreifes Produkt gab es jedoch die erwarteten Probleme. Unter Beibehaltung der Triebwerksteile der Bosch-Verteilerpumpe VM wurde schließlich 1963 – trotz Murren der Bosch-eigenen und auf eine Schieberregelung zielenden Entwicklung – der hydraulische Regler der Silto-Verteilerpumpe übernommen und in den Verteilerkopf integriert. Da die noch in Paris anlaufende Fertigung nicht den Erwartungen von Bosch entsprach, wurde die Serienfertigung der neuen Verteilerpumpe EP/VA später in das Pumpenwerk nach Stuttgart-Feuerbach ver-

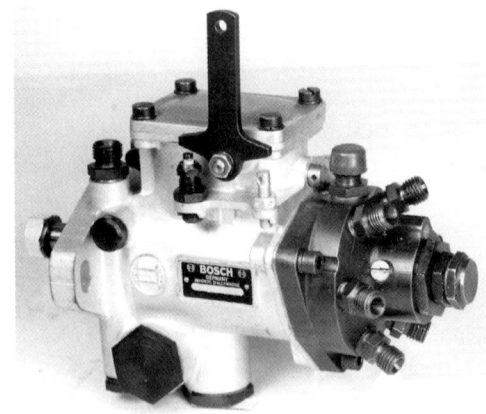

Verteiler-Einspritzpumpe VM 6 mit Spritzversteller und mechanischem Regler (1962).

In der Peugeot-Limousine 404 D kam die Verteiler-Einspritzpumpe zum Einsatz (1966).

lagert. Seit 1965 wurde die neue Verteiler-pumpe geliefert, 1970 löste sie die VM-Pumpe vollständig ab.

Die in einer komplizierten Synthese entstandene Verteilerpumpe EP/VA hatte wichtige Vorteile gegenüber der von Lucas-CAV. Anders als bei der Pumpe von Lucas-CAV, die stets bis zum oberen Totpunkt förderte, besaß sie wegen der gezielten Absteuerung die genauere Einspritzcharakteristik. Die Absteuerung, also die Unterbrechung der Kraftstoffförderung in Richtung der Einspritzdüsen, war die Voraussetzung für eine genaue Dosierung der Kraftstoffmenge insbesondere im Volllastbereich. Aufgrund der gegenüber der Roosa Master C-Pumpe und auch im Vergleich mit der CAV-DP-Pumpe verbleibenden Kostennachteile sowie wegen gravierender Fertigungsschwierigkeiten wurden jedoch früh und ernsthaft Rationalisierungs-maßnahmen diskutiert. Dies geschah etwa im November 1965 auf einer eigens anberaumten Klausurtagung im Bosch-Studienhaus in Diesbach im schweizerischen Kanton Glarus. Als Konsequenz der in Diesbach eingeleiteten

Kostensenkungsmaßnahmen wurde die Silto-Pumpe in kurzer Folge in verschiedenen Varianten, nämlich VA...A, VA...B und VA...C, gefertigt. Die Variante C war die kleinste Verteilerpumpe, die Bosch je hergestellt hat. In den Herstellungskosten lag die Pumpe allerdings nach wie vor weniger günstig. Wegen der sehr dicht gepackten und zudem mit hoher Genauigkeit zu fertigenden funktionswichtigen Teile – so waren allein fünf Elementpassungen zu bewältigen – ließ die Pumpe sich schwierig herstellen. Neben der hohen Schmutzempfindlichkeit war die EP/VA auch verschleißgefährdet, wenn die Filtrierung des Kraftstoffs nicht perfekt gesichert war. Dies nährte bei Mercedes lange Zeit die Zweifel an der Verwendung der Verteilerpumpe in ihren Diesel-Pkw. Die Sensibilität der Pumpe zeigt sich schließlich auch darin, dass eine eingehende Funktionsüberprüfung derart umfangreich ausfiel, dass sie aus Zeitgründen bereits mit Hilfe eines Rechners durchgeführt werden musste. Damit bietet sie gleichzeitig ein frühes Beispiel für die Nutzung von Rechnern in der Fertigung bei Bosch.

Da den Technikern wegen der verbleibenden Empfindlichkeit und Unsicherheit der Verteilereinspritzpumpe VA klar war, dass Bosch damit nicht konkurrenzfähig sein kann, wurde – nach längeren Vorarbeiten – seit Juli 1966 ernsthaft an einer Alternative gearbeitet. Als treibende Kraft trat Konrad Eckert hervor, der im Bereich Dieseleinspritzung die Entwicklungsverantwortung übernommen hatte. Dabei vermischten sich die Anstrengungen bei Bosch, die Verteilerpumpe wettbewerbsfähig zu machen, auf einigermaßen dramatische Weise mit den in den frühen siebziger Jahren beginnenden Aktivitäten des Volkswagenwerks, für den Golf einen geeigneten Dieselmotor auf den Markt zu bringen. Obwohl Ernst Fiala im Volkswagen-Vorstand durchaus Probleme hatte, seinen Kollegen die Notwendigkeit eines solchen kleinen Dieselmotors plausibel zu machen, wurde die Entwicklung eines leichten, schnell laufenden Dieselmotors auf der Basis eines Ottomotors in Angriff genommen. Bosch stellte für dieses Projekt zunächst seine Verteilereinspritzpumpe VA bereit. Man kam damit aber insofern in Zugzwang, als genau zu diesem Zeitpunkt sich ein Ersatz der EP/VA durch die später so genannte Verteilereinspritzpumpe EP/VE abgezeichnet hatte und Bosch eigentlich Volkswagen nicht mehr mit der »alten« VA bemustern konnte.

Dabei hatte die VE-Pumpe ihrerseits bereits eine spannende Geschichte hinter sich. Innovativ für die Zeit war die gesamte Methodik der Entwicklung. Voraussetzung war, dass die nur eine Handvoll Konstrukteure, Entwicklungsingenieure und Fertigungsfachleute umfassende Gruppe fünfzehn Jahre Erfahrung einbringen konnte. Jedenfalls wurden von Anfang an Vertreter der Fertigung in die Entwicklung einbezogen. Besonderen Wert legte Konrad Eckert auch darauf, Herstellung und Entwicklung an einem Standort in Stuttgart-Feuerbach zusammenzuhalten. Dies schlug sich zum Beispiel in der Forderung nieder, das Pumpen-

gehäuse einer neuen Verteilerpumpe auf den Transferstraßen für die Gehäuse der in Produktion befindlichen EP/VA...C parallel zu fertigen. Entscheidend war aber der Wille, die vielen auseinanderlaufenden Bewegungen, die sich in die stufenweise Entwicklung der Verteilereinspritzpumpe seit der VM und der VA eingeschlichen hatten, in einem rasch konvergierenden Diskussionsprozess und durch klare Entscheidungen zu beenden. Dies war auch unumgänglich, denn schon die schnelle Folge unterschiedlicher Regelungskonzepte, also Saugdrosselregelung, hydraulischer Regler und Schiebersteuerung belegte, dass keine der Pumpen wirklich ausgereift war. Vor allem musste man nach wie vor konstatieren, dass die Verteilerpumpe von Lucas teilweise überlegen war. Es war sicher kein Zufall, dass der englische Dieselausrüster 1970 bereits die genannten vier Millionen DP-Pumpen ausgeliefert hatte.

Als schließlich eine Vielzahl neuer Entwürfe als Konstruktionszeichnungen und in geringerer Zahl auch als Prototypen vorlag, zog man sich im März 1971 erneut zu einer mehrtägigen Klausurtagung in das schweizerische Diesbach zurück. In einer intensiven Auseinandersetzung versuchte man dort im kleinen Kreis, aus vier ausgewählten Entwürfen eine in Bezug auf Funktion, Herstellungskosten und Fertigungsmöglichkeiten optimierte neue Verteilerpumpe herauszuschälen. Dabei zeichnete sich jedoch eine gewisse Wiederannäherung an das Konzept der ersten ausgeführten Verteilerpumpe ab: übernommen wurde der mechanische Fliehkraftregler. Dieser Fliehkraftregler war allerdings größer ausgeführt und insofern »vollwertig«, da er ohne Unterstützung einer Saugdrossel arbeitete und nun einen Ringschieber um den Pumpenkolben verstellte. Der Ringschieber steuerte wiederum das Förderende der Hochdruckpumpe und realisierte damit die »Absteuerung«. Vor allem wurden die Vorteile der schließlich ins Auge gefassten neuen Verteilerpumpe (mit der Entwicklungsbezeichnung »E 10«) gegenüber der eigenen VA...C-Verteilerpumpe und der konkurrierenden CAV-DPA-Pumpe von Lucas bis ins Detail diskutiert. Zu diesem Zweck bewertete die Runde in Diesbach zunächst die Technik der verschiedenen Pumpenkonzepte, insbesondere die unterschiedliche Qualität der Regelung. Außerdem schätzte man die Preise sämtlicher Teile und Baugruppen ab. Demnach ließ die neue, nach der grundsätzlichen Freigabe 1972 als EP/VE bezeichnete Pumpe einen ausreichenden Kostenvorteil gegenüber der konkurrierenden CAV-DPA-Pumpe erkennen. Schließlich wurde als besonders wichtiger Punkt die mögliche prozentuale Abdeckung des Dieselmotoren-Markts durch unterschiedliche Konstellationen von Bosch-Verteilerpumpen studiert. Hier schien die neue Verteilerpumpe EP/VE mit Blick auf eine baukastenartige Gestaltung der Varianten eine bessere Abdeckung aller denkbaren Anwendungsfälle zu erlauben, und zwar verglichen mit sämtlichen am Markt befindlichen Einspritzpumpen, inklusive der Reihenpumpen. Selbst der später entwickelte Baukasten mit elektronischer Regelung sollte sich als organische Ergänzung der neuen Pumpe erweisen.

Nachdem im Dezember 1975 die Vorserie geliefert worden war, ging die neue Verteilereinspritzpumpe EP/VE in der Dieselversion des VW-Golf schließlich 1976 in Serie: bei einem Hubraum von 1,5 Litern erreichte der Vierzylinder-Dieselmotor im Golf I immerhin eine Leistung von 37 kW (50 PS, bei 5000 U/min). Mit dieser Verwendung an einem kostengünstigen Dieselmotor in einem in großen Stückzahlen gebauten Standardfahrzeug wurde so etwas wie eine kleine Revolution der Kraftfahrzeugtechnik ausgelöst. Volkswagen hatte als erster Hersteller einen leichten, vom Ottomotor abgeleiteten Dieselmotor realisiert. Durch den Diesel-Golf wurde eine neue Etappe im Großserienbau schnell laufender Dieselmotoren in

modernen Personenwagen eingeleitet. Dadurch ergaben sich umgekehrt auch für den Zulieferer Bosch große Stückzahlen, so dass die Produktion der VE-Pumpe entsprechend zügig hochgefahren werden konnte. Nach einem »bilderbuchmäßigen« Serienanlauf konnte die VE-Pumpe nach wenigen Jahren die Verlustzone verlassen. Der weitere Hochlauf der Stückzahlen bei der VE-Pumpe war geradezu atemberaubend: 1981 wurden bereits etwa 1,1 Millionen Verteilerpumpen im Jahr hergestellt, 1985 waren es etwa 1,7 Millionen, wobei die VE-Pumpe nun nicht mehr nur aus dem angestammten »Pumpenwerk« in Stuttgart-Feuerbach kam. Gleichzeitig wurde sie auch in Homburg an der Saar und im brasilianischen Campinas sowie in Lizenz von den japanischen Herstellern Nippondenso und Diesel Kiki gefertigt. (Aus Diesel Kiki entstand die später mehrheitlich zu Bosch gehörende Zexel Corporation, heute Bosch Automotive Systems, Japan.) Bis Mitte 1986 wurden von diesen Werken mehr als 15 Millionen VE-Pumpen geliefert. 1997 überschritt die jährliche Produktion auch die Grenze von drei Millionen, 1999 wurden 3,2 Millionen Stück produziert; im Jahr 2000 waren es immer noch 2,8 Millionen Pumpen. Die bis heute erreichte Stückzahl, einschließlich der bei Lizenznehmern gefertigten Pumpen, beträgt 50 Millionen. Die Verteilerpumpe VE zählt damit wohl weltweit zu den mit höchster Stückzahl gefertigten Feinstmechanikprodukten.

Das Projekt der elektronischen Dieselregelung

Da der Dieselmotor mit hohem Luftüberschuss arbeitet, war er zwar im Normalbetrieb grundsätzlich sauber. Dies gilt insbesondere für die Emission von Kohlenmonoxid (CO) und von unverbrannten Kohlenwasserstoffen (CH). Der Dieselmotor litt bei kaltem Motor und bei geringer Last unter erhöhten Emissionen von unverbrannten Kohlenwasserstoffen, umgekehrt bildeten sich unter den Verbrennungsbedingungen von hohen Lasten und Drehzahlen vermehrt die (neben Schwefeldioxid) für den sauren Regen verantwortlichen Stickoxide (NOx). Deshalb drohte die von den USA ausgehende Verschärfung der Abgasgesetzgebung die Vorteile des Dieselmotors beim Kraftstoffverbrauch wieder zunichte zu machen. Die wesentlich vom Gesichtspunkt der Emissionen bestimmten Forderungen an den Dieselmotor waren aber von einer mechanischen Regelung kaum mehr zu erfüllen. Nur die Elektronik bot die Möglichkeit, bei kompakt bleibenden Einbaumaßen verschiedene Betriebspunkte des Motors und die Umgebungsbedingungen intelligent zu verknüpfen. Als wichtigsten Fortschritt versprach die elektronische Regelung erstmals die Realisierung einer last- und drehzahlabhängig frei programmierbaren Spritzbeginnverstellung. Allerdings sollte sich dieser Weg in die Elektronik, nachdem er im Vergleich mit den seit mehr als einem Jahrzehnt bei Bosch laufenden Aktivitäten bei der elektronischen Benzineinspritzung

schon mit deutlicher zeitlicher Verzögerung eingeschlagen worden ist, als lang und dornig erweisen.

Dafür gibt es eine ganze Reihe von Gründen: Zwar nutzte man bei der Benzineinspritzung schon früh eine ganze Reihe von spezifischen Möglichkeiten der Elektronik, steuernd und regelnd einzugreifen, zum Beispiel im Fall der Lambdasonde und des »geregelten« Dreiwege-Katalysators. Die mechanischen Regelungen auf dem Dieselgebiet hatten lange Zeit schlicht den Anforderungen genügt und sich besonders bei der für den Dieselmotor sicherheitsrelevanten Frage der Drehzahlregelung als sehr ausfallsicher bewährt. Außerdem verursachten elektronische Steuerungen generell, zumal bei deren Einführung und dem damaligen Stand der Technik, beachtliche Mehrkosten. Schließlich gab es bei den Entwicklern von Dieselmotoren eine markante Zurückhaltung gegenüber der Elektronik. Dies mag damit zusammenhängen, dass der Bereich Diesel sehr stark vom Nutzfahrzeugbau geprägt war, wobei die

Volkswagen Golf I mit dem ersten, von einem Großserien-Ottomotor abgeleiteten Dieselmotor (1976).

Einbau der VE-Verteilerpumpe im Volkswagen Golf I (1975).

Erfahrung in diesem Bereich zu beweisen schien, dass Störungen im wesentlichen auf die Fahrzeugelektrik zurückzuführen sind. Mit Blick auf die zumindest in der damaligen Zeit höhere Zuverlässigkeit der Mechanik gab es zum Beispiel bei Daimler-Benz lange Zeit die Strategie, bei der Dieseleinspritzung die Nutzung von Elektronik zu vermeiden. Aufgrund der stetigen Pflege der Motoren hatten die 4- bis 6-Zylinder-Diesel-Pkw von Daimler-Benz in den späten siebziger und frühen achtziger Jahren vor allem ihren Ruf als außerordentlich zuverlässige und wirtschaftliche Langstreckenfahrzeuge zu verteidigen.

Vor dem Hintergrund der objektiven Sicherheitsrisiken der elektronischen Drehzahlregelung beim damaligen Entwicklungsstand ist es plausibel, dass die ersten Anwendungen so

genannte Aufschaltlösungen waren, bei denen die mechanische Drehzahlregelung unangetastet blieb. Seit Anfang 1983 gingen bei Peugeot bzw. BMW und Mercedes Benz elektronische Aufschaltsysteme bei Verteilerpumpen in Serie, bei denen durch die elektronische Spritzbeginnverstellung erhebliche Fortschritte bei den Emissionswerten erzielt wurden. Als zusätzliche Funktionen konnten Abgasrückführung und Leerlaufdrehzahlregelung realisiert werden. Die Kraftstoffmenge wurde aber in diesen frühen Elektronik-Anwendungen last- und drehzahlabhängig nach wie vor mechanisch gesteuert.

Den eigentlichen Durchbruch sollte erst die 1986 eingeführte vollelektronische Dieselregelung bringen, bei der auch die Kraftstoffmenge elektronisch geregelt war. Zunächst wurde der mechanische Fliehkraftregler – bei unverändertem Grundaufbau der Verteiler-pumpe EP/VE – durch ein Magnetstellwerk ersetzt, bei dem der Elektromagnet den Regel-schieber der Kraftstoffzumessung der Pumpe betätigte. Diese Umstellung bedeutete gleich-zeitig den Übergang auf ein System »drive by wire« und den Wegfall der Mengensteuerung durch mechanische Kopplung des Gaspedals mit der Einspritzpumpe. Der Wunsch des Fahrers wurde also über ein Potentiometer am Gas-pedal sowie ein elektrisches Kabel an das Stell-werk der Einspritzpumpe übertragen. Angesichts der bei den Autofahrern tief verwurzelten Vor-stellung von der Zuverlässigkeit des Dieselmo-tors mussten beim Übergang zu einem solchen elektronischen System Sicherheitsfragen beson-ders sorgfältig untersucht und gelöst werden, etwa durch Berechnung von Ausfallraten und durch das Prinzip der elektronischen Redundanz. Die Behandlung von Sicherheitsfragen musste über psychologische Aspekte hinaus vor allem auf die schon erwähnten immanenten Probleme des Dieselmotors Rücksicht nehmen: Anders als beim Ottomotor kann beim Dieselmotor wegen der nicht vorhandenen Drosselklappe beim Ausfall der Regelung der Maximaldrehzahl die Motordrehzahl in Sekunden bis zur mechani-schen Selbstzerstörung ansteigen.

Das Problem für die Entwicklung der elek-tronischen Dieselregelung bei Bosch war nun, dass manche Kunden aus Gründen der Zuverläs-sigkeit mechanische Redundanz verlangten. Für die Reihenpumpe wurde tatsächlich ein zusätz-licher mechanischer Regler konstruiert, der beim Ausfall der Elektronik die Weiterfahrt ermög-lichen sollte. Damit wurden aber die ohnehin schon hohen Kosten für die elektronische Rege-lung noch weiter in die Höhe getrieben, sodass ein solches mit Redundanz versehenes System nicht mehr wirtschaftlich war. Die Entwicklung wurde deshalb schon im Entwurfsstadium ein-gestellt. Auch die Firma Peugeot, mit der man bereits auf der Basis der Verteilerpumpe eine

beachtliche gemeinsame Entwicklungszeit ab-solviert hatte, schreckte letztlich vor dem Preis und dem Risiko eines elektronischen Systems zurück, weshalb sich die Ende 1986 anlaufende Serie auf 1000 Fahrzeuge beschränkte.

Es war insofern ein Glücksfall für Bosch, dass BMW in seinem Engagement für die elek-tronische Dieselregelung nie nachließ, obwohl sehr kritische Probleme zu lösen waren, wie etwa das Vermeiden von selbsttätigem Be-schleunigen, das bei einigen Versuchsfahrzeu-gen auftrat. Attraktiv war natürlich, dass durch die elektronische Dieselregelung das Fahrver-halten deutlich angenehmer wurde. So konn-ten den Fahrzeugen typische Untugenden des Diesels abgewöhnt werden, etwa das Schütteln bei Leerlaufdrehzahlen, das Fahrzeugruckeln bei konstanter Fahrt und der sich heftig auf-schaukelnde – gelegentlich scherzhaft als Bonanza-Effekt bezeichnete – »Lastwechsel-schlag« beim Beschleunigen aus niedrigen Drehzahlen. Vor allem konnten die Emissionen verringert werden. Entscheidend waren also systemtechnische Weiterentwicklungen mit dem Fahrzeughersteller. Im November 1986 wurden dann nach intensiver Erprobung die ersten elektronischen Systeme mit Verteiler-pumpe für die Serienfertigung des BMW 524 td ausgeliefert.

Anstelle des erwarteten reibungslosen Serienanlaufs zeigten sich aber deutliche Män-gel in Bezug auf Sicherheit und Zuverlässigkeit. Beim Loslassen des Gaspedals starb bei einem Teil der Fahrzeuge der Motor ab. Zudem wurden nach längerer Laufzeit kurzzeitige Zugkraftun-terbrechungen der Motoren beanstandet. Als besonders heikel erwies sich ein einfaches Potentiometer, das aus Kostengründen als Weggeber am Kraftstoffmengensteller einge-baut worden war (als »Rückmelder« für die Schieberstellung des Mengenstellwerkes). Pro-blematisch war zum Beispiel, dass der Wider-stand dieses vom Kraftstoff umspülten Potentiometers sich in Abhängigkeit von den Eigenschaften des Kraftstoffs änderte. Begünstigt durch die besonders partnerschaftliche und konstruktive Zusammenarbeit der Entwicklungsleitung für Dieselmotoren bei BMW und der Entwicklungsleitung für Dieseleinspritzsysteme bei Bosch, bekam man die Probleme jedoch bis zum Herbst 1991 endgültig in den Griff. »Rechtzeitig« vor der aufkommenden Direkteinspritzung und den dadurch stark anwachsenden Stückzahlen wurde auch das fehleranfällige Potentiometer durch den zuverlässigen induktiven Weggeber ersetzt. Allerdings brachten die notwendigen Austauschaktionen für Bosch ganz erhebliche Turbulenzen. Man konnte sich nämlich beim Austausch nicht auf das einfach zu montierende Steuergerät beschränken, sondern musste wegen der Unverträglichkeit der unterschiedlichen Überarbeitungsstufen bei Pumpe und Steuergerät vielfach Pumpen und Steuergeräte gemeinsam austauschen. Die Einführung der elektronischen Dieselregelung hat Bosch finanziell stark belastet: Nachdem in die Entwicklungsaktivitäten im gesamten Bereich der elektronischen Dieselregelung bereits weit über einhundert Millionen Mark investiert worden waren, mussten für zusätzliche Garantieleistungen weitere erhebliche Beträge aufgewendet werden. Schmerzhaft für Bosch war es auch, dass es Lucas im Jahr 1993 gelang, bei dem angestammten und gerade bei Verteilerpumpen lange abstinenten Bosch-Kunden Daimler-Benz den Mercedes C 220D mit der bereits 1984 eingeführten elektronisch geregelten Verteilerpumpe EPIC (Electronically Programmed Injection Control) auszurüsten.

Die erste Einführung der elektronischen Dieselregelung beim Nutzfahrzeug erfolgte mit dem großen Landmaschinenhersteller John Deere in den USA. Für John Deere produzierte das Bosch-Werk in Charleston bereits als typische Reihenpumpe für Nutzfahrzeuge die P-Pumpe. John Deere hatte nun den Ehrgeiz, als erster Hersteller in seinen Traktoren, die in anderer Hinsicht schon sehr umfangreich ausgestattet waren, die elektronische Dieselregelung einzuführen. Mit Blick auf die Verringerung des Kraftstoffverbrauchs und die flexible Verwendung unterschiedlicher Kraftstoffe konnte sich Bosch mit der für die P-Pumpe von John Deere entwickelten elektronischen Dieselregelung tatsächlich als attraktiver Partner für den Nutzfahrzeugbau präsentieren. Wie bei der Lösung für die VE-Pumpe geschildert, war auch hier der bewährte mechanische Fliehkraftregler durch ein Magnetstellwerk mit Wegrückmeldung ersetzt worden. Die Entwicklung war aber noch schwieriger als bei den Pkw-Kunden. Es dauerte mehrere Jahre, bis alle Sicherheitsbedenken ausgeräumt waren, so dass bei Bosch sogar Zweifel aufkamen, ob John Deere überhaupt den Erfolg wollte. Die Bedenken erwiesen sich jedoch als

Erster Diesel-Pkw mit elektronischer Dieselregelung, der BMW 524 td (1986).

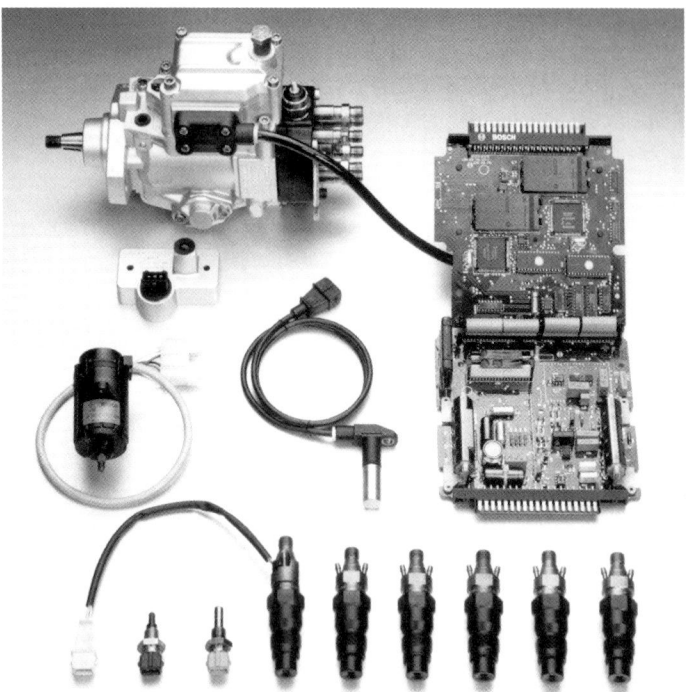

Vollelektronisch geregeltes Diesel-Einspritzsystem in Einzelteilen (1989).

unbegründet, denn im September 1987 ging John Deere mit der ersten mit elektronischer Dieselregelung ausgestatteten Reihenpumpe in Serie.

Direkteinspritzung, Beherrschung hoher Drücke und zunehmende Zielkonflikte

Von der Technik der Nutzfahrzeuge ging ein besonders bedeutsamer Impuls für die Diesel-entwicklung aus, ein Impuls, der dann in der Folge auch das Prestige des Diesel-Personen-wagens rasch und nachhaltig verbessern sollte. Mit Blick auf den geringeren Kraftstoffver-brauch hatte man bei den Dieselmotoren für schwere Nutzfahrzeuge schon seit den sechzi-ger Jahren auf die direkte Einspritzung des Kraftstoffs gesetzt. Da beim Nkw in der Liste der Prioritäten die Kosten des Kraftstoffver-brauchs eindeutig an der Spitze standen und

selbst Kraftstoffeinsparungen im Bereich we-niger Prozente im Transportgewerbe von großer wirtschaftlicher Bedeutung waren, wurden geringere Laufkultur und höhere Geräuschent-wicklung toleriert.

Obwohl bei Dieselmotoren für Personen-wagen der Kraftstoff bis dahin praktisch aus-nahmslos im Vorkammer-Verfahren oder im Wirbelkammer-Verfahren verbrannt wurde, schien es grundsätzlich auch bei Personen-wagen möglich, durch Übergang zur direkten Einspritzung den Verbrauch zu senken. Fast un-überwindbare Schwierigkeiten entstanden aber dort, wo es darum ging, das Motorengeräusch auf ein beim Pkw vertretbares Maß zu reduzie-ren und die Emission von Stickoxiden in den notwendigen Grenzen zu halten. Trotzdem be-fasste sich Fiat seit Mitte der achtziger Jahre intensiv mit der Weiterentwicklung des Diesel-motors und wagte 1987 mit dem Mittelklassefahrzeug Fiat Croma 1.9 Turbodiesel i. d. auch beim Pkw den Schritt in die Technik der Direkteinspritzung. Es handelte sich dabei um einen 1,9-Liter-Direkteinspritzer-Motor mit Turboaufladung, der mit einer noch mechanisch geregelten Verteilerpumpe von Bosch ausgerüstet war. Da zudem die Einspritzventile ähnlich wie bei kleinen Lastwagenmotoren ausgeführt waren, war es fast unvermeidlich, dass der Vorzug der Sparsamkeit durch mangelnden Fahrkomfort sowie durch Geräuschentwicklung und Rußemission wieder zunichte gemacht wurde. Tatsächlich wurde auch nur eine sehr geringe Stückzahl dieses Fahrzeugs gefertigt.

Erfolgreich war dann erst die im 5-Zylinder-Turbodieselmotor des Audi 100 TDI vorgestellte zweite Direkteinspritzer-Generation. Sie basierte auf den 1974 begonnenen Entwicklungsarbeiten der Grazer »Anstalt für Verbrennungskraftmaschinen, Professor Dr. Hans List (AVL)« und wurde bei Audi durch den Entwicklungschef Ferdinand Piëch, den Chef der Motorenentwicklung Richard van Basshuysen und

Elektronisch geregelte Verteilereinspritzpumpe (links) und Reiheneinspritzpumpe (rechts) (1990).

den Diesel-Entwicklungsleiter Richard Bauder vorangetrieben. Obwohl natürlich nach wie vor weit entfernt von Diesels altem Traum, nämlich der Realisierung eines idealen Carnot-Prozesses, war die Ausnutzung des Energiegehalts des Kraftstoffs nun auch beim Pkw-Motor deutlich günstiger geworden. Der thermodynamische Wirkungsgrad konnte beim aufgeladenen Di-

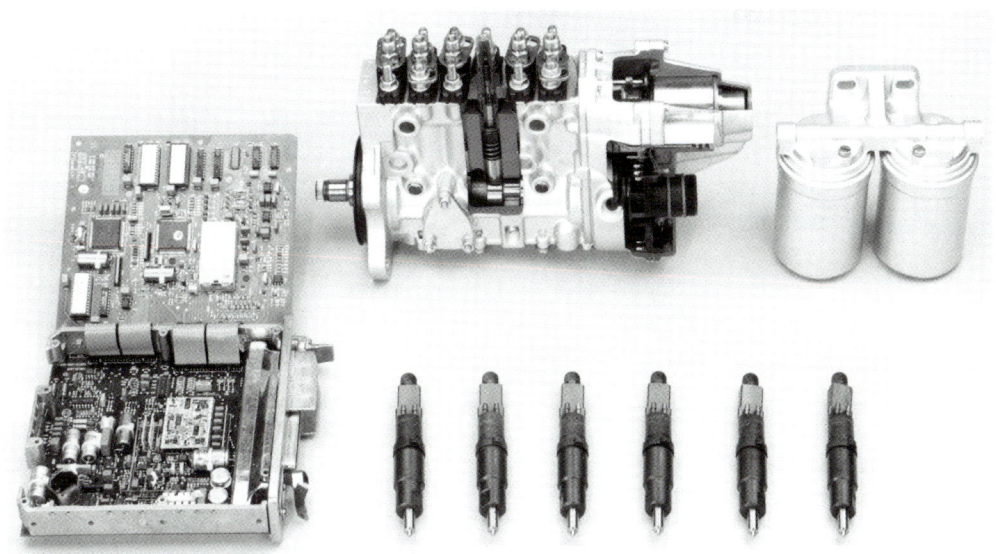

Reihenpumpe mit elektronischer Regelung, Einspritzdüsen und Kraftstofffilter (1989).

rekteinspritzer-Dieselmotor von η = 33 Prozent bis 36 Prozent bei bisherigen Dieselmotoren auf η = 43 Prozent verbessert werden. Gegenüber dem Wirbelkammerverfahren zeichnete sich ein Verbrauchsvorteil von 15 Prozent bis 25 Prozent ab. Dies erlaubte 1989 bei einer Sparfahrt über 4818 Kilometer mit einem modifizierten Audi 100 TDI einen unglaublich niedrigen Kraftstoffverbrauch von 1,76 Litern auf 100 Kilometer. Aber auch der ebenfalls 1989 vorgestellte und 1990 lieferbare Audi 100 TDI wies bei einer Leistung von 85 Kilowatt (115 PS, bezogen auf 4000 U/min) erstaunlich niedrige Norm-Verbrauchswerte auf, und zwar rund 6 Liter auf 100 Kilometer bei einer Geschwindigkeit von 120 Kilometern in der Stunde.

Audi schaffte damit 1989 nach dreizehnjähriger Arbeit den doppelten Durchbruch für die Direkteinspritzung beim Diesel-Personenwagen, nämlich deutliche Verbesserung der Wirtschaftlichkeit bei gleichzeitiger technischer Beherrschung des Fahrkomforts. Dabei war der Zielkonflikt, der sich hier andeutet, noch weitaus vielfältiger und insofern schwieriger zu lösen. Tatsächlich ist er auch von van Basshuysen und von Bauder methodisch angegangen und vor allem unter Beachtung der wechselseitigen Beeinflussung der Zielgrößen bearbeitet worden. Dies ging einher mit entsprechenden Überlegungen bei Bosch: Bei dem Grad der Reife, den die Kraftfahrzeugtechnik erreicht hatte, schien weiterer Fortschritt lediglich so möglich, dass jedes Teil und jeder Parameter einzeln und in seiner Wechselwirkung mit den anderen durchleuchtet wurde.

Die konkrete Entwicklungsproblematik des Direkteinspritz-Dieselmotors stellte sich demnach so dar, dass Vorgaben wie Fahrzeuggröße, Kosten, Dauerhaltbarkeit, Motorenparameter, wie Einlassform, Brennraumform, Einspritzhydraulik, und schließlich Ergebnisse, wie Leistung, Drehmoment, Verbrauch sowie Emissionen, miteinander konkurrierten. Der Konflikt

war nur so lösbar, dass praktisch alle Faktoren gleichzeitig und in beachtlicher Tiefe bearbeitet wurden. Klar war zum Beispiel, dass optimale Gemischbildung und saubere Verbrennung grundsätzlich durch eine mittels eines Einlass-Drallkanals erzeugte Luftrotation im Zylinder garantiert werden konnten. Die bei Audi erfolgte Optimierung bezüglich der Größen Drehmoment, Leistung und Emission lieferte dann als konkrete Lösung einen als Spiralkanal ausgeführten Einlass-Drallkanal mit relativ geringer Luftdrehung. Die Wahl des Drallniveaus zielte vor allem auf die Vermeidung von Rauchemissionen.

Trotz der hier bewusst detailliert geschilderten Komplexität war die erreichbare Güte des Motors ganz wesentlich durch den Stand und das Verbesserungspotenzial der Bosch-Einspritzausrüstung bestimmt. Mit der Reihenpumpentechnik konnte das Pflichtenheft wegen der ungenügenden Realisierbarkeit des last- und drehzahlabhängigen Spritzbeginnversteller-Kennfeldes nicht erfüllt werden, obwohl sie bezüglich Einspritzleistung und Genauigkeit durchaus Vorteile gehabt hätte. Abgas-Hochrechnungen zeigten, dass ein Unterschreiten der Zielwerte für die Emission von Stickoxiden nur bei optimalem Spritzbeginn möglich wäre. Diese Problematik sowie die deutlich höheren Kosten und die für den Pkw nicht geeigneten Abmessungen führten deshalb zum Umsteigen auf die seit 1976 zur Verfügung stehende Verteilereinspritzpumpe VE. Mit der zuerst bei BMW in Serie gegangenen elektronisch geregelten Version der Verteilerpumpe EP/VE..E.. hätte der Einspritzbeginn in der Tat flexibel und genau geregelt werden können. Die zunächst nur an Wirbelkammermotoren eingesetzte Verteilerpumpe VE war aber mit ihrer Hydraulik nur für einen maximalen Druck von 350 bar ausgelegt und insofern für die Verwendung am Direkteinspritz-Dieselmotor noch nicht geeignet. Bei der Direkteinspritzung muss der Kraftstoff zur optimalen Gemischbildung mit sehr hohem Druck direkt in die Brennraummulde eingespritzt werden. Dies gilt insbesondere bei dem von Audi gewählten Mehrstrahlverfahren. Obwohl man durchaus Rückschläge hinnehmen musste, wurde diese Herausforderung gemeistert, so dass bei den bis 5200 Umdrehungen in der Minute reichenden Drehzahlen Einspritzdrücke an der Düse von über 900 bar realisiert werden konnten. Erforderlich für diese markante Steigerung des Drucks waren ein verstärkter Pumpenantrieb, eine hohe, durch steileren Hubnocken erzeugte Fördergeschwindigkeit sowie ein größerer Stempeldurchmesser. Das Motormanagement, also die elektronische Dieselregelung, umfasste zunächst den Spritzbeginn, die Kraftstoffmenge, den Leerlauf, eine Ruckeldämpfung und die Lastwechselanpassung, den Ladedruck sowie die Glühsteuerung.

Problematisch war, dass die bereits beim Serienanlauf des BMW 524 td aufgetretenen Störungen des Potentiometers zunächst auch in den Serienanlauf des Audi 100 TDI verschleppt wurden. Da Volkswagen bereits durch sporadisch gefundene Späne in den laufenden Lieferungen der VE-Pumpe sensibilisiert war, wurde dies sehr kritisch beurteilt. Das Problem war, dass im Gegensatz zu den Zapfendüsen bei Kammermotoren die Spritzloch-Durchmesser beim Direkteinspritzer mit 0,21 mm sehr klein waren. Wegen der besonders für den Pkw zwingend erforderlichen Minderung der Lärmemission wurde außerdem eine abgestufte Einspritzung notwendig. Die Düsen wurden schließlich mit einem Zweifederhalter gesteuert, so dass über eine zeitliche und mengenmäßige Folge von Voreinspritzung und Haupteinspritzung ein zweistufiger Einspritzverlauf und damit eine sehr viel weichere Verbrennung und schließlich eine deutliche Verringerung des Verbrennungsgeräusches erreicht wurde. Das so ausgestattete elektronisch geregelte Einspritzsystem auf der Basis der Verteilereinspritzpumpe VP 34 ging

1989 in Serie und kam seit Anfang 1990 im Audi 100 TDI an den Kunden. Zur weiteren Geräuschminderung trug ab 1991 die über einen Luftmengenmesser geregelte Abgasrückführung bei. Diese war für die Senkung der Emission von Stickoxiden eingeführt worden.

Prinzipientreue und technischer Fortschritt – die Bosch-Radialkolbenpumpe

Die Entwicklung von Direkteinspritzer-Diesel-Pkws wurde zunächst nur von Fiat und Audi (vom Volkswagen-Konzern) vorangetrieben. Andere große Hersteller, wie etwa Peugeot und Daimler-Benz, waren anfänglich skeptisch. Daimler-Benz untersuchte Anfang der achtziger Jahre die Direkteinspritzung auf der Basis des Dieselmotors OM 616 (mit Reihenpumpe und hydraulischem Spritzversteller). Da der Motor als Einstiegsmodell positioniert werden und insofern ohne Abgasturbolader auskommen sollte, schien er in punkto Geräuschentwicklung für Mercedes-Kunden nicht zumutbar. Selbst 1993 lehnte Daimler-Benz die Direkteinspritzung noch ab und setzte statt dessen bei seinen neuen Dieselmotoren auf eine aufwändige Vierventiltechnik. Nur so schienen geringste Geräuschentwicklung und gute Abgaswerte erreichbar. Die bezüglich der Direkteinspritzung zögerlichen Automobilfirmen mussten jedoch bald feststellen, dass sie ohne diese Technik deutlich in Rückstand geraten waren. Diese Erkenntnis führte zu heftigen Bemühungen nachzuziehen und nun ebenfalls Modelle mit Direkteinspritz-Dieselmotoren auf den Markt zu bringen. Aus der Sicht des Zulieferers schuf die Verstärkung der Nachfrage und die Verbreiterung des Kundenkreises wiederum eigene Probleme.

Intern war man nämlich bei Bosch – etwas zu pessimistisch, wie sich später zeigte – zu der Einschätzung gelangt, dass die Bosch-Verteilerpumpe VE bezüglich der erreichbaren Drücke einigermaßen an ihrer Grenze angelangt war.

Da in der Motorenforschung selbst beim Direkt-einspritz-Verfahren zunächst keine vollständige Einigkeit darüber bestand, dass besonders hohe Drücke weitere Vorteile bringen, musste dies nicht beunruhigend sein. Als aber klar wurde, dass die Entwicklung eindeutig in Richtung einer weiteren Steigerung der Drücke ging, stellte man Überlegungen an, eine neue Verteilerpumpe zu entwickeln. Dabei zeichnete sich bei dem ins Auge gefassten Pumpenprinzip so etwas wie eine kleine historische Wende ab, und zwar die Abkehr vom seither konsequent verfolgten Konzept der Axialkolbenpumpe und die Hinwendung zur Radialkolbenpumpe.

Ein Grund für das lange Beharren auf dem Axialkolben-Prinzip war, dass die aus der Sicht von Bosch für eine präzise Einspritzung erforderliche »Absteuerung« des Kraftstoffs bei Radialkolbenpumpen nur durch direkte Magnet-

ventilsteuerung zufriedenstellend zu realisieren war. Die Entwicklung dieser schnellen Hochdruckmagnetventile samt der zugehörigen elektronischen Ansteuertechnik war aber noch nicht abgeschlossen. Aus Forschung und Praxis gab es jedoch deutliche Hinweise auf die höhere Belastbarkeit der Radialkolbenpumpe von Lucas. So konnten zum Beispiel die hohen Anforderungen der Perkins-6-Zylinder-Motoren für Schwerschlepper bei Lucas noch mit der Verteilerpumpe erfüllt werden. Außerdem hatte man sich im Rahmen eines vom Bundesministerium für Forschung und Technologie geförderten Projekts intensiv mit dem Thema der Hertzschen Pressungen, also mit Verformungen aufgrund der mechanischen Belastung, auseinander gesetzt und ein Rechenprogramm entwickelt, mit dem für gegebene Nocken und Einspritzdrücke die Hertzschen Pressungen be-

Audi 100 TDI – einer der ersten Pkw mit Diesel-Direkteinspritzung (1989).

*Die elektronisch geregelte Axialkolben-Verteilerein-
spritzpumpe VP 34 für den Audi 100 TDI (1989).*

rechnet werden konnten. Das Problem der Hertzschen Pressungen trat nun bei den erhabenen, »konvexen« Nocken der Hubscheibe der Axialkolben-Verteilerpumpe früher auf als bei den innenliegenden, »konkaven« Konturen im Nockenring der Radialkolbenpumpe. Da dies den erreichbaren Höchstdruck bei der Axialkolbenpumpe stärker begrenzte, war man sich auch sehr wohl im Klaren darüber, dass die Radialkolbenpumpe prinzipiell höher belastbar ist.

Die Situation änderte sich entscheidend, nachdem die durch Magnetventile geregelte elektronische Dieseleinspritzung entwickelt worden war. Es zeigte sich nun, dass damit die grundsätzlichen Nachteile des Radialkolben-Prinzips vollständig beseitigt werden konnten. Ähnlich wie später bei anderen Pumpenkonzepten, wie Common Rail oder Pumpe-Düse, wurde also die Radialkolbenpumpe dadurch enorm aufgewertet, dass dank entsprechender Bosch-Entwicklungen schnell schaltende Magnetven-

tile zur Verfügung standen. Nachdem diese neue Option bestand, entschloss man sich, eine neue Verteilerpumpe zu entwickeln, die später so genannte VP 44.

Wichtige Erfahrungen mit Radialkolbenpumpen lagen bei Bosch bereits vor. So wurden zur Absicherung der bislang getroffenen Entscheidungen und zur Abrundung des Knowhow Radialkolbenpumpen entwickelt und im Dauerversuch getestet. Hinzu kamen konstruktive Anregungen aus der bei Lyon angesiedelten Société Industrielle Générale de Mécanique Appliquée (SIGMA).

SIGMA baute zunächst Reihenpumpen. Später stellte das Unternehmen eine – bereits im April 1968 in der Zeitschrift »Diesel and Gas Turbine Progress« beschriebene – mechanisch geregelte Verteilerpumpe vor, und zwar unter der Bezeichnung »Pompe Rotative SIGMA (PRS)«. In Serie war sie an einem Nutzfahrzeug-Motor von Berliet, der heutigen Firma Renault V.I. (Renault Véhicules Industriels). Da SIGMA in finanzielle Schwierigkeiten geriet, wurde sie, wie bereits erwähnt, von 1974 an schrittweise von Bosch übernommen und 1985 in die Robert Bosch France eingegliedert.

Trotzdem war es keine einfache Aufgabe, SIGMA zu integrieren. Man kam sehr schnell zu dem Schluss, dass bei den Reihenpumpen die SIGMA-Pumpen abgelöst und durch Bosch-Ausrüstungen ersetzt werden sollten. Berliet als Hauptabnehmer war einverstanden. Da aber etwa 80 Prozent aller französischen Motoren für Nutzfahrzeuge mit SIGMA-Pumpen ausgerüstet waren, musste zunächst in relativ kurzer Zeit an einer großen Zahl von Motoren die Bosch-Ausrüstung appliziert und schließlich ein beachtliches Umrüstungsprogramm abgewickelt werden. Während die Reihenpumpen von SIGMA bei den französischen Kunden also rasch durch Bosch-Pumpen ersetzt wurden, konnte man umgekehrt das technische Wissen, das in der von Berliet verwandten »Pompe

Rotative SIGMA« steckte, für die eigene Entwicklung nutzen.

Die »Pompe Rotative SIGMA«, die Anwendungen bis zu den mittelschweren Nutzfahrzeugen abdeckte, war verhältnismäßig aufwändig. Im Rahmen eines in Stuttgart-Feuerbach angesiedelten Projekts mit der Bezeichnung »VP 25« wurde versucht, auf der Basis der ursprünglich rein mechanisch geregelten »Pompe Rotative SIGMA« ein Pumpenkonzept zu entwerfen, das sowohl eine mechanische als auch eine elektronische Regelung zuließ. Ein wesentliches Hemmnis war, dass vor der Entwicklung der genannten schnell schaltenden Magnetventile keine vernünftige Lösungsmöglichkeit für eine zukunftsorientierte elektronische Ansteuerung bestand. Trotzdem wurde in den Jahren 1983 bis 1985 erheblicher Entwicklungsaufwand in das

Projekt VP 25 gesteckt, weil bei Bosch die Chancen einer Hochdruckverteilerpumpe sehr wohl gesehen wurden. Das Lastenheft des Projekts VP 25 enthielt – wie bemerkt – noch die Forderung für eine mechanische oder – alternativ – eine elektronische Regelung. Aufgrund der erwarteten hohen Kosten bei einer Serieneinführung der VP 25 sah man sich aber im Februar 1985 gezwungen, sich auf eine rein elektronisch gesteuerte Radialkolbenpumpe zu konzentrieren. Aus den Studien war nämlich unter der Projektbezeichnung VP 30 ein besonders interessantes Konzept mit Magnetventilsteuerung entstanden. Der große Fortschritt dabei war, dass man nun in der Lage war, mit Hilfe eines Magnetventils gleichzeitig Spritzbeginn und Einspritzmenge zu steuern. Die Entscheidung für die elektronische Steuerung spiegelt auch die Tat-

Laserprüfung des Nockenrings für die Radialkolben-Verteilerpumpe VP 44 (1998).

sache, dass Hermann Eisele, der seit Anfang 1983 in der Bosch-Geschäftsleitung für Dieseleinspritzung verantwortlich war, Regelungstechniker war und aufgrund seiner fachlichen Prägung die Elektronikentwicklung in seinem Bereich besonders förderte.

Im August 1986 war die Konstruktion der Radialkolbenpumpe mit der Projektbezeichnung VP 30 vorläufig abgeschlossen (eine Unstimmigkeit in der Bosch-Nomenklatur führte im Übrigen dazu, dass die 1998 im 1,8-Liter-Motor des Ford Focus eingeführte, mit einem schnellen Magnetventil gesteuerte Axialkolbenverteilerpumpe ebenfalls diese Bezeichnung erhielt!). Als man versuchte, das Konzept der VP 30 auf die Anforderungen verschiedener Motoren zu projizieren, stellte sich aber heraus, dass mit der Idee, sehr kompakt Einspritzmenge und Spritzbeginn nur über ein einziges Magnetventil zu steuern, das Lastenheft nicht erfüllbar war. Man entschied deshalb, einen zusätzlichen mechanisch-hydraulischen Spritzversteller in die Pumpe zu integrieren, so dass ein Teil der Spritzbeginnsteuerung durch Verdrehen des Antriebs erfolgte und im Wesentlichen die Mengensteuerung über das Magnetventil erfolgte. Damit erreichte man den erforderlichen

großen Spritzbeginnbereich, außerdem bekam man den Einspritzverlauf sehr viel besser in den Griff. Diese neue Konstruktion wurde im August 1991 begonnen; im März 1992 fiel in der Leitung des zuständigen Geschäftsbereichs K5 die Entscheidung für eine Produktentwicklung der neuen Radialkolbenpumpe VP 44. Dabei nutzt die VP 44 letztlich nicht mehr das SIGMA-Radialkolben-Konzept im engeren Sinn, sondern das von Roosa stammende (und nun patentrechtlich nicht mehr geschützte) Lucas-Radialkolben-Konzept. Während bei der Radialkolbenpumpe von SIGMA der sich drehende Nockenring die gefedert gelagerten Pumpenkölbchen betätigt, bleibt bei Lucas der Nockenring prinzipiell in Ruhe und wird nur zur Spritzbeginnverstellung in einem engen Winkelbereich verdreht. Gemeinsam ist den beiden verschiedenen Ausgestaltungen des Radialkolbenprinzips der sich mit halber Motordrehzahl drehende Rotationsverteiler.

1996 gelang es, die über viele Zwischenschritte geschaffene Radialkolbenpumpe VP 44 zusammen mit Opel in Serie zu bringen. Da Opel gleichzeitig einen neuen Direkteinspritz-Dieselmotor entwickelte, war allerdings auch dieser letzte Schritt alles andere als ein Spa-

Werkgelände der Sigma Diesel S.A. in Vénissieux (1990).

Technisches Zentrum für Dieseleinspritzung im Werk Feuerbach (1983).

ziergang. Das Problem war eben, dass eine neue Pumpe auf einen neuen Motor traf. Man musste auf vielen Gebieten technologisch innovativ sein. Es stellte sich heraus, dass die VP 44 als magnetventilgesteuerte Hochdruck-Pumpe auch bei der Qualität der Oberflächen, also in Bezug auf Härte, Verschleißfestigkeit und Fertigungsgenauigkeit, Anforderungen stellte, die bisher nicht geläufig waren. Die Forschung und Vorausentwicklung bei Bosch setzte sich deshalb zu dieser Zeit intensiv mit der Herstellung dünner Schichten aus verschleißfesten Materialien auseinander, die zum Beispiel im Plasmaverfahren abgeschieden werden konnten. Stark belastete Bauteile konnten so vor Reibungsverschleiß und Kavitation (Aushöhlungen) geschützt und in ihrer Lebensdauer verbessert werden.

Der zweite Bosch-Kunde, der mit der Radialkolbenpumpe VP 44 in Serie ging, war Audi. Audi forderte aber eine höhere Leistung der Pumpe. Außerdem schuf der Übergang vom 4-Zylinder-Motor bei Opel zum 6-Zylinder-

Motor bei Audi neue Herausforderungen. So musste das Konzept, mit dem die Winkelstellung der Pumpe erkannt wurde, mit Blick auf die Dauerhaltbarkeit noch einmal neu überarbeitet werden. In wöchentlichen Besprechungen, in denen die Erkenntnisse aus der Entwicklung mit Opel und die der Fertigung einflossen, wurde die Pumpe schrittweise weiterentwickelt und vollends serienreif gemacht. Besonders schwierig war dieser Prozess für die Fertigung. Sie hatte sich bereits auf große Stückzahlen eingerichtet, entsprechende Werkzeuge vorbereitet und sah sich nun gezwungen, wieder und wieder die teuren Werkzeuge zu ändern. Dabei bedeutete es eine enorme Erleichterung, dass Entwicklung und Fertigung am gleichen Standort verblieben waren, so dass dichte Kommunikation und schnelle Entscheidungen möglich waren.

Die Entwicklungsprobleme der VP 44 belasteten über die technischen Fragen hinaus das gesamte Unternehmen, zumal man bei der schlechten wirtschaftlichen Lage 1992/1993 unter beachtlichem Erfolgsdruck stand. Es kam hinzu, dass die amerikanische Stanadyne im Oktober 1990 mit ihrem Typ DS eine der VP 44 vergleichbare magnetventilgesteuerte Radialkolbenpumpe mit separatem Spritzversteller vorgestellt hatte und diese seit Anfang 1994 in einer Stückzahl von etwa 500 pro Tag an General Motors lieferte. Außerdem wurde bekannt, dass Stanadyne in Europa mit dem aufstrebenden Automobilbereich von Siemens zusammenarbeitete.

Als die VP 44 in Serie ging und an das Opel-Motorenwerk in Kaiserslautern und später auch an Audi in Ungarn geliefert werden konnte, erwies sie sich als besonders erfolgreiche Einspritzpumpe. Während Opel die VP 44 noch nicht völlig ausnutzte, näherte sich Audi beim Einspritzdruck an der Düse der Grenze von 1500 bar. 1998 stellte BMW im 320d einen Direkteinspritzer-Dieselmotor vor, der mit der nächsten Generation der VP 44 ausgerüstet war. Mit dieser Pumpe wurden Einspritzdrücke an der Düse bis 1750 bar realisiert. Die neueste Entwicklungsstufe der VP 44 im leistungsgesteigerten V6-TDI-Motor von Audi erreicht nun sogar Drücke von 1850 bar. Erkennbar ist also, dass die VP 44 für Direkteinspritz-Dieselmotoren, die mit sehr hohen Drücken arbeiten, besonders geeignet ist. Nach nur drei Jahren hatten eine Million VP 44 das Werk verlassen, wobei die Ausbringung 1999 bereits bei 2500 Stück pro Tag lag. Im Jahr 2000 wurde die Marke von insgesamt zwei Millionen Stück überschritten. Die rund um die Uhr und auch am Wochenende laufende Produktion wird in einer der wohl modernsten Fertigungen durchgeführt, die auf dem Gebiet der Präzisionsmechanik eingerichtet wurden. Immerhin liegen die Toleranzen im Bereich von ein tausendstel Millimeter (ein menschliches Haar ist sechzig tausendstel Millimeter dick!). Zusätzlich fertigte die Bosch Tochergesellschaft Zexel ab 1999 diese hochentwickelte Radialkolben-

pumpe mit einer Bosch-Lizenz für den japanischen Markt. Nachdem Bosch im Frühjahr 1999 mit 50,04 Prozent die Mehrheit bei Zexel übernommen hatte, wurden die japanischen Aktivitäten im Dieselgeschäft und bei der Benzineinspritzung bei Zexel zusammengeführt.

Ein klein wenig Ironie steckt insofern in dieser Geschichte, als der technologische Fortschritt bei den Oberflächenbeschichtungen, welcher der neuen Radialkolbenpumpe VP 44 mit zum Erfolg verhalf, auch auf die ältere Axialkolbenverteilerpumpe VE übertragen werden konnte. Wider Erwarten konnte die VE-Pumpe mit diesen neuen Techniken im Druck noch einmal kräftig gesteigert werden. Hätte man die neuen Verfahren zur Verbesserung der Oberflächen früher gekannt, wäre die Innovation, die in der VP 44 steckt, möglicherweise sogar unterblieben. Es geht aber nicht eigentlich um die Ironie der Geschichte. Deutlich wird hier, wie sehr Innovationsprozesse neben rationalen Faktoren auch immer wieder Einflüssen ausgesetzt sind, die sich langfristiger Planung einfach entziehen. Bei Bosch war man sich jedoch stets darüber im klaren, dass Planung notwendigerweise von den augenblicklichen Gegebenheiten ausgeht und deshalb ständig überprüft werden muss.

Radialkolben-Verteilerpumpe VP 44 mit integriertem Hybrid-Steuergerät in der Ausführung für 6-Zylinder-Motoren (1998).

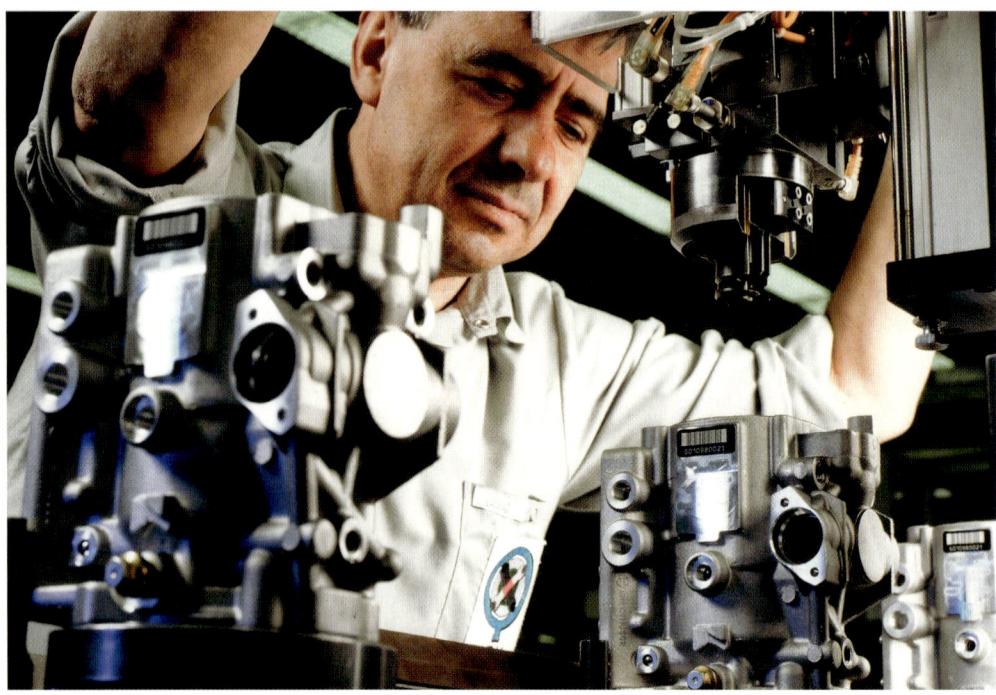

*Oben und unten: Gehäusefertigung für die Radialkolben-Verteilerpumpe VP 44 von Bosch
im Werk Feuerbach (2000).*

Bosch als Full-Liner im Dieselgebiet: Pumpe-Düse und Common Rail

Nachdem Ende der achtziger Jahre deutliche Bewegung in die Entwicklung unterschiedlicher neuer Dieseleinspritzsysteme kam, drohte Bosch mit seiner Produktpalette, die sehr traditionelle Reihenpumpen und die nun ebenfalls bereits seit dreißig Jahren etablierten Verteilerpumpen umfasste, ins Hintertreffen zu geraten. Hermann Eisele hatte allerdings schon früh – wie geschildert – den Generationswechsel von der mechanischen zur elektronischen Regelung vorangetrieben. Die Steuergeräte wurden mit einer modularen Grundarchitektur entwickelt, was die Anpassung an unterschiedliche Motorversionen erleichterte. Aufgrund der Verwendung schneller Hochdruck-Magnetventile als Stellorgane für Kraftstoffmenge und Spritzbeginn zeichnete sich eine wesentliche Systemvereinfachung und ein entscheidender Funktionsfortschritt ab. Aus diesem Grunde wurde bereits 1979 im Geschäftsbereich K5 eine eigene Projektgruppe zur Entwicklung solch schneller Magnetventile eingerichtet. Die Forschung an schnellen Magnetventilen für hohe Drücke in der Vorentwicklung wurde fortgesetzt, wobei nun zudem der Piezo-Antrieb untersucht wurde. Bei der Bedeutung dieses Gebiets war jedoch eine Parallelentwicklung vollkommen gerechtfertigt. Da Messungen im Innern der Ventile praktisch unmöglich sind, war es ganz wesentlich für den Erfolg dieser Ventilentwicklungen, dass man in den folgenden Jahren die elektrischen, magnetischen, mechanischen und hydrodynamischen Vorgänge in den Ventilen zunehmend mit dem Rechner simulieren konnte. Später zeigte sich, dass man dadurch entscheidendes Know-how aufbauen konnte.

Der Generationswechsel von den kantengesteuerten Reihen- und Verteilerpumpen zu den über Magnetventile zeitgesteuerten Syste-men blieb technisch und wirtschaftlich eine enorme Herausforderung. Neben der Entwicklung und Serieneinführung der neuen Systeme musste auch die Weiterentwicklung und Modernisierung der klassischen Systeme betrieben werden. Diese Situation ergab sich mindestens aus zwei Gründen: Verschiedene Kunden wollten erst nach bestandener »Bewährungsprobe« zu den neuen Systemen übergehen, außerdem war eine sofortige Umstellung auf die neue Technik unrealistisch.

Trotz der Doppelbelastung durch die Pflege bestehender und die Entwicklung neuer Systeme war man in der Bosch-Geschäftsführung davon überzeugt, dass Bosch kein Einspritzkonzept alleine den Wettbewerbern überlassen kann, auf dem Dieselgebiet also Full-Liner sein muss. Insofern war es nur konsequent, dass man neben den Reihen- und Verteilerpumpen mit jeweils mechanischer und elektronischer Regelung auch die Systeme Pumpe-Düse, Pumpe-Leitungs-Düse und Common Rail in die eigenen Planungen einbezog.

Bosch hatte sich bei der Pumpe-Düse lange zurückgehalten. Dieses System, das als mechanische Version bei verschiedenen amerikanischen Motorenherstellern (Detroit Diesel, Cummins) schon vor 1960 in Gestalt von Eigenentwicklungen in Serie war, hatte zwar grundsätzliche Vorteile bei der Erzeugung höchster Drücke, war aber – solange die Regelung nur mechanisch geleistet werden konnte – aufwändig und unflexibel. Aus der Patentliteratur war allerdings bekannt, dass der Wettbewerber Lucas, der praktisch den gesamten Markt bei Hochdruck-Reihenpumpen an Bosch verloren hatte, sich neben der DP-Verteilerpumpenfamilie auf das System Pumpe-Düse mit Elektomagnetventilsteuerung konzentrierte.

Ab 1987 liefen derartige Pumpe-Düse-Systeme von Bosch bei mehreren Nutzfahrzeug-Kunden mit sehr guten Ergebnissen im Versuch. Der wichtigste Pilotkunde war Volvo.

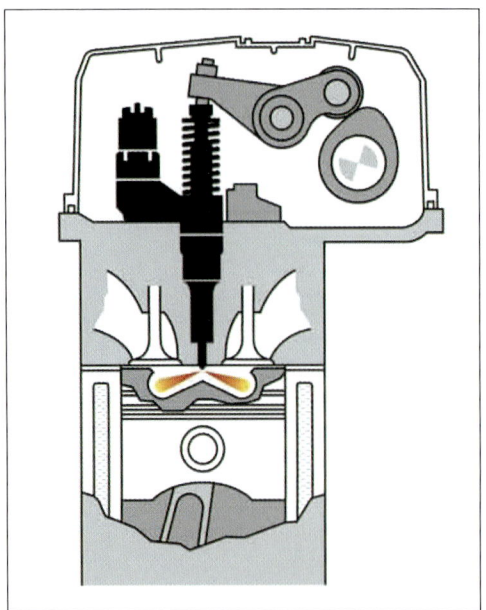

*Unit Injector System UIS (Pumpe-Düse) für Nutz-
fahrzeuge.*

der Baureihe 900 für dieses Konzept. Es sollte sich im Weiteren zeigen, dass die mit diesen Motoren erzielten Ergebnisse vergleichbar mit denen des Pumpe-Düse-Systems waren.

Hilfreich war es in dieser Situation, dass Bosch beim System Pumpe-Düse Know-how erwerben und dieses mit seinen Fähigkeiten und technischem Wissen in serienreife Produkte überführen konnte, um eine stabile Mengenfertigung aufzubauen. So kaufte Bosch Anfang

Leider lagen aber die Kostenschätzungen weit über den Erwartungen der Kunden. Dies war umso kritischer, als das Konzept auch eine völlige Umkonstruktion der Grundmotoren erforderte. Das Konzept benötigte idealerweise eine sehr steife obenliegende Nockenwelle. An V-Motoren wäre eine sehr aufwändige Konstruktion mit zwei obenliegenden Nockenwellen nötig gewesen, was zusätzlich die Einbauhöhe der Motoren erheblich vergrößert hätte. Aus diesem Grund entschied sich DaimlerChrysler für eine weitere Variante, nämlich das Pumpe-Leitungs-Düse-System. Bei diesem System erzeugen magnetventilgesteuerte Einzelpumpen, die über die Orginal-Nockenwellen angetrieben werden, die Einspritzleistung und übertragen diese über kurze Druckleitungen zu konventionellen Einspritzventilen. Der Änderungsumfang des Motors hält sich bei dieser Variante in engen Grenzen. DaimlerChrysler entschied sich auch bei seinem neuen Medium-Duty-Motor

Unit Pump System (UPS) für Nutzfahrzeuge (1995).

1992 einen Anteil von 49 Prozent an der Diesel Technology Company in Grand Rapids (Michigan), mit einer Option, die Beteiligung später zu erhöhen. Mit diesem zusammen mit der Penske Transportation Inc. in Detroit geführten Joint-Venture verfügte Bosch über eine neue Entwicklungs- und Fertigungsaktivität bei Dieseleinspritzausrüstungen für Nutzfahrzeuge sowie für Schiffsdiesel und Industriemotoren. Wesentlich war aber, dass man damit die innovative Entwicklung eines Pumpe-Düse-Einspritzsystems und eines Pumpe-Leitungs-Düse-Systems für schwere Nutzfahrzeuge erwerben konnte. Im März 1998 übernahm Bosch mit 85 Prozent die Mehrheit an der bisher mit der Penske-Gruppe paritätisch geführten Diesel Technology Company. 1994/1995 ging das Unit Injector System (UIS), wie das Pumpe-Düse-System nach der amerikanischen Bezeichnung genannt wird, erstmals bei Volvo im Nutzfahrzeug in Serie. Das jetzt Unit Pump (UP) genannte Pumpe-Leitungs-Düse-System folgte bei DaimlerChrysler ein Jahr später – und zwar von Beginn an in großen Stückzahlen.

Für den Pkw wollte Bosch diese Einspritztechnik zunächst nicht auf den Markt bringen. Nachdem sich Volkswagen aber entschied, in Kooperation mit Lucas in erster Linie die Pumpe-Düse weiterzuverfolgen, geriet man in Gefahr, den Markt bei Volkswagen zu verlieren. Man revidierte deshalb die ursprüngliche Entscheidung und entschloss sich, auch beim Pkw das System Pumpe-Düse zu bearbeiten. Zur Jahresmitte 1998 lief schließlich bei Bosch die Produktion der Pumpe-Düse-Einheit für den VW-Passat TDI an. Wegen der kappen Termine waren in Entwicklung und Fertigung extreme Anstrengungen erforderlich. In die Fertigung der Werke in Reutlingen-Rommelsbach und im französischen Rodez mussten die für den Dieselbereich typischen hohen Beträge, nämlich jeweils rund 160 Millionen DM, investiert werden. Dieser Serienanlauf leitete einen vorher nicht für möglich gehaltenen Durchbruch der Direkteinspritzungstechnik im Pkw-Bereich ein. Die TDI-Technologie garantiert nun auch im Dreizylinder-Dieselmotor des so genannten »Dreiliterautos« VW Lupo TDI und des Audi A2

Unit Injector System (UIS) für Nutzfahrzeuge (1994).

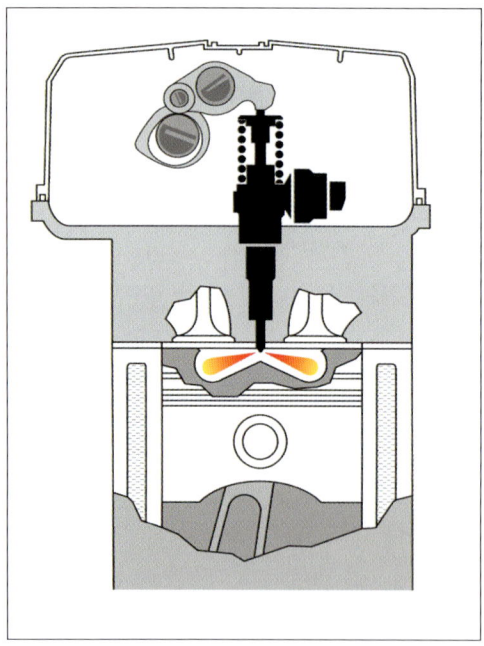

Unit Injector System (UIS) für Pkw.

TDI trotz beachtlicher Leistung die Einhaltung besonders günstiger Verbrauchs- und Emissionswerte. Im Jahr 2000 lieferte Bosch bereits das zweimillionste Unit Injector System aus.

Die Technik beim Personenwagen beruht auf den gleichen Prinzipien wie im Nutzfahrzeug. Beim Unit Injector System sorgen einzelne, jeweils direkt über den Zylindern angeordnete Pumpe-Düse-Elemente, die sowohl Druckaufbau als auch Einspritzfunktion übernehmen, für Einspritzdrücke bis zu 2050 bar. Dem Stand der allgemeinen Dieselentwicklung entspricht es, dass ihre jeweiligen schnell schaltenden Magnetventile den Einspritzbeginn und die Einspritzmenge exakt steuern. Die mechanische Erzeugung der Voreinspritzung wurde mittlerweile durch eine erweiterte Funktionalität des Magnetventils ersetzt. Die flexible elektronische Steuerung kann zudem alle im System erfassten wichtigen Motor- und

Erster Diesel-Pkw mit Unit Injector System: Volkswagen Passat (1998).

Unit Injector System (UIS) für Pkw (1998).

geladen wurde, und einen Injektor mit hydraulischer Übersetzung Drücke im Bereich von knapp 2000 bar realisiert werden. Da aber zu diesem Zeitpunkt noch keine Erfahrungen mit elektronischen Steuerungen für Dieselsysteme vorlagen, war 1978 entschieden worden, dieses Konzept, trotz sehr guter Verbrennungsergebnisse, die man intern und auch bei Kunden erzielt hatte, nicht weiter zu verfolgen. Ein dem Image des Dieselmotors angemessenes und ausreichend zuverlässiges »drive by wire«-System war damals noch nicht zu verwirklichen. Außerdem sprach die Kosten-Nutzenrechnung zu dieser Zeit gegen das neue System. Schließlich erforderte ein Common Rail System, bei dem Druckerzeugung und Einspritzung völlig entkoppelt sind, für die Einspritzung zwingend schnell schaltende und hochdruckgeeignete Magnetventile. Erneut wird hier deutlich, wie sehr diese fortgeschrittenen Magnetventile eine Schlüssel-Technik für die neuen Hochdruck-Direkteinspritzsysteme darstellten.

In den späten achtziger Jahren hatte Fiat das Common Rail Einspritzverfahren aufgegriffen und 1993 ein System veröffentlicht, mit dem gute Ergebnisse bei kleinen Motoren erzielt wurden. Fiat verfügte über Erfahrungen auf dem Gebiet der Dieseleinspritzung, da das Unternehmen früher selbst im Konzern Dieselausrüstung produziert hatte. Möglicherweise war gerade dies der Grund für die Entscheidung, das Common Rail nicht selbst herzustellen und Bosch vorzuschlagen, das System für Fiat zu fertigen. Als Fiat mit Bosch Kontakt aufnahm, verhielt sich Bosch zunächst eher zurückhaltend. Obwohl einzelne Fahrzeuge aus der Vorentwicklung vorgeführt wurden, war man außerordentlich skeptisch, ob man das Common Rail mit seinen enormen Anforderungen an die Genauigkeit als serienreifes Einspritzsystem würde verwirklichen können. Für die Entscheidung, das von Elasis-Fiat entwickelte System tatsächlich im Rahmen einer

Umweltzustände berücksichtigen. Gleichzeitig mit dem Serienanlauf des Bosch UIS zog sich Lucas aus der 1995 angekündigten Entwicklung eines Pumpe-Düse-Systems für Volkswagen zurück. Dies, obwohl Lucas seit 1988 bei Nutzfahrzeugen Produktionserfahrung mit diesem System erworben hatte und – aus seiner Sicht – in technischer Hinsicht die Kriterien des Kunden erfüllt waren.

Im Rahmen intensiver Diskussionen im Geschäftsbereich für Dieseleinspritzausrüstung hatte man sich bei Bosch bereits 1975 mit dem Speicher-Einspritzsystem beschäftigt, dem so genannten Common Rail. Dieses Einspritzsystem war für Nutzfahrzeuge vorgesehen, weil man damals schon erkannte, dass die Partikel- und Rußemission durch Einspritzdrücke im Bereich von 2000 bar und durch flexible Spritzbeginnverstellung wesentlich zu reduzieren war. Im Prototyp konnten über einen Druckspeicher, der durch eine Hochdruckförderpumpe

Patent- und Know-how-Lizenz zu produzieren, war es dann äußerst wichtig, dass mit Daimler-Benz ein weiterer Kunde großes Interesse an diesem System signalisierte. Eine besonders bedeutsame Entscheidung der Bosch-Geschäftsführung war, die Rechte exklusiv zu erwerben, und zwar ohne Rücksicht darauf, dass diese (gemessen an der damals sehr viel niedrigeren Einschätzung des Potenzials dieses Systems!) außerordentlich teuer waren.

Als 1994 die ersten Prototypen der mit Common Rail ausgestatteten Dieselmotoren liefen, übernahm Bosch die entsprechenden Aktivitäten von Fiat. Dieser Transfer war in Wirklichkeit allerdings komplizierter: Die Vorentwicklung des Common Rail wurde von der Forschungsgesellschaft Elasis getragen, einem 1988 gegründeten Konsortium, an dem der Fiat-Konzern mehrheitlich beteiligt ist, in das aber auch staatliche Fördergelder zur Verbesserung der Beschäftigungssituation im Süden Italiens geflossen waren. Um hier etwas vorzugreifen: Eine wichtige Komponente, die Hochdruckpumpe, sollte dann tatsächlich zunächst in einer zusammen mit Fiat gegründeten Beteiligungsgesellschaft mit Bosch-Mehrheit, der Tecnologie Diesel Italia in Bari, gefertigt werden. Der Name Elasis war im Übrigen aus dem Griechischen abgeleitet und bedeutet Führung oder Fortschritt. Die mit diesem Namen suggerierte Aufbruchstimmung im Mezzogiorno sollte zum einen das kreative Potenzial der regionalen Hochschulen aktivieren, zum anderen aber nahe an marktfähige Produkte und Verfahren heranführen. Elasis bearbeitete zwar auch Themen aus dem Bereich der Informations- und Kommunikationstechnologie, trotzdem spielte die Verkehrstechnik als Kerngeschäft des Fiat-Konzerns eine zentrale Rolle, also städtische Verkehrsinfrastruktur, Luftfahrt- und Automobiltechnik.

Zu Bosch kam dann genau die Elasis-Entwicklungsgruppe, die im Centro Ricerche di Modugno in Bari das neue Common Rail Einspritzsystem entwickelt hatte, an ihrer Spitze Mario Ricco. Es gelang Bosch, eine enge Zusammenarbeit mit den italienischen Kollegen zu organisieren. Vor allem war man bemüht, das inhaltliche Konzept des Common Rail Systems von Elasis samt den von Mario Ricco bis in die Serieneinführung hinein vorgeschlagenen Problemlösungen unmittelbar umzusetzen, um das System allenfalls in einem späteren Schritt weiter zu verbessern. Hermann Eisele als Verantwortlicher seitens der Geschäftsführung wollte verhindern, dass auf dem Weg zur Realisierung von Common Rail bei Bosch das Rad noch einmal erfunden wurde. In der Tat geriet das Serienreif-Machen des Konzepts von Elasis schwierig genug. Der beim Kauf der Common Rail Aktivitäten gewonnene Eindruck, dass das System bereits weit fortgeschritten sei, erwies sich als nicht ganz zutreffend. Es stellte sich heraus, dass das System extrem empfindlich gegen Änderungen der Konstruktion war. Insbesondere beim magnetventilgesteuerten Kraftstoff-Injektor war eine umfangreiche und schwierige Weiterentwicklung erforderlich. Das lag zunächst einmal daran, dass die außerordentlich schnellen Bewegungen, die in diesem Injektor erzeugt werden müssen, zwangsläufig nur über sehr kleine Wege dargestellt werden können. So beträgt zum Beispiel die Öffnungs- und Schließdauer des Injektors gerade 250 Mikrosekunden. Der Anker des Magnetventils bewegt sich dabei nur winzige 50 tausendstel Millimeter zwischen Einspritzung und Nichteinspritzung, also um die sprichwörtliche Haaresbreite.

Hinzu kam die Schwierigkeit, dass Common Rail als Direkteinspritzverfahren (ähnlich wie das UIS) mit Bezug auf das Motorengeräusch nur mit Voreinspritzung akzeptabel und zukunftssicher war. Ein direkteinspritzender Dieselmotor verlangt zur Geräuschminderung einen Einspritzverlauf, bei dem die Kraftstoffmenge anfänglich sehr klein ist, dann ansteigt, und schließlich möglichst steil wieder abfällt, wobei der gesamte Vorgang in ein bis zwei Millisekunden ablaufen muss. Der allmähliche Beginn der Einspritzung soll verhindern, dass sich bereits zu viel Kraftstoff im Zylinder befindet, wenn die Verbrennung beginnt. Außerdem ist noch eine gewisse Zündverzögerung zu beachten. Ohne feinfühlige Dosierung der anfänglichen Einspritzmenge würde schlagartig Verbrennungsdruck erzeugt und damit die Geräuschentwicklung des Motors außerordentlich ungünstig beeinflusst.

Ein solcher Einspritzverlauf mit anfangs geringer und anschließend großer Einspritzmenge war bei den konventionellen Einspritz-Systemen »natürlicherweise« weitgehend gegeben. Unter Umständen konnte er auch durch Abstimmung der hydraulischen Verhältnisse »gezüchtet« werden. Bei dem am Audi 100 TDI verwandten und auf der Verteilerpumpe VP 34 basierenden Einspritzsystem wurden die Düsen – wie schon berichtet – zusätzlich mit einem Zweifederhalter gesteuert, so dass über eine kontinuierliche Folge von Voreinspritzung und Haupteinspritzung ein zweistufiger Einspritzverlauf realisiert wurde. Entscheidend war jedoch, dass bei den konventionellen Einspritzsystemen und auch in der Pumpe-Düse-Einheit bei jedem Einspritzvorgang der Druck neu aufgebaut wird. Dagegen hält beim Common Rail-System eine Radialkolbenpumpe ständig Kraftstoff unter Einspritzdruck in einem Hochdruckspeicher abrufbereit. Aus diesem Speicher, dem Rail, entnehmen die Injektoren die erforderliche Kraftstoffmenge für jeden Zylinder des Motors und spritzen diese über die Düse in den Brennraum. Da also beim Common Rail im Speicher ständig Druck auf hohem Niveau bereitgestellt wird und die Dynamik der Einspritzung im Wesentlichen darauf reduziert ist, dass ein Ventil öffnet und schließt, schien ein entsprechender Einspritzverlauf zunächst nicht möglich. Die

Einspritzmenge wäre entgegen den Forderungen an die Verbrennung steil angestiegen und am Ende flacher abgefallen. Entscheidend war aber – wie bereits mehrfach betont –, dass nun schnell schaltende und zugleich hochdruckgeeignete Magnetventile zur Verfügung standen. Diese schnellen Magnetventile lassen sich in sehr rascher Folge wiederholt ansteuern. Den erwünschten Einspritzverlauf mit sanftem, stetigem Anstieg konnte man so durch die zeitlich abgesetzte Voreinspritzung einer kleinen Kraftstoffmenge und eine rasch folgende Haupteinspritzung annähern. Sensibel war zunächst die im Vergleich zur gesamten Volllastmenge von 40 mm^3 winzige, im Bereich von 1 bis 2 mm^3 liegende, Voreinspritzung – ein einziger Flüssigkeitstropfen hat übrigens ein Volumen von 50 mm^3. Außerdem bedeutete der sehr kurze zeitliche Abstand zwischen Voreinspritzung und Haupteinspritzung, dass die Düsennadel des Injektors sozusagen im Flug umgesteuert werden musste. Bei dieser ballistischen Steuerung war man in der Tat lange Zeit im Zweifel, ob man die hier einzuhaltenden engen Toleranzen in den Griff bekommt. Vor allem reagierten die Motoren extrem empfindlich, wenn sich die Voreinspritzung mit der Zeit veränderte, die Kraftstoffmenge der Voreinspritzung also nicht exakt eingehalten werden konnte.

Da man am Anfang außerdem die Folgen der gegenseitigen Beeinflussung wichtiger Fertigungstoleranzen noch nicht voll im Griff hatte, entstand bei den Injektoren ein fast an die frühe Halbleitertechnik erinnerndes Problem, nämlich enorm schwankende, sogar gegen Null gehende Ausbeuten. In der Nähe des Serienanlaufs musste man zusätzlich Sicherheitsfragen bedenken. So lag eine gewisse Gefahr darin, dass einer der Injektoren offen bleibt und während einer Umdrehung des Motors unter Umständen so viel Dieselkraftstoff in einen Zylinder läuft, dass dieser sich überhitzt und nach wenigen Umdrehungen die Zerstörung des Motors droht.

Unklar war hier, ob diesem Risiko durch saubere Realisierung des Injektors hinreichend sicher vorgebeugt werden kann oder ob zusätzliche Schutzeinrichtungen erforderlich sind.

Nachdem man die anfänglich bedrohlich hoch erscheinenden Hürden überwunden hatte, gelang es 1997, am Standort Bamberg die Serienfertigung aufzunehmen. Die ersten mit der Common Rail Direkteinspritzung ausgerüsteten Fahrzeuge waren der aus dem Fiat-Konzern stammende Alfa Romeo 156 (mit 2,4-Liter-Fünfzylinder-Turbodiesel) und der Mercedes C 220 CDI. Wieder aus dem Fiat-Konzern folgte der Lancia Kappa, der seit 1998 mit dem aus dem Alfa 156 bekannten Motor angeboten wurde. Mittlerweile hat aber nicht nur der zweite Pilotkunde und Entwicklungspartner Daimler-Benz, der erst 1995 mit dem ersten Direkteinspritzer E 290 Turbodiesel (mit elek-

tronisch geregelter VE-Pumpe) einen Technologiewechsel angedeutet hatte, die Palette der mit Common Rail ausgestatteten Dieselfahrzeuge beträchtlich erweitert. Die bereits erreichte Reife des Common Rail Systems äußert sich auch darin, dass nun bei der französischen PSA (Peugeot-Citroën) und bei BMW ebenfalls Dieselmotoren mit dem Common Rail Einspritzsystem von Bosch ausgestattet werden. Nach den Sechszylinder-Direkteinspritzern von BMW markieren die neuen Achtzylinder-Dieselmotoren von Audi, BMW und DaimlerChrysler den vorläufigen Höhepunkt des Aufstiegs des Common Rail Systems. Wegen der großen Nachfrage mussten die Produktionskapazitäten ständig weiter ausgebaut werden: zum neu geschaffenen Fertigungsverbund gehören mittlerweile das Werk Bursa in der Türkei und Charleston, South Carolina als größtes Bosch-

5-Zylinder-Turbodiesel mit dem Common Rail System von Bosch, eingesetzt im Alfa Romeo 156 JTD (1997).

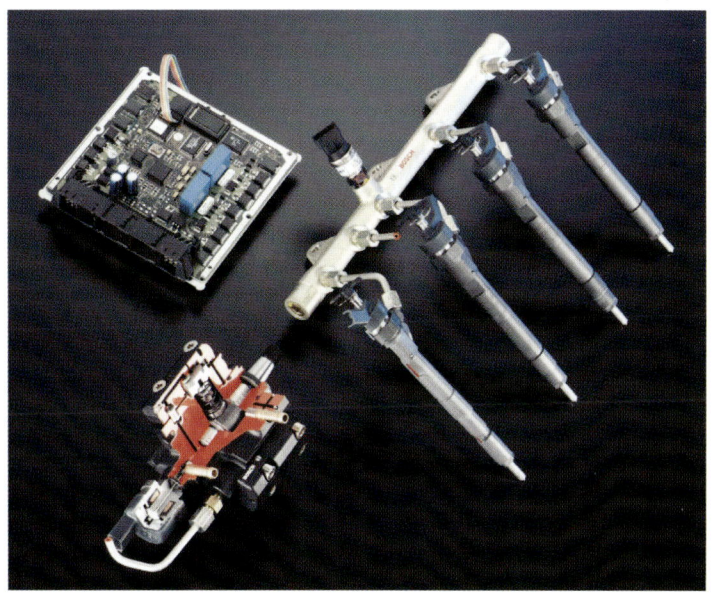

Common Rail System für Pkw:
Hochdruckpumpe (vorne),
Rail und Injektoren (rechts)
sowie Steuergerät (links).

Werk in den USA, Higashi-Matsuyama in Japan sowie Taejon in Korea.

Die rasche Durchsetzung und die Erweiterung des Kundenkreises hat sicher damit zu tun, dass mit dem Common Rail nun ein technisch besonders flexibles Einspritzsystem zur Verfügung gestellt wird. Die Menge des in der Hochdruckpumpe geförderten Kraftstoffs kann über ein Magnetventil geregelt werden, der Druck im Rail und der entsprechende Einspritzdruck lässt sich mit der sehr großen Bandbreite von 150 bis 1600 bar genau an den jeweiligen Betriebszustand des Motors anpassen, wobei der Maximaldruck weiter auf 1800 bar und – in der nächsten Generation – auf 2000 bar angehoben wird. Abgesehen von den insgesamt günstigen Leistungs- und Verbrauchsdaten des Motors ist sichergestellt, dass wie bei anderen modernen Einspritzverfahren (Pumpe-Düse, Verteilerpumpe) durch hohen Einspritzdruck und durch Abgasturbolader – oder noch besser: Abgasturbolader mit variabler Turbinengeometrie – bereits bei geringen Drehzahlen ein hohes Drehmoment zur Verfügung steht. Wie erwähnt, lässt sich über das Magnetventil die Einspritzung mehrfach portionieren und damit die Verbrennung geräuschmindernd beeinflussen. Die im Vergleich zu Verteilerpumpe und Pumpe-Düse gleichmäßigere Förderung durch die Hochdruckpumpe des Common Rail reduziert zudem die mechanischen Geräusche und die Kosten für den Pumpenantrieb erheblich.

1999 liefen eine Million Common Rail Einspritzsysteme vom Band. 2001 wurden dann über drei Millionen Einheiten und im Oktober 2002 das zehnmillionste Common Rail System ausgeliefert. – Im Übrigen setzt Bosch beim Common Rail wegen der gegenüber dem Magnetventil noch einmal verkürzten Schaltzeiten seit Mitte 2003 auch auf einen neuen Injektor mit Piezotechnik, bei dem der Piezoaktor sehr nah an die Düsennadel gelegt werden konnte (Piezo-Inline-Technik). Damit kann der Piezo-Antrieb, den Siemens in seiner Common Rail-Entwicklung von Beginn an verfolgte, seine technische Leistungsfähigkeit voll entfalten.

Fertigung, Investitionen und Wettbewerb

Der Geschäftsbereich Dieselausrüstung ist ein Eckpunkt des von Hans L. Merkle Anfang der siebziger Jahre geprägten 3-S-Programms »Sicher – Sauber – Sparsam«. Über bloße Zahlen und technische Leistungen hinaus ist er auch der Erzeugnisbereich, der mit einer zeitlichen Spanne von über siebzig Jahren und als Brücke zwischen mechanischer Tradition und moderner Elektronik die historische Identität des Unternehmens mitprägt. Ein sehr wichtiges Merkmal des Gebiets der Dieseleinspritzausrüstung ist die enorme Präzision, mit der praktisch von Anfang an die Fertigung bei Bosch durchgeführt wurde, und dies zu einer Zeit, als solche Genauigkeiten in der feinmechanischen Mengenfertigung noch keinesfalls üblich waren. Dabei darf man Bosch in die Tradition der württembergischen Feinmechanik stellen. Als fertigungstechnische Bewährungsprobe diente jedenfalls ein seit 1910 hergestelltes Vorläuferprodukt der Reihenpumpe, eine als »Bosch-Öler« bezeichnete Schmierölpumpe für den Maschinenbau. Hier sammelte man die ersten Erfahrungen mit besonders fein angepassten, ineinander gleitenden Teilen. Obwohl diese Pumpe heute fast ein wenig Schmunzeln auslöst, stellte sie doch sehr hohe Anforderungen an die Genauigkeit. Da man schon bei der Fertigung der Schmierpumpe die Fähigkeit entwickelte, Maßtoleranzen von drei tausendstel oder vier tausendstel Millimetern einzuhalten, war man auf die Mengenfertigung der Reihenpumpe durchaus vorbereitet. Eine nachträgliche Untersuchung ergab sogar, dass bereits eine Reihenpumpe aus einer Vorserie

Bosch-Arbeiter beim Schleifen der Schrägkante am Pumpenkolben einer Dieseleinspritzpumpe (1954).

des Jahres 1925 so präzise gefertigt war, dass sie von einer Verteilerpumpe des Jahres 1977 kaum übertroffen wurde. Bei dem von Anfang an aus Aluminium gefertigten Pumpengehäuse lagen die Maßabweichungen in der Größenordnung von hundertstel Millimetern. Vor allem waren schon in der Frühphase die notwendigen engen Passungen zu beherrschen. So betrug das Spiel zwischen Kolben und Zylinder eines Pumpenelements nicht mehr als zwei bis drei tausendstel Millimeter. Selbst die Formabweichung von der zylindrischen Form von Bohrung und Kolben bewegte sich schon im Bereich von einem tausendstel Millimeter. Die grundlegende Forderung an die Genauigkeit ergab sich daraus, dass einerseits unzulässige Leckmengen vermieden werden mussten, andererseits ein ausfallsicherer Dauerbetrieb ohne Elementfresser nur bei einem Elementspiel von zwei bis vier tausendstel Millimeter erreicht werden konnte.

Bei Elementen von Reihenpumpen aus der Fertigung um 1980 war die Genauigkeit nur teilweise höher. Das Spiel zwischen Kolben und Zylinder lag bei zwei bis drei tausendstel Millimeter, mit einer Toleranz von plus/minus 0,75 tausendstel Millimeter; die Rundheit der Bohrung wurde auf 0,5 tausendstel Millimeter genau eingehalten, die Geradheit auf ein tausendstel Millimeter. Wegen des komplexeren Aufbaus waren bei der Verteilerpumpe eher noch engere Toleranzen notwendig. Jedenfalls war die relative Präzision der Fertigung bei der Spieltoleranz deutlich höher als bei einer als Präzisionsuhr geltenden mechanischen Armbanduhr dieser Zeit. Mit den weiter steigenden Drücken in den neunziger Jahren wurden dann – wie bereits bei der Entwicklung der VP 44 bemerkt – die Toleranzen nochmals eingeengt.

Diese enormen Anforderungen an die Genauigkeit konnte nur durch adäquate Fertigungsverfahren erfüllt werden, die ihrerseits wieder auf die Verfahren zur Vergütung von Oberflächen abgestimmt sein mussten. Das von Bosch lange angewandte Verfahren zur Feinbearbeitung von Oberflächen war das so genannte Läppen. Das Läppen besteht darin, dass durch ein in Fett gebundenes feinstes Schleifmittel – bei möglichst ungeordneten Schneidbahnen der einzelnen Körner – winzige Späne abgehoben und somit hervorragend glatte Oberflächen erzeugt werden. Ein Mangel war jedoch, dass man mit diesem Verfahren, bildhaft gesprochen, so etwas wie Trompeten erhielt, man also in Bezug auf die Formgenauigkeit Abstriche machen musste. Außerdem war das Läppen ein außerordentlich »schmutziges« Verfahren, was hohen Waschaufwand nach sich zog. Offenbar gab es das geflügelte Wort: »Der Bosch ist der Oberläpper und der Oberwascher.« Als alternatives Feinbearbeitungsverfahren, das außerdem sehr viel kürzere Bearbeitungszeiten erlaubte, bot sich deshalb das Honen an, ein Verfahren, bei dem zum Beispiel mit feinen keramisch gebundenen Honsteinen über eine Hub- und Drehbewegung Werkstoff aus Bohrungen oder an Wellen abgetragen wurde. Im Zielkonflikt zwischen Oberflächengüte und Formgenauigkeit lagen die Schwächen des Honverfahrens nun allerdings bei der Oberflächengüte. In Zusammenarbeit mit der Firma Gehring, einem seit 1948 in der Region Stuttgart ansässigen und mittlerweile führenden Hersteller für Honmaschinen, gelang es jedoch, das Verfahren so weiter zu entwickeln, dass man seit Ende der siebziger Jahre zu dieser Form der Feinbearbeitung übergehen konnte. Die heutigen Dieseltechniken leben von der Fähigkeit, Teile noch einmal präziser zu bearbeiten und zu montieren und insbesondere von einer Messtechnik, die nun in der Lage ist, selbst extrem kleine Größen sehr genau zu messen. So liegen heute im Bereich von ein tausendstel Millimeter die Grenzen in der Bearbeitungsgenauigkeit weniger in der Werkzeugmaschine, als in der Möglichkeit, mit einem im industriellen Umfeld durchführ-

12-Spindel-Stufenläppmaschine zur Feinbearbeitung von Pumpenzylindern.

baren Verfahren Längen in dieser Größenordnung zu messen.

Mit Blick auf die typische Variantenfertigung bei der Einspritzausrüstung setzte Bosch sich seit 1970 auch mit rechnergestützten Entwurfsverfahren auseinander, mit Computer Aided Design (CAD). Dabei ließ man sich aber durch die hohen Preise zunächst abschrecken, zu ergonomisch fortgeschrittenen Lösungen zu greifen, also zu CAD-Techniken, die etwa Bildschirmeinheiten mit Eingabe über Lichtgriffel umfassten. Bestärkt wurde man in dieser Entscheidung für eine eher puritanische EDV durch die am Aachener WZL (Laboratorium für Werkzeugmaschinen und Betriebslehre) erzielten Forschungsergebnisse. In Wirklichkeit hatten

die Konstrukteure anfangs spürbare Probleme bei der Einführung von CAD-Verfahren, sodass der Zeitaufwand zunächst sogar anstieg.

Obwohl seit Ende der sechziger Jahre in England und in den USA bereits erste Werkzeugmaschinen mit Rechnerdirektsteuerung entwickelt worden waren, die so genannten DNC-Werkzeugmaschinen (DNC, von: Direct Numerical Control), war der weitere Fluss der Daten in Richtung numerisch gesteuerter Maschinen nicht eigentlich das Ziel dieser frühen rechnergestützten Entwurfsverfahren bei Bosch. So führte zum Beispiel die mit dem Rechner unterstützte Konstruktion der Steuerkante am Pumpenelement einer Reiheneinspritzpumpe, mit der die unterschiedlichen Forderungen bezüglich variablem Beginn der Kraftstoffförderung realisiert werden können, zunächst nur zur Ansteuerung eines Zeichenautomaten. Man muss hier allerdings berücksichtigen, dass die bundesdeutsche Industrie beim Einsatz von NC-Maschinen generell im Verzug war. Dies hatte mit der Herkunft dieser Technik aus der amerikanischen Luftfahrt zu tun, also mit der ursprünglichen Ausrichtung an der Aluminiumverarbeitung, mit prohibitiv hohen Preisen, mit dem Engpass der Programmierung, aber auch mit der sehr starken, bis in die siebziger Jahre reichenden Konzentration der deutschen Technik auf Massenproduktion und Einzweckmaschinen. Die große Leistung Boschs auf der Fertigungsseite war es ebenfalls, größte Stückzahlen mit höchster Präzision absolut zuverlässig zu fertigen. Es waren also Überlegungen zur Wirtschaftlichkeit und keinesfalls Abneigung gegen diese neue Technik, die Bosch hier auf eine Vorreiterrolle verzichten ließen. In der Tat hatte man seit 1967 aufgrund einer Lizenzvereinbarung mit der Bendix Corporation auch begonnen, selbst numerische Steuerungen für die Werkzeugmaschinenindustrie herzustellen.

Die NC-Maschinen, gerade bei der aufwändigen, von Bendix benutzten Fünf-Achsen-

Steuerung, wurden aber schlicht als zu teuer empfunden. Aufgrund der typischen Produkte und der enormen Stückzahlen blieb man deshalb bei Bosch in der eigenen Fertigung lange bei einer Verkettung von Einzweck-Werkzeugmaschinen und Transfereinrichtungen, also bei der klassischen »Detroit Automation«. Der Treiber für den Rechnereinsatz war häufig die Qualität. So wurden Ende der siebziger Jahre angesichts der wachsenden Produktionsziffern bei der Diesel-Verteilerpumpe und mit Blick auf eine reproduzierbar hohe Einstellqualität die auf Prüfbänken vorgenommenen manuellen Einstell- und Prüfverfahren durch automatisierte Prüfstraßen und eine Prozessrechnersteuerung ersetzt. Dieser Wandel war jedoch mit großen Schwierigkeiten verbunden. Da nichts annähernd Vergleichbares zur Verfügung stand, mussten die Einstellautomaten über Jahre hinweg mit hohem Aufwand entwickelt

werden. Selbst bei der Investitionsentscheidung für den ersten Automaten war noch keinesfalls gesichert, dass die Umstellung zum Erfolg wird.

Parallel zu den Aktivitäten im eigenen Geschäftsbereich Industrieausrüstung setzte man um 1980 auch vermehrt speicherprogrammierbare und im Dialogverfahren zu bedienende Steuerungen in der Fertigung ein und verknüpfte diese tatsächlich mit den CAD-Verfahren. Dies war entscheidend für die volle Ausschöpfung des Potentials der NC-Maschinen. Vorkämpfer war hier der Geschäftsbereich K2, gefördert – wie bemerkt – durch die bei der Konstruktion von Scheinwerfern und Leuchten ausschlaggebenden, im Vergleich zu komplizierten technologischen Daten einfacher zu verarbeitenden geometrischen Daten und durch das bei den Kunden vorhandene Karosserie-CAD.

Manuelle Prüfung von Reiheneinspritzpumpen (1950).

*Rechnergeführte Förder-
mengeneinstellung einer
Dieseleinspritzpumpe im
Werk Feuerbach (1983).*

*Vollautomatisches Einstellen
und Prüfen von VE-Pumpen im
Werk Feuerbach (1993).*

Seit Beginn der achtziger Jahre wurden in Zusammenarbeit mit Werkzeugmaschinenherstellern auch neue flexible Fertigungssysteme konzipiert. Wichtig war der vermehrte Übergang von Transferstraßen zu den Bearbeitungszentren weniger mit Blick auf Flexibilität bei den Stückzahlen, sondern vor allem wegen der sehr viel einfacheren Umsetzung von Änderungen am Erzeugnis. Wenn es sich nicht um Groß-Serien handelte, bei denen der Kapitaleinsatz unangemessen hoch war, waren die Bearbeitungszentren schon bei der schlichten Einführung einer zusätzlichen Bohrung deutlich im Vorteil. Von der Umstellung betroffen waren zunächst Transferstraßen für die Fertigung von Pumpengehäusen, gelegentlich bereits auch solche für Teile mit sehr hoher Präzision.

Die hier geschilderten Details der für Bosch charakteristischen hochpräzisen mechanischen Mengenfertigung bei der Dieseleinspritzausrüstung machen verständlich, warum für neue Dieselsysteme jeweils Investitionen in der Größenordnung mehrerer hundert Millionen Mark erforderlich waren. Trotzdem erschienen diese sehr großen Zahlen den Verantwortlichen der anderen Unternehmensbereiche gelegentlich unvernünftig hoch. Die Investitionsanträge des Unternehmensbereichs Kraftfahrzeugtechnik riefen insofern immer wieder erheblichen Unmut hervor, zumal neue Erzeugnisgebiete, wie ABS und die elektronische Motorsteuerung Motronic ebenfalls ihren Tribut forderten. Allerdings stellten die wachsende Fertigungskapazität, die immer noch zunehmende Präzision der mechanischen Fertigung und die hohe Fertigungstiefe bei der Dieselausrüstung solche Anforderungen, dass ihnen mit den tatsächlich getätigten sehr hohen Investitionen gerade eben zu begegnen war.

Elektronische Zuordnung von Bauteilen bei der Verteilerpumpen-Fertigung im Werk Feuerbach (1983).

Elektronisch gesteuerte Werkzeugmaschine zur Bearbeitung von Dieseleinspritzpumpen im Werk Homburg (1979).

Schon Ende der sechziger Jahre sah der verantwortliche Geschäftsführer Hans Bacher in der Verringerung der Fertigungstiefe eine wichtige Aufgabe für Bosch. Ein wichtiges Plus einer geringeren Eigenfertigung wäre die Verringerung der Kapitalbindung und die Anpassungsfähigkeit an wechselnde Marktbedingungen gewesen.

Die Besonderheit des Unternehmensbereichs Kraftfahrzeugtechnik lag – und liegt – aber darin, dass seine Produkte Spezialitäten darstellen, die in einem langjährigen Prozess kontinuierlich ihre hohe Reife erreicht hatten. Außerdem bewegte man sich fertigungstechnisch eindeutig an der Grenze der Beherrschbarkeit, insbesondere auf dem Gebiet der Dieseleinspritzausrüstung. Wegen dieser historisch

erworbenen und zur Identität des Unternehmens gehörenden Kernkompetenz sowie wegen der Abhängigkeit der Ergebnisse von spezifischem fertigungstechnischem Know-how schien es folgerichtig, die Herstellung weitgehend im eigenen Haus zu behalten. Im Spannungsfeld zwischen Geschäftsführung und technischer Leitung des Dieselbereichs bildete sich die Einschätzung heraus, nur mit der daraus folgenden hohen Fertigungstiefe eine führende Position beim Erzeugnis und in der Fertigungstechnik bewahren zu können. Dies führte jedoch zwangsläufig zu Investitionen in einer solchen Größenordnung, dass – auf den Jahres-Umsatz bezogen – Mittelbindungsfaktoren bis zu 0,8, 1,0 oder sogar 1,2 erreicht wurden. Dies stand natürlich in krassem Gegensatz zu anderen Unternehmensbereichen, die sich auf Mittelbindungsfaktoren von 0,3 beschränkten. Außerdem schlugen sich schwankende Auslastungen der Werke unausbleiblich in entsprechenden Schwankungen der Ergebnisse nieder. Trotzdem war Bosch im Geschäftsbereich Diesel-Systeme auch wirtschaftlich in aller Regel durchaus erfolgreich. Wie bereits bemerkt, wurden von der Verteilereinspritzpumpe VE im Jahr 2000 2,8 Millionen Stück produziert, im vorausgegangenen Jahr waren es sogar 3,2 Millionen gewesen. Der Weltumsatz im gesamten Bereich Diesel-Systeme lag 1998 in der Größenordnung von sieben Milliarden Mark, 1999 näherte er sich der Grenze von 4,1 Milliarden Euro, und dies bei einem Konzernumsatz von etwa 28 Milliarden Euro. Im Jahr 2003 waren es mehr als 7 Milliarden Euro. Bosch ist heute im Bereich der Dieseleinspritzsysteme klarer Weltmarktführer.

Im Erfolg der neuen Einspritzsysteme liegen aber unvermeidbar latente Probleme. Mit der Fähigkeit, auf die unterschiedlichen Zielvorgaben der Motorenhersteller mit einem jeweils optimierten Einspritzsystem antworten zu können, ist Bosch zumindest mittelfristig genau auf diese Systemvielfalt festgelegt. Allerdings verfolgte Lucas als weltweit zweitgrößter Hersteller von Dieseleinspritzausrüstung dieselbe Strategie, nämlich alle Sektoren (Personenwagen und Nutzfahrzeuge) zu bedienen und sämtliche Einspritzsysteme (Verteilereinspritzpumpe, Pumpe-Düse und – seit der zweiten Hälfte 2000 – auch Common Rail) zu bearbeiten. Mittler-

weile war Lucas jedoch in sehr unruhiges Fahrwasser geraten. Nach der Bildung der britischamerikanischen LucasVarity im Jahr 1996 wurde das fusionierte Unternehmen Anfang 1999 von TRW (ursprünglich Thompson-Ramo-Wooldridge) übernommen. Schon im Jahr 2000 wurde Lucas Diesel wiederum an Delphi Automotive weiterveräußert und dort – mit der umfassenden Produktpalette – als Delphi Diesel Systems integriert. Delphi ist heute ein erfahrener Zulieferer im Common Rail Markt für Pkw.

Seit dem Beginn der Serienfertigung im Jahr 2000 verfügt auch Siemens über ein Common Rail System. Siemens war – um dies kurz vorwegzunehmen – in den achtziger Jahren in das Gebiet der elektronischen Benzineinspritzung und der Motorsteuerung für Otto-Motoren eingestiegen, wobei der Kauf der Benzineinspritzaktivitäten von Bendix diesen Einstieg unterstützt hatte. Anfang der neunziger Jahre hatte sich Siemens entschlossen, ein Common Rail Dieselsystem zu entwickeln – mit dem Ziel, auf dem Gebiet der Motorsteuerungen zu expandieren und dem eher schrumpfenden Markt für Benzineinspritzung zu begegnen. Mit seinem auf einem Piezo-Injektor aufbauenden Common Rail System schaffte Siemens mit einer innovativen Lösung einen erfolgreichen Markteintritt.

Denso gehört ebenfalls zu den bedeutenden Herstellern von Common Rail Systemen. Seit 1999 ist Denso am Markt vertreten und verfügt sowohl über Magnet- wie auch Piezoventile.

IV Benzineinspritzung und Wandel des Unternehmens

Mechanische Systeme

Die historischen und technischen Beziehungen zwischen Benzineinspritzung und Dieselausrüstung sind außerordentlich eng. In Gestalt der mechanischen Benzineinspritzung war dieses Erzeugnisgebiet seit der Mitte der dreißiger Jahre geradezu aus der Dieseleinspritzausrüstung herausgewachsen und hatte bereits im Zweiten Weltkrieg große technische Bedeutung erlangt. Erst mit der abgewandelten Dieseleinspritzpumpe war die bei Otto-Flugmotoren verfolgte Technik der Hochdruck-Direkteinspritzung möglich geworden. Seit etwa 1930 war es auf Anregung der Deutschen Versuchsanstalt für Luftfahrt (DLV) und in Zusammenarbeit von Bosch, Daimler-Benz und BMW gelungen, den Vergaser durch die Einspritztechnik zu ersetzen. Bei gleichzeitiger Senkung des spezifischen Verbrauchs konnte die Leistung von Flugmotoren enorm angehoben werden. Ausgehend etwa vom 12-Zylinder-Vergasermotor MB 600 konnten in der Reihe der Daimler-Benz-Flugmotoren MB 601, MB 603 und MB 605 die Startleistung verdreifacht und die verbleibende Höhenleistung immerhin noch verdoppelt werden. Zudem machte man mit der Einspritztechnik die Kraftstoffzufuhr von der Lage des Flugzeugs unabhängig. Neben der Leistungssteigerung war dies für die militärische Verwendung ein entscheidendes Argument.

Während die Versuche zur Verwendung der Benzineinspritzung im Kraftfahrzeug zunächst in ihrer Bedeutung hinter der Entwicklung von Flugmotoren vollständig zurücktraten, begann Bosch in den Jahren 1949 bis 1951 auch an der Benzineinspritzung für Kraftfahrzeugmotoren ernsthaft zu arbeiten. Da sich für ein Standardfahrzeug nach wie vor der Vergaser als Grundlage für ein preiswertes und zuverlässiges Verfahren der Gemischaufbereitung anbot, hatte allerdings die Technikentwicklung deutlichen Vorrang vor den Notwendigkeiten des Markts. So konnten zunächst nur kleine Zweitaktmotoren von Gutbrod und Goliath mit Benzineinspritzung ausgerüstet werden, etwa im Gutbrod Superior 600 und 700 Luxus, und im Goliath GP 700 E. Boschs Entwicklungspartner bei den Plochinger Gutbrod-Werken war im Übrigen das spätere Daimler-Vorstandsmitglied Hans Scherenberg. Mitte der fünfziger Jahre hatte die Firma Goliath mit 10 000 Personenkraftwagen und mit 4000 Lastkraftwagen die größte Serienerfahrung bei Zweitakt-Einspritzmotoren erworben. Tatsächlich war der Vorteil der Benzineinspritzung bei Zweitaktmotoren besonders ausgeprägt, da man hier durch Vermeiden der Spülverluste eine Verbrauchssenkung bis etwa 30 Prozent erzielen konnte.

Daimler-Benz hatte nach den 1946 und 1947 durchgeführten Versuchen an 1,7-Liter-PKW-Ottomotoren, bei denen die Verbrauchsminderung im Vergleich mit den Zweitaktmotoren weit weniger eindeutig ausfiel, die Entwicklung vorübergehend sogar eingestellt. Seit 1952 zeichnete sich aber auch beim Otto-Motor die erfolgreiche Verwendung der Benzineinspritzung ab. Der Durchbruch kam mit der von Bosch in Zusammenarbeit mit Daimler-Benz entwickelten Benzineinspritzung für den Sport-

Gutbrod Superior – der erste Pkw mit Benzindirekteinspritzung (1952).

Gutbrod Superior auf der Autobahn (1952).

Benzin-Einspritzpumpe PFM2KL 50 für die 2-Zylinder-Zweitaktmotoren des Goliath und des Gutbrod (1952).

wagen Mercedes 300 SL. Während sich die Einspritzausrüstung des 300 SL, wie vorher die der Zweitaktmotoren, mit ihrer direkten Einspritzung noch unverkennbar an die Flugmotoren anlehnte, gingen Bosch und Daimler-Benz beim repräsentativen Tourenwagen Mercedes 300 d im Jahr 1957 zur Einspritzung in das Saugrohr über. Diese einfachere Form der Einspritztechnik, die bei einer etwas geringeren Leistungssteigerung größere Einfachheit bot, konnte sich 1958 beim 220 SE (und später beim 300 SE) mit deutlich größeren Stückzahlen vollends etablieren. Gegenüber der Einspritzanlage beim Mercedes 300 d wurde statt einer Sechsstempelpumpe eine Zweistempelpumpe verwandt, die je drei Zylinder versorgte. Während die Sechs-Zylinder-Motoren des 220 S Leistungen von 74 Kilowatt (100 PS) und ab 1957 immerhin von 78 Kilowatt (106 PS) aufwiesen, wurden beim 220 SE bereits 85 Kilowatt (115 PS) erreicht – bei verbesserter Laufkultur und auch etwas geringerem Verbrauch.

Der Beginn der Elektronik-Epoche in der Benzineinspritzung

Die Industrie der Bundesrepublik baute in der Wiederaufbauphase in vielen Bereichen auf der Vorkriegstechnik auf, trotzdem ist bei genauerer Betrachtung erkennbar, dass bald auch kräftige Transfers von außen, insbesondere aus den angelsächsischen Ländern erfolgten. Dabei waren die Motive einmal von der Mentalität der unmittelbaren Nachkriegszeit bestimmt, also von einer raschen emotionalen Hinwendung zu den Vereinigten Staaten, die nun endgültig überragendes politisches und wirtschaftliches Gewicht bekommen hatten. Zum anderen musste man eingestehen, dass die USA seit 1945 in Wissenschaft und Technik in die führende Position hineingewachsen waren. Trotz seines beachtlichen technischen Wissens auf dem Gebiet der Kraftfahrzeugtechnik verfolgte auch Bosch aufmerksam, welche Fortschritte in der amerikanischen Industrie erzielt wurden. Besonders wichtig waren – wie bereits bemerkt – die Bemühungen des Geschäftsführers Walter Lippart. Von einer Reise im Jahr 1954 brachte er die Nachricht mit, dass in den USA bereits an einer elektronischen Benzineinspritzung für Kraftfahrzeugmotoren gearbeitet werde.

Obwohl angesichts der bestehenden Vergasertechnik und der Bosch-eigenen Entwicklung mechanischer Systeme keinerlei akute Notwendigkeit bestand, regte Walter Lippart an, sich mit diesem neuen elektronischen Einspritzverfahren auseinander zu setzen. Richard Zechnall, der – nach kurzer Selbständigkeit – seit 1955 als Entwicklungsleiter für die Bereiche Zündung, Lichttechnik und elektronische Steuergeräte wieder bei Bosch arbeitete, griff diese Anregung rasch auf. 1956 bildete er zunächst aus den Mitarbeitern für das Gebiet elektronische Steuergeräte eine kleine Gruppe, in der erste Überlegungen angestellt wurden, wie eine Einspritzanlage für Ottomotoren mit

6-Zylinder-Motor des Mercedes Benz 300 SL mit der Benzineinspritzung (1954).

Hilfe von elektronischen Schaltungen aufgebaut werden könnte. Der Grundgedanke war, die Einspritzung mit Magnetventilen auszuführen, und diese Magnetventile mit den dem Zündverteiler zu entnehmenden Drehzahlimpulsen zu steuern. Auf Veranlassung von Robert Bosch d. J., der zu dieser Zeit Mitglied der Geschäftsführung und für die technische Entwicklung des Konzerns zuständig war, wurde dann im Januar 1957 aus Fachleuten verschiedener Entwicklungsabteilungen im Bereich von Richard Zechnall eine Projektgruppe gegründet, mit dem konkreten Ziel, ein elektronisch gesteuertes Einspritzsystem zu entwickeln. Dabei muss offen bleiben, ob Bosch mit den Aktivitä-

ten in den Jahren 1956 und 1957 eine weitgehend eigenständige Entwicklung begann oder ob dies von Anfang an eine Reaktion auf die Arbeiten bei der amerikanischen Bendix Corporation war. Zunehmend ging es allerdings darum, den von Bendix in Patenten und Veröffentlichungen vorgelegten Ideen eigenes technisches Wissen entgegenzusetzen und dieses schließlich in ein serienreifes Produkt zu überführen.

Bendix war nicht nur eines der technikhistorisch interessantesten Unternehmen in den USA, seine Unternehmensgeschichte hatte auch an vielen wichtigen Punkten Berührung mit der von Bosch. 1924 war die Bendix Corporation zur Produktion von Automobil-Bremssystemen gegründet worden. Seit 1929 firmierte das Unternehmen trotz des bleibenden Schwerpunkts in der Automobiltechnik aufgrund der Einbeziehung der Luftfahrttechnik als Bendix Aviation Corporation, um dann 1960 wieder die ursprüngliche Firmenbezeichnung anzunehmen. Bereits 1926 erwarb Bosch eine Lizenz für den Schraubtrieb-Anlasser von Bendix. Im Bereich der Entstörung von Zündanlagen im Flugzeug gab es ebenfalls eine aus der Vorkriegszeit stammende Lizenz-Beziehung zwischen Bendix und Bosch. Die Aktivitäten von Bendix reichten bis in die Steuerungstechnik von NC-Maschinen hinein, und in der Tat war Bosch seit 1967 auch Lizenznehmer auf diesem Gebiet. Außerdem stellte eine Entwicklung der Teldix GmbH, einer Tochter von Bendix und Telefunken, die Vorstufe des Bosch-ABS dar. Allerdings verlor Bendix 1983 nach dem Aufkauf durch den Mischkonzern Allied-Signal – dem wir noch einmal im Zusammenhang mit dem ABS in der jüngsten Bosch-Geschichte begegnen werden – seine unternehmerische Selbständigkeit, wobei die Benzineinspritztechnik durch erneuten Verkauf schließlich an den Bosch-Konkurrenten Siemens gelangte.

Seit 1953 hatte die Bendix Corporation die erste elektronisch gesteuerte Benzineinspritzung entwickelt, bei der die Zumessung der Kraftstoffmenge durch die unterschiedliche, mit einem Magnetventil gesteuerte Einspritzdauer vorgenommen wurde. 1957 meldete sie das Verfahren in den USA zum Patent an, 1961 wurde das entsprechende Patent erteilt. Für das Ansteuern des Magnetventils schlug Bendix einen so genannten monostabilen Multivibrator vor. Diese an sich in der Elektrotechnik geläufige Schaltung enthält (eingebettet in ein RC-Netzwerk) zwei aktive Bauelemente, von denen jeweils eines in Durchlassund das andere in Sperr-Richtung geschaltet ist. Durch einen geeignet gepolten Impuls, der bei einem Einspritzsystem eine der Motordreh-

zahl entsprechende Folge besitzt, können Durchlass- und Sperr-Richtung getauscht, die Schaltung also zum Kippen gebracht werden, wobei nach einer durch ein RC-Glied bestimmten Zeit mit konstantem Stromfluss der monostabile Multivibrator wieder in seinen stabilen Zustand zurückkehrt. Die entstehende Folge von exakten Rechteckimpulsen ließ sich zur Ansteuerung des Magnetventils und zur elektronisch geregelten Einspritzung des Kraftstoffs verwenden. Dabei bestimmte die Impulszeit des monostabilen Multivibrators die Öffnungszeit der Magnetventile und damit die Menge des eingespritzten Kraftstoffs. Allerdings lag die experimentelle Phase mitten in der ausgeprägten Umbruchphase der Elektronik in den fünfziger Jahren. Entsprechend der amerikanischen Patentschrift waren die ersten Geräte – bis auf einen Selen-Gleichrichter – noch in der klassischen Röhrentechnik konzipiert worden, in einer Technik, die im Kraftfahrzeug keine wirkliche Überlebenschance gehabt hätte. Das praktisch gleichzeitig erteilte deutsche Patent spiegelt besonders deutlich den Übergang zwischen Röhrentechnik und Halbleitertechnik, indem bei der physikalischen Funktionsbeschreibung noch von Röhren als den aktiven Bauelementen ausgegangen wird und gleichsam zur Absicherung der zukünftigen Entwicklung nachträglich Transistoren hinzugefügt wurden.

Die Steuerung der 1957 für die Verwendung an Chrysler-Motoren von Bendix entwickelten Benzineinspritzung war in der Tat mit Transistoren aufgebaut und damit grundsätzlich für die Verwendung unter den rauen Umgebungsbedingungen im Kraftfahrzeug geeignet. 1958 konnte Chrysler auch einige Fahrzeugmodelle mit dieser »Electrojector«-Benzineinspritzung von Bendix anbieten. Im Vergleich mit dem einfachen und ausgereiften Vergasersystem lagen die Kosten für elektronische Benzineinspritzungen aber deutlich zu hoch. So mussten die Käufer immerhin einen Mehrpreis von

640 Dollar hinnehmen. Außerdem war die Zuverlässigkeit anfänglich viel zu gering. Aufgrund der massiven Beanstandungen durch die Kunden sah sich Chrysler gezwungen, beim Modelljahr 1959 die Option der elektronischen Benzineinspritzung aufzugeben und zunächst wieder zum bewährten Vergaser zurückzukehren. Offenbar hatte Bendix große Schwierigkeiten, die für das System der elektronischen Benzineinspritzung besonders wichtigen Magnetventile fehlerfrei herzustellen. Anfang der sechziger Jahre zog Bendix deshalb die Konsequenzen und stellte seine Arbeiten an der elektronischen Benzineinspritzung zunächst ein.

Bei Bosch war – wie bemerkt – 1956 und 1957 unter Leitung von Richard Zechnall mit den Arbeiten an einer elektronischen Benzineinspritzung begonnen worden. Im Herbst 1958 nahm man mit einem Mercedes 300 d ein erstes Versuchsfahrzeug in Betrieb und erprobte an ihm zunächst die elektronische Steuerung der Einspritzventile. Im Herbst 1959 folgte ein Mercedes 220 SE, bei dem neben der Drehzahl als Eingabegröße insbesondere der Saugrohrdruck herangezogen wurde. Mit der Messung des Drucks im Saugrohr, das heißt mit der Nutzung einer Eingabegröße, die als Hilfsgröße die für die Verbrennung des Kraftstoffs entscheidende Luftmasse ersetzte, wurde gleichzeitig ein wichtiges Element der realisierten elektronischen Benzineinspritzsysteme von Bosch erkennbar. In ihren Grundzügen entsprach diese Lösung bereits der später so genannten D-Jetronic.

Wegen der bei Bosch damals noch sehr dünnen Personaldecke bei akademisch gebildeten Mitarbeitern litt die Entwicklung anfänglich unter häufigem Wechsel; erst ab Herbst 1959 beruhigte sich die personelle Situation. Es waren dann Günther Baumann und seit 1962 insbesondere auch Hermann Scholl, welche die Entwicklung der elektronischen Benzineinspritzung bei Bosch ganz wesentlich vorantrieben.

Hermann Scholl bemühte sich nicht nur, die Entwicklung zu lenken und das gesamte System zu formen, er setzte sich bis in die Details der Komponenten hinein intensiv mit dieser Technik auseinander, zum Beispiel auch mit den rein mechanischen Problemen der Einspritzventile und der Kraftstoffpumpe.

Die grundsätzliche Struktur der elektronischen Benzineinspritzung hatte sich zwar früh abgezeichnet, trotzdem war die Ausbildung des Systems keinesfalls abgeschlossen. So wurden in den Jahren 1960 bis 1964 weitere Alternativen und Details untersucht. Gleichzeitig ging es darum, Kunden für das neue Produkt zu gewinnen: Im Herbst 1963 gelang es Bosch, das Volkswagenwerk für die elektronische Benzineinspritzung zu interessieren. Außerdem wurden allen wichtigen europäischen Bosch-Kunden 1964 fahrzeugtüchtige Prototypen vorgestellt. Angesichts einer zu dieser Zeit verhältnismäßig komplexen Elektronik verhielt sich die Automobilindustrie in der Regel zurückhaltend. Lediglich Helmut Orlich, der als VW-Vorstandsmitglied für die technische Entwicklung verantwortlich war, zeigte sich gegenüber der neuen Entwicklung aufgeschlossen. Da er schnell das Potenzial dieser Technik erkannte, ermunterte er Bosch geradezu, intensiv an der elektronischen Benzineinspritzung weiter zu arbeiten. Unter Hinweis auf die bei Volkswagen erforderlichen Stückzahlen zerstreute er vor allem die hausinternen Zweifel bei Bosch, verglichen mit den üblichen Vergasern müsse ein solches System ein Mehrfaches kosten. Nachdem im Dezember 1964 die Vorführung der Einspritzanlage an einem VW 1500 S in Wolfsburg wegen eines auf der Fahrt nach Wolfsburg undicht gewordenen Einspritzventils noch misslungen war, konnte man im darauf folgenden Juni diese Scharte wieder auswetzen. Volkswagen signalisierte nun Bosch sein Interesse, mit der Einspritzanlage ins Geschäft zu kommen, wobei als Serienanlauf der August 1967 ins Auge gefasst wurde. Seit dem Herbst 1965 konzentrierte sich die Arbeit auf den 1,6-Liter-Motor der stärker motorisierten Mittelklassemodelle. Das Volkswagenwerk war mit seiner Monokultur zunehmend in Bedrängnis geraten und hatte unter Fortschreibung des Antriebskonzepts des Käfers 1961 und 1965 die Modelle 1500 und 1600, bei VW intern als Typ 3 bezeichnet, eingeführt.

Die Motivation zur Einführung der elektronischen Benzineinspritzung war jetzt entscheidend vom USA-Geschäft von Volkswagen geprägt. Wie bedeutend dieses Geschäft war, lässt sich unschwer daran erkennen, dass Anfang der sechziger Jahre der US-Markt mit einem Anteil von über 30 Prozent am Auslandsabsatz der wichtigste Exportmarkt geworden war. Nahezu jeder vierte Käfer, der in Wolfsburg vom Band lief, ging in die USA. Volkswagen musste sich deshalb zwangsläufig mit den verschärften Gesetzen zur Luftreinhaltung in den USA auseinander setzen. Nachdem der Clean Air Act von 1963 noch keine Emissionsbegrenzungen festgelegt hatte, wurden ab 1967 (bzw. dem Modelljahr 1968) erstmals Abgasgrenzwerte im Bundesstaat Kalifornien verbindlich vorgeschrieben. Volkswagen verhielt sich hier »politisch« außerordentlich kooperativ. Das Unternehmen hatte allerdings mit seinen luftgekühlten Boxermotoren, die für eine Einfach-Vergaseranlage sehr ungünstige lange Gemischtransportwege zur Folge hatten, bei den in den Abgasen enthaltenen unverbrannten Kohlenwasserstoffen auch besondere technische Probleme und hätte beim Typ 3 bei der Verwendung eines Vergasers die Grenzwerte nicht ausreichend sicher einhalten können.

Als Bosch seine elektronisch gesteuerte Benzineinspritzung fertiggestellt hatte, stand man vor der Frage, wie man mit den patentrechtlichen Schwierigkeiten fertig werden konnte. Man hatte zwar das erste funktionsfähige Gerät und auch einen angesehenen Kunden, war aber von den grundlegenden Patenten

abhängig, die Bendix angemeldet hatte. Auch die elektronische Benzineinspritzung von Bosch war im Prinzip so aufgebaut, dass man von einem als Magnetventil ausgeführten Einspritzventil ausging, das zwei Zustände kannte, also ganz offen oder ganz geschlossen war. Dabei wurde der von der Kraftstoffpumpe geförderte und dem Einspritzventil zugeführte Kraftstoff zunächst durch einen Druckregler auf konstantem Druck in der Größenordnung einiger bar gehalten. Die wirklich abgegebene Kraftstoffmenge hing dann nur noch davon ab, wie lange das Einspritzventil geöffnet war. Das Grundprinzip war also eine »Zeitsteuerung«, das heißt eine Kraftstoffzumessung durch eine über ein elektronisches Steuergerät errechnete Zeit. Und dieses Grundprinzip »Zeitsteuerung« hatte sich eben Bendix in seinen umfassenden Patenten in den USA und in der Bundesrepublik schützen lassen.

Kleine Unterschiede bestanden zwischen Bendix und Bosch in der Steuerungsphilosophie. Man kam aber nicht umhin, in Verhandlungen mit Bendix einzutreten. Hilfreich war es nun, dass es zwischen Bendix und Bosch die bereits erwähnten, bis in die Vorkriegszeit zurückreichenden Beziehungen gab. Trotzdem war erheblicher Verhandlungsaufwand nötig, um Bendix zu einer Lizenzvergabe zu bewegen. Allerdings hatte Bosch mittlerweile eigene Patente auf dem Gebiet der elektronischen Benzineinspritzung genommen, so etwa bezüglich der Umsetzung des Luftdrucks im Ansaugrohr in ein elektrisches Signal. Patentrechtlich geschützt war insbesondere auch ein selbst entwickeltes und besonders präzise arbeitendes Magnetventil. Bendix wäre also seinerseits auf dem Weg zu einem marktfähigen Produkt in Bedrängnis geraten.

Im Juli 1966 schloss Bendix mit Bosch ein erstes Patent-Lizenz-Abkommen, mit dem Bosch eine Lizenz am Grundpatent von Bendix erhielt. Im Oktober 1968 vereinbarten beide

Unternehmen eine Rücklizenz, mit dem nun umgekehrt Bendix eine Lizenz an Schutzrechten von Bosch erwarb. Die Vereinbarungen sahen im einzelnen so aus, dass Bendix alle Rechte in den USA hatte, auch den Zugang zu den Patenten von Bosch, und Bosch umgekehrt alle Rechte in Europa. Die Folge in der industriellen Praxis war, dass Bendix in den siebziger Jahren in den USA als Lieferant von Bosch-Einspritzanlagen fungierte. Als eigenständiger Hersteller griff es auf wichtige von Bosch gefertigte Komponenten zurück, zum Beispiel auf Einspritzventile, Kraftstoffpumpen, Druckregler und Drosselklappenschalter. Auf dem europäischen Markt trat Bendix erst wieder 1978 in der zusammen mit Renault gegründeten Tochter Renix auf. Umgekehrt konnte Bosch in den USA erst relativ spät, nachdem dieser Vertrag ausgelaufen war, wieder auf dem Gebiet der elektronischen Benzineinspritzung geschäftlich tätig werden. Bendix knüpfte seine Zustimmung, an Bosch Lizenzen zu vergeben, außerdem an die Bedingung, dass man an Dritte, insbesondere an japanische Firmen, Lizenzen nur gemeinsam vergibt. Auch hier waren Bosch für eine gewisse Zeit die Hände gebunden. Bosch musste jedoch diesem Cross-License-Agreement, inklusive er-

heblicher Zahlungen an Bendix, zustimmen, um überhaupt liefern zu können.

Die Applikation, also die Anpassung der Jetronic an den VW-Motor, verlief dagegen ohne Komplikationen. Nachdem im Januar 1966 der Kalifornientest positiv verlaufen war und zwischen Herbst 1966 und Frühjahr 1967 etwa achtzig Fahrzeuge bei Bosch und VW erfolgreich getestet worden waren, die Fahrzeuge also die vorgegebenen Ziele in punkto Abgasemission und Fahrbarkeit erfüllten, bestellte das Volkswagenwerk im Juni 1967 die ersten Anlagen. Wie geplant wurde dann ab dem Sommer 1967 als erstes Fahrzeug der für die USA bestimmte VW 1600 des Modelljahres 1968 mit der Jetronic ausgerüstet. Die Anforderungen an die Bosch-Fertigung waren enorm, da praktisch ab Lieferbeginn sofort 10 000 Anlagen im Monat produziert werden mussten.

Entwicklung und Serienanlauf der ersten elektronischen Benzineinspritzung markieren den beginnenden Strukturwandel, den das Unternehmen Bosch in wenigen Jahren durchlaufen sollte: Im Wesentlichen hatte Bosch seither auf dem Gebiet der Autoelektrik Einzelgeräte entwickelt und verkauft, etwa Generatoren und Starter. Die komplexe elektronische Benzinein-

Volkswagen 1600 LE, der erste Pkw mit elektronisch gesteuerter Benzineinspritzung (1967).

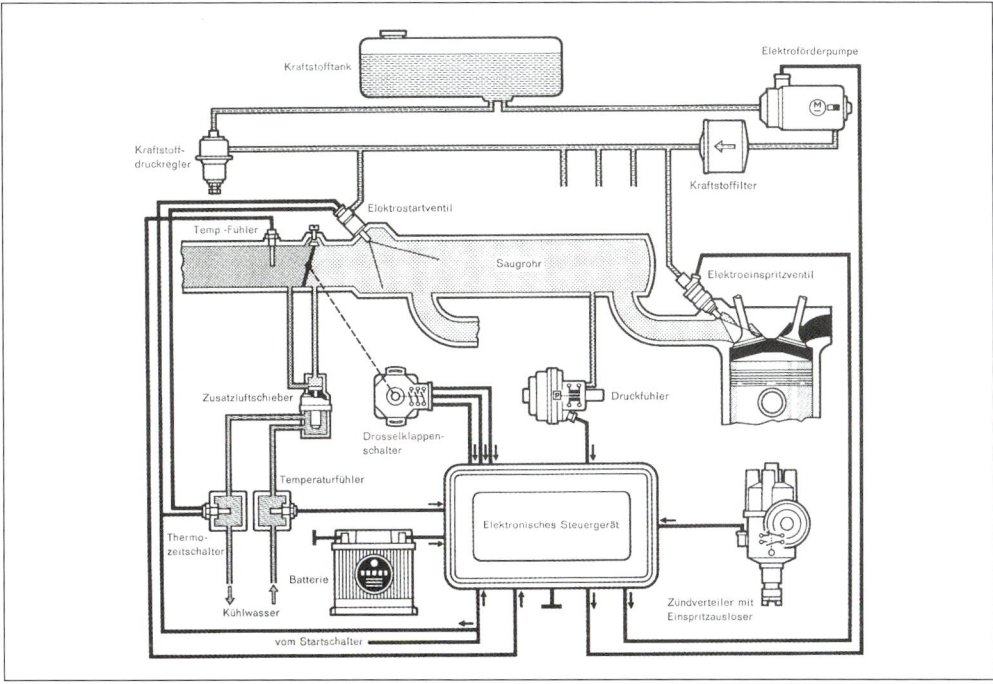

Funktionsschaubild der D-Jetronic von Bosch (1967).

spritzung bedeutete gerade in dieser Hinsicht Neuland. Im Zentrum steht eine kompakte elektronische Steuerung, die Signale von einer ganzen Anzahl unterschiedlicher Sensoren empfängt und sie entsprechend der auf dem Motorprüfstand ermittelten Kennfelder verarbeitet. Damit werden dann Stellglieder, wie etwa Einspritzventile, angesteuert. Wegen des Systemcharakters der elektronischen Benzineinspritzung musste man regelrecht lernen, auf welche Weise man in Entwicklung, Applikation und Fertigung mit einer solchen komplizierten Technik umzugehen hat. Wie bei der Dieseleinspritzausrüstung, bei der die Einspritztechnik auf das Engste mit der motorischen Verbrennung verbunden ist, hatten die Beiträge zur elektronischen Benzineinspritzung nun auch die verstärkte Mitwirkung an der Weiterentwicklung von Ottomotoren zur Folge, zumindest bei Leistung, Verbrauch und Emission.

Steuergeräte für elektronisch gesteuerte Benzineinspritzsysteme – links D-Jetronic von 1967, rechts Motronic von 1992.

Hinzu kam, dass sich Bosch in der Fertigung auf diese neuen Techniken einrichten musste. Da das Unternehmen trotz zunehmender Aktivitäten im Bereich der Leistungselektronik zu dieser Zeit noch nicht entfernt ein Elektronik-Unternehmen war, musste man zunächst auf die entsprechenden Produktionskapazitäten der Tochter Blaupunkt in Hildesheim zurückgreifen, also auf einen Hersteller von Unterhaltungselektronik. Dort waren nicht nur seit 1957 transistorierte Radiogeräte, sondern auch ein Jahr später die neuen Halbleiterregler für Lichtmaschinen hergestellt worden. Auch die ersten Steuergeräte der D-Jetronic, also die ersten komplexen elektronischen Systeme der Kraftfahrzeugtechnik überhaupt, wurden 1967 und 1968 bei Blaupunkt in Hildesheim gefertigt. Obwohl es Blaupunkt gelungen war, die Qualität erheblich gegenüber dem damaligen Niveau der Unterhaltungselektronik zu steigern – nämlich ungefähr um den Faktor zehn –, wurde zur weiteren Qualitätsverbesserung die Steuergeräteproduktion für die D-Jetronic seit 1969 vom Werk in Reutlingen übernommen, das speziell für diese Art der Kraftfahrzeugelektronik konzipiert wurde. Anfänglich musste Blaupunkt allerdings in Reutlingen Hilfestellung leisten, um eine zufrieden stellende Elektronikfertigung aufzubauen, die letztendlich die gesetzten Qualitätsziele erreichen konnte. Hinter der Entscheidung, eine eigene Elektronikfertigung in Reutlingen zu etablieren, stand die erklärte Absicht, die Steuergerätefertigung in den Unternehmensbereich Kraftfahrzeugausrüstung zu integrieren. Seit dem entsprechenden Beschluss der Geschäftsleitung war dort auch ein Bosch-Halbleiterwerk im Entstehen; 1971 nahm es die Produktion auf. Es agierte aber zu dieser Zeit noch nicht als selbständiges Werk, sondern war schlichter Werkteil 2 des Elektronikwerks Reutlingen.

Ohne Zweifel wären auch die steigenden Stückzahlen der Jetronic ohne eine darauf abgestimmte Fertigung nicht mehr zu bewältigen gewesen. Seit 1969 hatte man eine große Zahl weiterer Kunden unter den Automobilherstellern gewonnen. Zwar übernahm das Volkswagenwerk für die Modelle 1600 E (Typ 3), 411 (Typ 4) sowie für den VW-Porsche 914 noch im vierten Quartal 1971 fast die Hälfte der Anla-

gen. Jeweils etwa ein Fünftel der Anlagen gingen jedoch bereits an Volvo und an Daimler-Benz, wobei typische Fahrzeuge das Mercedes Coupé 250 CE und der Volvo 1800 E waren. Im Bereich einiger Prozente lagen die Anteile von Saab (99 E), Citroën (DS 21 Injection), Renault (R 17) und BMW (3000). Zu den frühen Abnehmern der D-Jetronic gehörten ferner Nissan, Lancia und Opel mit dem Diplomat E und dem Admiral 2800 E. Dabei dominierten Fahrzeuge der oberen Leistungsklasse, die zwar für den Export in die USA geeignet waren, durchaus aber in Europa verkauft wurden. Im Vordergrund standen nicht die Abgasprobleme. Mit Ausnahme von Volkswagen lösten alle Hersteller, die nach den USA exportierten, die Emissionsprobleme anfänglich mit anderen Mitteln. Entscheidend war zunächst das verbesserte technische Image der Fahrzeuge, ausgedrückt in Zahlen für Leistung und Drehmoment. So kam der 2,8-Liter-Motor M 110 von Daimler-Benz, der mit zwei Registervergasern ausgestattet bereits 160 PS (118 kW) erreichte, mit der Bosch D-Jetronic auf 185 PS (136 kW). Damit rückte der Mercedes 280 E in die noch kleine Gruppe von Fahrzeugen mit einer Höchstgeschwindigkeit von 200 km/h auf; außerdem beschleunigte das relativ schwere Fahrzeug in weniger als zehn Sekunden auf 100 km/h.

Schon in dieser frühen Phase wurden beachtliche Stückzahlen erreicht. Allein für die in die USA exportierten Fahrzeuge des VW 1600 waren jährlich etwa 100 000 Anlagen zu liefern. Als es gelang, die typische Lernkurve in der Fertigung zu absolvieren und die Herstellungskosten entsprechend zu senken, hätte sich eigentlich der wirtschaftliche Erfolg einstellen müssen. Wegen mangelnder Standfestigkeit der Komponenten kam es aber nach der Serieneinführung zu Problemen. Ein Teil der Schwierigkeiten ging von der Kraftstoffpumpe aus, ein anderer Teil von der elektronischen Steuerung und den dazugehörigen Sensoren. Bei der großen Zahl der

Typische Fahrzeuge mit der D-Jetronic von Bosch – Volvo 1800 E (oben) und Saab 99 E (1969).

elektronischen Bauelemente (integrierte Schaltungen für diesen Zweck gab es noch nicht), mussten doppelseitig kaschierte Leiterplatten verwendet werden. Die elektrische Verbindung beider Seiten erfolgte durch starr eingelötete Stifte. Bei Temperaturwechseln brachen die Lötstellen an den Stiften. Hilfreich beim Beginn der Serienfertigung war zwar, dass Volkswagen als Entwicklungspartner und Pilotkunde Verständnis für diese Anlaufprobleme zeigte und zusammen mit dem Zulieferer geeignete Abhilfemaßnahmen einleitete. Die in den ersten Jahren zunehmenden Beanstandungen führten aber doch zu einem deutlichen Rückschlag für die elektronische Benzineinspritzung.

Rückgriff auf die Mechanik

Da seit 1967 zudem eine »moderne« mechanische Benzineinspritzung entwickelt worden war, erwuchs der D-Jetronic eine Bosch-interne Konkurrenz, die später als Serienprodukt so genannte K-Jetronic. Der Grund für die Entwicklung der K-Jetronic war zunächst, dass es unumgänglich war, für die sehr teuren mechanischen Einspritzsysteme ein vereinfachtes Nachfolgesystem zu finden. Die Einspritztechnik basierte seither auf den aufwändigen Reihenpumpen oder auf Zwei-Element-Pumpen, die pro Element zum Beispiel drei Zylinder eines Sechs-Zylinder-Motors versorgten. Da der Geschäftsbereich K5 im Unternehmensbereich Kraftfahrzeugtechnik die Benzineinspritzung neben dem Schwerpunkt Dieselausrüstung als ein wesentliches Arbeitsgebiet ansah, wollte er dieses Gebiet keinesfalls verlieren. Man versuchte deshalb zunächst über eine Vereinfachung den Aufwand für die Pumpen zu reduzieren. Trotzdem betrug der Preis eines solchen Systems etwa das Doppelte eines elektroni-

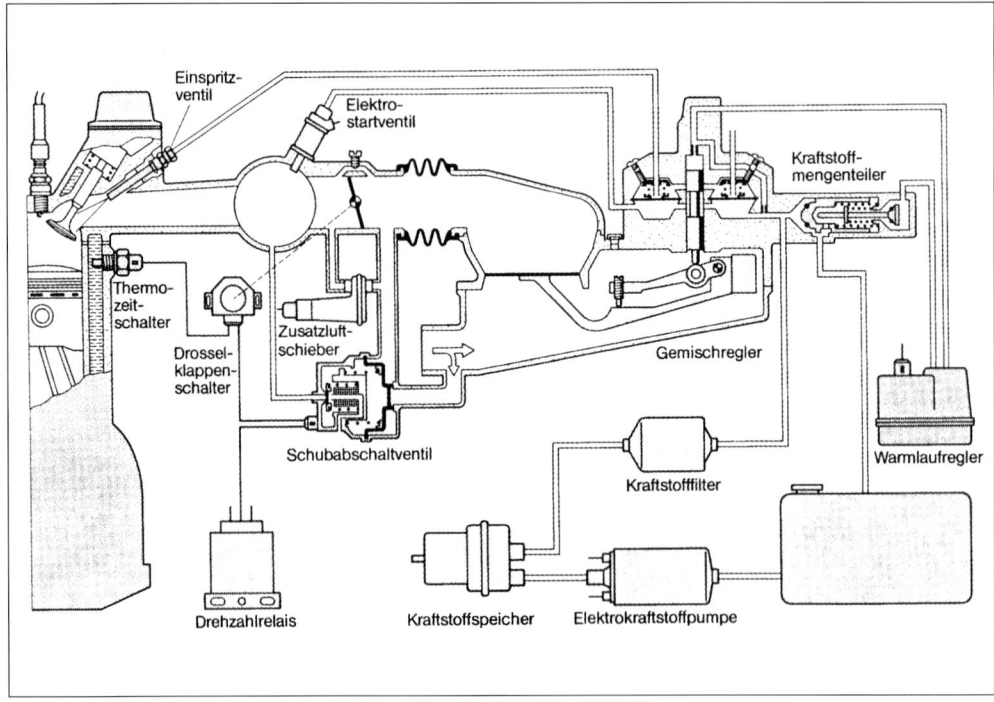

Funktionsschaubild der mechanisch gesteuerten Benzineinspritzung K-Jetronic (1973).

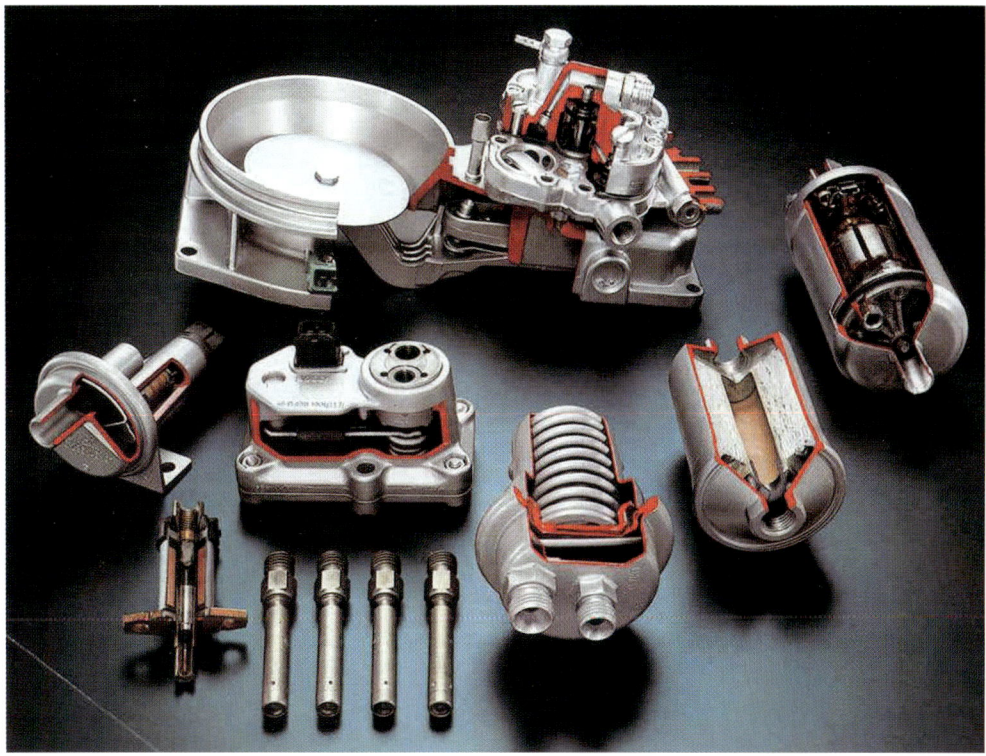

Komponenten der mechanischen Benzineinspritzung K-Jetronic (1979).

schen Systems, zumindest im Vergleich mit der Zielprojektion für die Elektronik.

Die Arbeit am mechanischen System, getragen namentlich von Konrad Eckert und Heinrich Knapp, erfolgte deshalb unter genauer Beobachtung der elektronischen Konkurrenz. Insofern mussten zumindest die dort erzielten günstigen Einbaumaße und die Unabhängigkeit von einem mechanischen Antrieb vom Motor auch in einer fortgeschrittenen mechanischen Lösung realisiert werden. Da in einem konsequent mechanisch ausgeführten Einspritzsystem eine elektrische Auslösung, die etwa aus dem Zündverteiler ihren Drehzahlimpuls bezog, nicht in Frage kam, musste man anstelle einer intermittierenden Einspritzung eine kontinuierliche Einspritzung (daher K-Jetronic) ins Auge fassen.

Kontinuierliche Einspritzung bedeutete dann bei der K-Jetronic, dass der über eine Elektropumpe geförderte Kraftstoff in einen so genannten Mengenteiler gelangte, aus dem er – etwa bei einem Vierzylindermotor – über vier feine Steuerschlitze kontinuierlich den Einspritzventilen zugeführt und dann ebenso kontinuierlich vor die Einlassventile des Motors gespritzt wurde. Die Rolle der Einspritzventile beschränkte sich also auf ein möglichst feines, durch hydraulisches »Selbstschnarren« unterstütztes Zerstäuben des Kraftstoffs, wobei das »schnarrende« Ventil die Einspritzmenge nicht beeinflussen durfte. Die eingespritzte Menge wurde dadurch bestimmt, dass die angesaugte und durch Gaspedal und Drosselklappe bestimmte Luftmenge eine Stauscheibe anhob, die angehobene Stauscheibe über einen einfachen Hebel einen Steuerkolben bewegte und der Steuerkolben wiederum die feinen Steuerschlitze im Mengenteiler mehr oder weniger freigab. Ausgehend von dieser einfachen Grundzuordnung von Luftmengenmessung und Kraftstoffzumessung konnte durch überlagerte Eingriffe das Gemisch entsprechend dem Bedarf des Motors weiter variiert werden, etwa durch einen Warmlaufregler. Mit der gemessenen Luftmenge stand – im Vergleich zum Saugrohrunterdruck – das für die motorische Verbrennung »bessere« Signal zur Verfügung.

Da sich die Kraftstoffmengen pro Zeiteinheit im Leerlauf und bei vollem Durchsatz wie 1 : 40 verhalten, hatte man vor allem bei der (elektroerosiven) Fertigung der Steuerschlitze eine hohe Genauigkeit zu gewährleisten: Bei einer Gesamtlänge von vier Millimetern entsprach der Leerlaufdurchsatz nur noch einem zehntel Millimeter. Diese winzige Länge, die durch die Steuerkante des Steuerkolbens und vor allem durch die Anfänge der Schlitze gegeben war, musste dann zusätzlich mit einer Genauigkeit von einem Prozent eingehalten werden. Die Tatsache, dass die Steuerschlitze im Mengenteiler lineare Öffnungscharakteristik hatten und auch der in Form einer Stauscheibe realisierte Luftmengenmesser linear arbeitete, war zunächst einmal vorteilhaft für die Beherrschung des großen Durchsatzverhältnisses. Umgekehrt führte diese aus fertigungstechnischen Gründen auch nahezu zwangsläufige Konstruktion zu deutlichen Problemen im Leerlaufbereich. Unverkennbar näherte sich die K-Jetronic mit ihrer kontinuierlichen Luftmengenmessung und der damit verbundenen kontinuierlichen Kraftstoffzumessung wieder der Vergasertechnik an, und tatsächlich hatte auch der nach Stromberg benannte Gleichdruck-Vergaser als Vorbild gedient.

Die seit 1973 serienmäßig hergestellte K-Jetronic bot von Anfang an eine Reihe von Vorteilen: Da sie relativ einfach war, konnte sie von

den Motorenherstellern selbst an ihre Motoren angepasst werden. Obwohl auch die Luftmenge bezüglich der Verbrennung des Kraftstoffs und der dort entscheidenden Luftmasse immer noch eine Hilfsgröße darstellte, ermöglichte das auf der Luftmengenmessung aufgebaute Regelprinzip wegen seiner größeren Nähe zum Verbrennungsprozess eine optimale Antwort auf die verschärften Abgasbestimmungen. So konnte die K-Jetronic bereits bei Serienanlauf und ohne weitere Ergänzungen die Forderungen der US-Abgasgesetzgebung bis 1974 erfüllen. Vor allem erwiesen sich wegen der Luftmengenmessung die Abgaswerte als außerordentlich stabil gegenüber Veränderungen des Betriebszustands des Motors. Obwohl dezidiert als mechanisches Einspritzsystem konzipiert, war die K-Jetronic zudem offen für eine Aufschaltung elektronischer Signale, etwa zur zusätzlichen Variation der Einspritzmenge durch Magnetventile. Angesichts der beachtlichen Qualitätsprobleme der in der D-Jetronic verwirklichten elektronischen Benzineinspritzung wirkte die robuste und kostengünstige mechanische K-Jetronic natürlich doppelt attraktiv. Eine ganze Reihe auch bedeutender Automobilhersteller, wie Volvo, Daimler-Benz und Porsche, kehrten deshalb der D-Jetronic den Rücken und wechselten in das Lager der K-Jetronic. Mit der Verwendung der K-Jetronic bei Porsche erlebte die mechanische Benzineinspritzung von Bosch sogar ein spätes Comeback in der Luftfahrt: Seit 1987 wurde in kleiner Serie der vom Motor des Porsche 911 abgeleitete und mit der K-Jetronic ausgerüstete Flugmotor PFM 3200 hergestellt.

Wettbewerb zwischen Elektronik und Mechanik

Die Entwicklungsaktivitäten auf dem Gebiet der elektronischen Benzineinspritzung hatten allerdings keinesfalls geruht. Seit 1970 hatte man

Der 2,7-l-Motor des Porsche 911 von 1974 war mit der K-Jetronic ausgerüstet.

begonnen, eine zweite Generation der elektronischen Benzineinspritzung zu entwickeln. Das Ziel war dabei, vor allem durch den Einsatz anwendungsspezifischer integrierter Schaltungen die Sicherheit der Steuergeräte zu verbessern und zugleich die Kosten des Systems zu senken. Da die Zuverlässigkeit eines elektronischen Systems dem Produkt der Zuverlässigkeiten der einzelnen Komponenten entspricht, hatte man schon 1968 auf der Basis der D-Jetronic begonnen, durch monolithische Integration die Zahl der Komponenten eines Steuergeräts deutlich zu reduzieren. Das Ziel des später vom Bundesministerium für Bildung und Wissenschaft geförderten Forschungsvorhabens war aber noch nicht die Einführung in die Serie, sondern die prinzipielle Sicherstellung der Qualität der Integrierten Schaltungen.

Durch die Zusammenfassung des größeren Teils der Schaltung in drei Integrierten Schaltkreisen konnte bei der L-Jetronic die Zahl von 300 Bauelementen (die erste Serienversion enthielt 220), wie sie noch im diskret aufgebauten Steuergerät der D-Jetronic notwendig waren,

auf 80 reduziert werden. Neben den drei Integrierten Schaltkreisen, die den Hauptumfang der Schaltung darstellten, enthielt das Steuergerät nur wenige diskrete Halbleiterbauelemente sowie eine Anzahl Kondensatoren und Abgleichwiderstände. Offensichtlich gelang es

Dickschichtpotentiometer für die L-Jetronic beim Laserabgleich im Produktionsprozess (1983).

nur mit einer forcierten Anwendung monolithisch integrierter Schaltkreise – heute zumeist IC (Integrated Circuit) genannt –, die hohen Anforderungen an die Leistungsfähigkeit und die Zuverlässigkeit eines elektronischen Systems im Kraftfahrzeug zu erfüllen.

Beim Steuerprinzip der zweiten Generation der elektronischen Benzineinspritzung ging man von der Druckmessung ab und übernahm die das Geschehen im Motor deutlich besser abbildende Luftmengenmessung der K-Jetronic. Mit Blick auf die Abgasrückführung, die zur Verminderung der Stickoxidemissionen eingeführt wurde, war die Luftmengenmessung genauer als die in der D-Jetronic verwandte Druckmessung. Ähnlich wie im Fall der Verteilereinspritzpumpe VE im Dieselgebiet wurde dann in zwei im schweizerischen Diesbach abgehaltenen Klausurtagungen in einer kleinen Gruppe, der unter anderen Otto Glöckler, Harald Mauch, Hermann Scholl, Norbert Rittmannsberger und Wolfgang Reichardt angehörten, das System der L-Jetronic abschließend konzipiert. Damit war gleichzeitig der interne Wettbewerb zwischen der elektronischen L-Jetronic und der mechanischen K-Jetronic eröffnet. Da man zunächst fürchtete, sich eine Parallelentwicklung nicht leisten zu können und außerdem gegenüber den Kunden ein geschlossenes Angebot machen wollte, fand eine Vielzahl von Kostenvergleichen statt. Es gelang jedoch nicht, zu einem Konsens zu kommen. Die Geschäftsführung entschloss sich deshalb – wie dies häufig bei Bosch geschah –, beide »Linien« zu verfolgen.

Aufgrund einer Umstrukturierung des Unternehmensbereichs Kraftfahrzeugtechnik musste Hermann Scholl als Entwicklungsleiter des Geschäftsbereichs K1 die elektronische Benzineinspritzung 1970 an den mit Dieselausrüstung und mechanischer Benzineinspritzung befassten Geschäftsbereich K5 abgeben. Ende 1972 wurde innerhalb des Geschäftsbereichs K5 ein Produktbereich Benzineinspritzung gegrün-

det, in dem die elektronischen Benzineinspritzsysteme D-Jetronic und L-Jetronic und die neu entwickelte mechanische Benzineinspritzung K-Jetronic zusammengefasst wurden. Dieser Produktbereich wurde von Hermann Eisele geleitet, der mit der elektronischen Benzineinspritzung, einschließlich der Entwicklungsmannschaft, vom Geschäftsbereich K1 zum Geschäftsbereich K5 wechselte. Beide Einspritzaktivitäten waren damit in organisatorischer Hinsicht zusammengeführt; die Zuordnung der elektronischen Benzineinspritzung zu dem stark an der Mechanik ausgerichteten Geschäftsbereich K5 konnte aber keine dauerhafte Lösung sein.

Die wegen der Luftmengenmessung so genannte L-Jetronic ging zwar wie die K-Jetronic 1973 in Serie. Aus dem von der Ölkrise ausgehenden kräftigen Schub für die Benzineinspritzung konnte sie jedoch keinen Vorteil ziehen. Aufgrund der seit 1973/1974 drastisch gestiegenen Kraftstoffpreise und der zunehmend schärfer werdenden Abgasbestimmungen in den USA war an sich eine stetige Zunahme der Produktionsziffern bei der Benzineinspritzung zu erwarten gewesen. Angesichts der auch bei Fiat und Marelli, bei Pierburg und bei Lucas zu verzeichnenden (zum Teil von Bosch abhängigen) Aktivitäten kann man in den Jahren 1973 bis 1975 sogar von einem regelrechten Entwicklungsboom auf diesem Gebiet sprechen. Ein zeitweiliges Moratorium bei der Verschärfung der US-Abgasgesetze infolge von Einsprüchen der amerikanischen Autoindustrie führte jedoch bei der Bosch-L-Jetronic zu einem abrupten Rückgang der monatlichen Abrufe. Während danach die Zahlen bei der L-Jetronic auf niedrigem Niveau stagnierten, nahmen wegen der günstigen Kosten die Stückzahlen der K-Jetronic deutlich zu.

Als Folge verschärfte sich der unternehmensinterne Wettbewerb weiter. So gab es anhaltende Zweifel an der Eignung der Elektronik für das Kraftfahrzeug. Abgesehen von den anfänglich hohen Kosten war es vor allem die Vielzahl der Komponenten, die komplizierte Montage und die mangelnde Zuverlässigkeit, die gegen die Verwendung der Elektronik zu sprechen schien. Da die L-Jetronic nur sehr kleine Stückzahlen erreichte und man deshalb erhebliche wirtschaftliche Verluste hinnehmen musste, bestand aus der Sicht der Elektroniker sogar die Gefahr, dass das Unternehmen sich völlig aus dem Gebiet der elektronischen Benzineinspritzung zurückzog. Hermann Scholl, der als Vorkämpfer der elektronischen Benzineinspritzung 1973 Mitglied der Geschäftsführung wurde, gelang es jedoch in diesem Gremium, Hans Bacher und Hans L. Merkle dazu zu bewegen, die Elektronik bei Bosch zu erhalten.

Hans Bacher, über Jahre hinweg der für den gesamten Unternehmensbereich Kraftfahrzeugtechnik verantwortliche Geschäftsführer, hielt dann in der Tat die Balance zwischen den technischen Alternativen. Obwohl er selbst aus dem Maschinenbau kam, machte er es möglich, dass innerhalb des Unternehmens an der mechanischen und an der elektronischen Version der Benzineinspritzung intensiv gearbeitet wurde. Er konnte jedoch nicht verhindern, dass beide Systeme mit ihren unterschiedlichen Kosten bei den Kunden angeboten wurden, der Bosch-interne Wettbewerb also im Einkauf der Automobilhersteller sichtbar wurde.

Unterstützung erfuhr die elektronische Benzineinspritzung in dieser schwierigen Zeit durch die zunehmende Aufmerksamkeit seitens der japanischen Automobilindustrie. Diese sah sich im eigenen Land mit den zeitweise strengsten Abgasbestimmungen konfrontiert. Da es ihr in den siebziger Jahren zunehmend gelungen war, mit dem Import von Kleinwagen in den amerikanischen Markt einzudringen, musste sie sich wie zuvor die europäischen Hersteller mit den dortigen Abgasbestimmungen auseinander

setzen. Zum Tragen kam aber zudem die Mentalität der japanischen Industrie. Offenbar war die japanische Automobilindustrie nicht nur bestrebt, mit der revolutionären Umgestaltung ihrer Produktionstechnik den Konkurrenten in Europa und in den USA davonzuziehen. Das wachsende – vom berühmten MITI geförderte – Engagement der japanischen Industrie in der Mikroelektronik führte wohl auch in der Automobiltechnik dazu, sich bevorzugt elektronischen Systemen zuzuwenden. Es ist insofern verständlich, dass die japanischen Automobilhersteller der K-Jetronic wenig abgewinnen konnten, umgekehrt aber an elektronischen Einspritzsystemen besonderes Interesse zeigten. Sowohl Nippondenso als auch Diesel-Kiki (später Zexel) bemühten sich um eine Lizenz. Im Jahre 1973 kam es zur Gründung des Gemeinschaftsunternehmens »JECS« – der Japan Electronic Control Systems –, an dem zunächst Nissan, Bosch und Diesel-Kiki jeweils zu einem Drittel beteiligt waren. Ende 1974 wurde in einer neu erbauten Fabrik die Herstellung von Systemteilen und die Montage von L-Jetronic-Anlagen aufgenommen. Die Folge war, dass zeitweise die Produktionszahlen für elektronische Benzineinspritzungen in Japan höher waren als bei Bosch selbst.

Trotzdem blieb es im Stammhaus bei einem jahrelangen Kopf-an-Kopf-Rennen. Auf der Seite der K-Jetronic versuchte man mit elektronischen Aufschaltgeräten den wachsenden Forderungen an die Genauigkeit der Steuerung der Kraftstoffeinspritzung zu begegnen. Bei der elektronischen Benzineinspritzung arbeitete man daran, durch zunehmende Integration der elektronischen Bauelemente den Makel der Unzuverlässigkeit loszuwerden. Außerdem versuchte man bei der elektronischen Benzineinspritzung, den Kosten- und Preisnachteil gegenüber der mechanischen Lösung zu verringern. Tatsächlich hatten sich bereits bei Serienanlauf der L-Jetronic 1973 die Kosten gegenüber der D-Jetronic halbiert. Die innerhalb einiger Jahre durchlaufene Lernkurve brachte die Zahlen noch einmal nach unten. Eine weitere kräftige Senkung der Kosten konnte dann 1977 mit der digitalen Version der L-Jetronic erreicht werden. Der mit der aufkommenden Digitaltechnik einhergehende Schub für die elektronische Benzineinspritzung hatte aber nicht nur mit den Kosten zu tun. Man erkannte, dass man mit der Digitaltechnik endlich ein Mittel in die Hand bekam, das es erlaubte, die sprichwörtlich »beliebig vielen« Motor- und Umgebungsparameter in Kennfeldern unabhängig voneinander zu verarbeiten und in eine optimale Steuerung des Motors umzusetzen.

Mit der von Bosch vorgeschlagenen und sich seit 1976 durchsetzenden Lambda-Regelung wurde der Druck, in Richtung Elektronik zu gehen, noch einmal stärker. Unter Nutzung eines Dreiwegekatalysators erreichte man eine besonders wirksame Reinigung der Abgase beim Ottomotor. Ein elektronisches Einspritzsystem war von vornherein für eine solche Lambda-Regelung geeignet, also für die Verarbeitung des zusätzlichen Signals der Lambda-Sonde, und für eine sehr genaue Regelung der Kraftstoffmenge. Um diese Vorteile ebenfalls zu nutzen, wurde die mechanische Einspritzung mit einer aufgeschalteten Elektronik ausgestattet, mit der sämtliche Anforderungen – von der Promille-Regelung für die Lambda-Regelung bis zur 200-Prozent-Regelung für die Warmlaufanreicherung – erfüllt werden konnten. Eine Stärke dieser 1982 in Serie gegangenen KE-Jetronic im Vergleich mit rein elektronischen Einspritzsystemen war die Notlauffähigkeit, da bei einem Ausfall der Elektronik das Grundsystem mechanisch weiter arbeitete. Daimler-Benz vertraute der im Kern nach wie vor mechanischen KE-Jetronic bis weit in die achtziger Jahre.

Die ersten rechnergesteuerten Motoren – die Motronic

Angesichts der in großen Stückzahlen produzierten K-Jetronic und KE-Jetronic hatte die elektronische Benzineinspritzung nach wie vor einen schweren Stand. Der Erfolg brachte die K-Jetronic und die KE-Jetronic aber zugleich in Bedrängnis, da die Automobilhersteller zunehmend »digitale« Zündungssteuerungen für erforderlich hielten, also Verfahren zur elektronischen Steuerung des Zündzeitpunkts. Dabei standen nun weniger die Leistungssteigerung im Vordergrund, als weitere Verbesserungen im Fahrverhalten und beim Kraftstoffverbrauch. Herkömmliche Zündsysteme mit mechanischer Verstellung des Zündwinkels konnten eben nur sehr einfache Kennlinien für die Abhängigkeit des Zündwinkels (bzw. des Zündzeitpunkts) von Last und Drehzahl realisieren. Dadurch wurden unterschiedliche Betriebszustände und Gemischzusammensetzungen nur unzureichend genau berücksichtigt. Erst mit der Verwendung digitaler elektronischer Zündanlagen wurde es möglich, auch komplizierte, gebirgigen Landschaften gleichende dreidimensionale Kennfelder zu realisieren und damit bei allen Betriebszuständen des Motors das Kraftstoff-Luftgemisch jeweils optimal zu zünden.

In technischer Hinsicht hatten jedoch die mechanischen Benzineinspritzsysteme K- und KE-Jetronic keinerlei Berührung mit dem Bereich der Zündung. Die Zündung war außerdem organisatorisch in einem anderen Geschäftsbereich angesiedelt, nämlich bei K1, also dort, wo bis 1970 die D- und L-Jetronic als ebenfalls »elektrische Systeme« betreut worden waren. Fast zwangsläufig vollzog sich die Entwicklung von Benzineinspritzung und digitaler Zündung auf getrennten Wegen, und dies zu einer Zeit, in der eigentlich eine Verschmelzung der Gebiete nahe gelegen hätte. Jedenfalls begann der »zuständige« Geschäftsbereich K1, den Kundenwünschen entsprechend digitale Zündungen zu bauen. Bei diesen Zündsystemen wurde der Zündfunke elektronisch ausgelöst, indem der herkömmliche Unterbrecherkontakt (der durch Unterbrechen des Stroms in der Zündspule den Zündfunken generiert) durch einen Transistor ersetzt wurde. Die mechanische Verstellung des Zündzeitpunkts im Zündverteiler wurde durch Sensoren und eine elektronische Steuerung ersetzt, in der die Zündverstellung in Form eines digitalen Zündwinkel-Kennfeldes gespeichert war. Die Folge war, dass Bosch für einige Zeit sowohl digitale Zündungen als auch separate Einspritzsysteme anbot.

Es war jedoch erkennbar, dass nur eine Zusammenfassung beider Techniken die längerfristig tragfähige Lösung bieten würde. Hermann Scholl entschied deshalb – er war in der Geschäftsführung für den Geschäftsbereich K1 verantwortlich –, in seinem Bereich die spätere »Motronic«, also eine Integration von elektronischer Benzineinspritzung und digitaler Zündung, zu entwickeln und damit auf dem Gebiet der Benzineinspritzung einen erneuten Vorstoß zu machen. Was die Vermarktung der elektronischen Benzineinspritzung betrifft, kam man aber vom Regen in die Traufe. Auch mit der Motronic geriet man wieder in einen Wettbewerb mit den eigenen Systemen der L-, K- und KE-Jetronic. Das leidige Problem, dass die eigenen Geschäftsbereiche am Markt konkurrierten, konnte erst gelöst werden, als 1983 die gesamten Aktivitäten zusammengeführt wurden. Die Motronic von K1 und die Benzineinspritzung von K5 wurden im neuen Geschäftsbereich K3 unter der Leitung von Hansjörg Manger zusammengefasst. Gleichzeitig gelang es, den unternehmensinternen Konflikt zu entschärfen und die Schlagkraft nach außen deutlich zu verbessern. Im Nachhinein betrachtet konnte man es dann auch als Vorteil ansehen, dass Bosch jedem Automobilhersteller das gewünschte Einspritzsystem liefern konnte: Den Verfechtern

mechanischer Lösungen konnte weiterhin die K- und die KE-Jetronic angeboten werden, Unternehmen, die sich der Elektronik verschrieben hatten, standen die elektronische Benzineinspritzung und die Motronic zur Verfügung. Aufgrund der sich über Jahre und Jahrzehnte fortsetzenden Kostendegression der Elektronik entwickelten sich jedoch die Aufwendungen für die Motronic so sehr nach unten, dass die K- und KE-Jetronic, die jeweils noch durch einen separaten Zündungsteil ergänzt werden mussten, nicht mehr konkurrenzfähig waren. Bosch bewies genügend Flexibilität, indem man auf die erkennbar werdende Überlegenheit der elektronischen Systeme mit der Ablösung der K-Jetronic reagierte – nachdem die K-Jetronic dem Unternehmen durchaus gute Erträge gebracht hatte. Die Auseinandersetzungen hatten aber ebenfalls ihren Preis: Wie immer bei Parallelentwicklungen wurde viel Personal gebunden, das in der Weiterentwicklung der Elektronik fehlte. Angesichts der grundlegenden Bedeutung der in der elektronischen Benzineinspritzung liegenden Innovationen wird man Mitte der siebziger Jahre sogar von beträchtlichen Risiken für die Technikentwicklung bei Bosch sprechen müssen.

Zu der auf der Ebene der Geschäftsführung mit »strategischen« Überlegungen lancierten Entwicklung der Motronic gibt es allerdings eine ebenso spannende Geschichte auf der Ebene der Entwickler. Grundsätzlich ging es bei der Motronic um eine elektronische Steuerung eines Ottomotors, in der elektronische Benzineinspritzung und elektronische Zündung in einem einheitlichen Steuergerät integriert sind. Dabei wurden – wie häufig bei Innovationsprozessen bei Bosch erkennbar – auch hier unterschiedliche Entwicklungspfade beschritten. Mehr noch: offenbar wurde zur Absicherung in der Entwicklungsphase bewusst auf konkurrierende Lösungen und auf Wettbewerb gesetzt.

Dabei zeichneten sich für das Steuergerät in kurzer zeitlicher Folge drei Varianten ab: ein Einzweckrechner, daneben ein eigenentwickelter Mikroprozessor, der so genannte K-Prozessor, ergänzt durch eigenentwickelte anwendungsspezifische Schaltkreise, und schließlich die Variante, die letztendlich in Serie gegangen ist, nämlich eine rechnergesteuerte Elektronik mit dem handelsüblichen Mikroprozessor 1802 COSMAC von RCA (Radio Corporation of America), wiederum komplettiert durch weitere anwendungsspezifische Schaltkreise.

Bemerkenswert sind die beiden ersten, aus der Vorentwicklung von Bosch erwachsenen Varianten. Sie spiegeln die bei Bosch in den siebziger Jahren verfolgte und der Zeit weit vorauseilende Idee einer Zentralelektronik, also einer konsequenten Integration aller elektronisch gesteuerter Funktionalitäten des Fahrzeugs wie Benzineinspritzung, Zündung, Getriebesteuerung und Antiblockiersystem in einer einzigen verarbeitenden Einheit.

Die Arbeiten an einem Einzweckrechner für Benzineinspritzung und Zündung wurden 1973 mit relativ großer Kapazität begonnen. Seit dieser Zeit ermöglichte es die zunehmend fortgeschrittene Technologie der Integrierten Schaltkreise, einen speziellen, »fest verdrahteten« Rechner aus einer großen Zahl von Logikbausteinen zu integrieren. Die dem Funktionsumfang der späteren Motronic entsprechenden Schaltkreise für Benzineinspritzung und Zündung sowie der zugehörige Speicherbaustein für die motor- und fahrzeugspezifischen Daten lagen ab 1975/1976 als Integrierte Schaltungen vor, wobei jeweils 2000 bis 3500 Transistorfunktionen auf einem Chip zusammengefasst waren. Mustergeräte konnten auch tatsächlich im Fahrzeug betrieben werden, inklusive einer Lambda-Regelung. Sie entsprachen aber wegen ihrer starren Funktionalität schon beim Vorliegen der ersten Schaltkreise nicht mehr den Wünschen der Motorenbauer

und Applikationsingenieure. Die Arbeiten an den Einzweckrechnern legten jedoch bedeutende Grundlagen für die späteren Rechnerlösungen und lieferten vor allem auf dem Gebiet der präventiven Qualitätssicherung fundamentale Erkenntnisse. Diese Vorarbeiten konnten später bei der Serienlösung tatsächlich vorteilhaft eingesetzt werden.

Bereits Anfang der siebziger Jahre waren Mikroprozessoren auf dem Markt, also programmierbare Rechnereinheiten auf einem Chip, die wegen ihrer Programmierbarkeit bei Daten und Funktionalität große Flexibilität zur Verfügung stellten. Da hier die starre Verdrahtung durch eine anpassungsfähige Software ersetzt wurde, bot sich diese Technik als Antwort auf die wachsenden Wünsche der Automobilingenieure geradezu an. Wegen der besonderen Anforderungen von elektronischer Benzineinspritzung und Zündung in punkto Echtzeitverarbeitung und Genauigkeit der Daten, schien aber ein auf die Kraftfahrzeugelektronik zugeschnittener Bosch-eigener Mikroprozessor der geeignete Weg. Außerdem glaubte man sich mit dieser Eigenentwicklung davor zu schützen, von Halbleiterherstellern mit kraftfahrzeugtechnischem Systemwissen abhängig zu werden oder gar durch einen Kurzschluss zwischen Automobilfirmen und Halbleiterhersteller Know-how an die Konkurrenten zu verlieren. Parallel zur Einzweckrechner-Entwicklung ging man deshalb daran, den so genannten K-Prozessor zu schaffen.

Die damals am Markt erhältlichen und in großen Stückzahlen gefertigten Mikroprozessoren hatten eine Wortbreite von 8 Bit (mit der in »Bit« gemessenen »Wortbreite« wird die Anzahl der kleinsten Einheiten der Information angegeben, die gleichzeitig vom Prozessor verarbeitet werden können). Mit Blick auf die für den angestrebten Einsatz erforderliche höhere Genauigkeit (praktisch 1 Promille absolut) wurde der K-Rechner mit einer Wortbreite von zehn

Bit konzipiert. Bei den in der Kraftfahrzeugelektronik gängigen Stückzahlen wurden allerdings damals bei weitem nicht die Größenordnungen erreicht, die für eine wirtschaftliche Herstellung eines eigenständigen Prozessors erforderlich gewesen wären. Zudem waren die für die (zeitaufwändige und personalintensive!) Erstellung von Software erforderlichen Tools auf den Quasi-Industriestandard von 8 Bit ausgerichtet. Umgekehrt gab es für den K-Prozessor keinerlei Software-Unterstützung, wie überhaupt die Entwicklungskapazität für einen eigenständigen Mikroprozessor zu gering war. Trotz der Bedenken in Bezug auf die Genauigkeit – 8 Bit Wortbreite lieferte nur eine Genauigkeit von 2,5 Promille – wurden deshalb vorsorglich auch für marktübliche 8-Bit-Mikroprozessoren die für eine Motorsteuerung notwendigen Ein-Ausgabe-Schaltungen und die entsprechenden Integrierten Schaltkreise entwickelt. Dies bedeutete gleichzeitig eine Abkehr von der umfassenden Idee der Zentralelektronik, denn schon die Zusammenfassung von drei Systemen – also Benzineinspritzung, Zündung und ABS – wäre wegen der höheren Anforderung an die Genauigkeit der Drehzahlerfassung beim ABS auf der Basis des 8-Bit-Rechners nicht mehr zu realisieren gewesen, ganz zu schweigen von der bei weitem nicht ausreichenden Echtzeitleistung damaliger Mikroprozessoren.

Etwa Mitte 1976 hatte man mit allen drei Varianten – Einzweckrechner, K-Prozessor und RCA COSMAC – einen Stand erreicht, der es erlaubte, die Automobilhersteller zu informieren. Da unter den deutschen Firmen BMW in besonderer Weise für die Anwendung der Elektronik aufgeschlossen war, ist es nicht überraschend, dass dort die Idee einer einheitlichen, auf einem Rechner beruhenden Steuerung von Benzineinspritzung und Zündung auf fruchtbaren Boden fiel. Die Münchner hatten dabei nicht konkrete Wettbewerber im Blick; sie waren einfach entschlossen, dieses Thema zu belegen und wenn

möglich als erster Hersteller damit auf den Markt zu gehen. Tatsächlich konnte Bosch mit BMW einen Serienanlauf vereinbaren, wobei der von BMW ins Auge gefasste Termin, nämlich »noch in den siebziger Jahren«, beide Partner unter erheblichen Zeitdruck setzte.

Da der Einzweckrechner wegen mangelnder Flexibilität ausschied und der K-Prozessor noch nicht weit genug vorangekommen war, entschloss man sich bei Bosch, den sicheren Weg zu gehen und auf den handelsüblichen 8-Bit-Mikroprozessor zurückzugreifen. Nachdem Bosch bereits im Herbst 1977 BMW die Zusage gemacht hatte, dass man Mitte 1979 mit der digitalen Motorelektronik »Motronic« in Serie gehen könne, konzentrierte man sich voll auf den in der für die damalige Zeit revolutionären CMOS-Technologie hergestellten 8-Bit-Mikroprozessor 1802 COSMAC von RCA. (CMOS ist die Abkürzung von Complementary Metal-Oxide Semiconductor.) Der Mikroprozessor wurde durch weitere, ebenfalls in der CMOS-Technologie von RCA hergestellte Integrierte Schaltkreise ergänzt und für die kraftfahrzeugtechnische Verwendung tauglich gemacht. Hinzu kamen ein IC für Ein- und Ausgabe, also zur Erfassung und Analog-Digitalwandlung von Messwerten und zur Ein- und Ausgabe der Prozessgrößen, des weiteren (zunächst vier) ICs als Festwertspeicher (ROM, Read Only Memory) für Programm und motorspezifische Daten sowie ein IC als Schreib-Lese-Speicher (RAM, Read And Write Memory) für die Zwischenspeicherung von Rechenergebnissen und Messwerten.

Seit Ende Oktober 1976 erarbeitete man auf der Basis des RCA COSMAC eine Serienlösung für das Steuergerät, mit dem Ziel, nach Ablauf von fünf Monaten die ersten Muster an den Kunden BMW zu übergeben. Anfang März 1977 lief wohl weltweit der erste von einem Mikroprozessor gesteuerte Motor auf dem Prüfstand, und Mitte März wurde bereits ein erstes Fahrzeug in Betrieb genommen. Die kritische Phase der Fertigentwicklung konnte aber nur dadurch gemeistert werden, dass man die an vier Stellen laufende Entwicklung der Motronic auch organisatorisch zusammenfasste. So wählte man aus den beiden mit der digitalen Motorsteuerung befassten Vorentwicklungsgruppen sowie aus den mit digitaler Motorsteuerung beziehungsweise Zündung befassten Produktentwicklungsgruppen eine große Zahl von geeigneten Mitarbeitern aus und delegierte sie in die im Frühjahr 1978 neu gegründete Abteilung K1/EDM im Geschäftsbereich K1. Damit wurde die jahrelange Parallelentwicklung von Teilbereichen der Motronic in der zentralen Vorentwicklung sowie in der Produktentwicklung beendet und die gesamte Kapazität auf das Serienprojekt konzentriert. Unter dem Einfluss von Heiner Gutberlet, der die zuständige Entwicklungsleitung übernommen hatte, konnten die vorher bestehenden Spannungen zwischen den verschiedenen Abteilungen der Vorentwicklung und der Produktentwicklung zunehmend abgebaut werden. Der Gruppe gelang es dann mit hoher fachlicher Motivation, die Motronic serienreif zu machen.

Offenbar konnte man die Zusammenarbeit mit dem Entwicklungspartner BMW von technischen Problemen und internen Spannungen vollständig freihalten. Jedenfalls wirkte die Applikation der Motronic und die Vorbereitung des Serienanlaufs aus der Sicht der verantwortlichen Ingenieure bei BMW wie eine einzige Erfolgsgeschichte. An der technischen Realisierbarkeit bestanden im Grunde nie ernsthafte Zweifel. Schwierigkeiten bereitete lediglich der vereinbarte anspruchsvolle zeitliche Rahmen. BMW unterließ deshalb seinerseits alles, was das selbst gesteckte Ziel, also Einführung der Motronic noch in den siebziger Jahren, gefährdet hätte. Schon die entstehende Motronic reizte offenbar, auch bei den Motoren weitere Optimierungen vorzunehmen und zum Beispiel an eine höhere Verdichtung zu denken oder andere Steuerzeiten vorzusehen. Um den Terminablauf nicht zu gefährden, wurden aber die Grundmotoren bei Einführung der Motronic bewusst nicht mehr verändert. Auch wurden während der Applikation und der Vorbereitung des Serienanlaufs Feinheiten, die nicht unmittelbar zum Ziel geführt hätten, in einem gemeinsamen Entscheidungsprozess einfach gekappt.

Der BMW 732i war das erste Fahrzeug mit der Bosch-Motronic (1979).

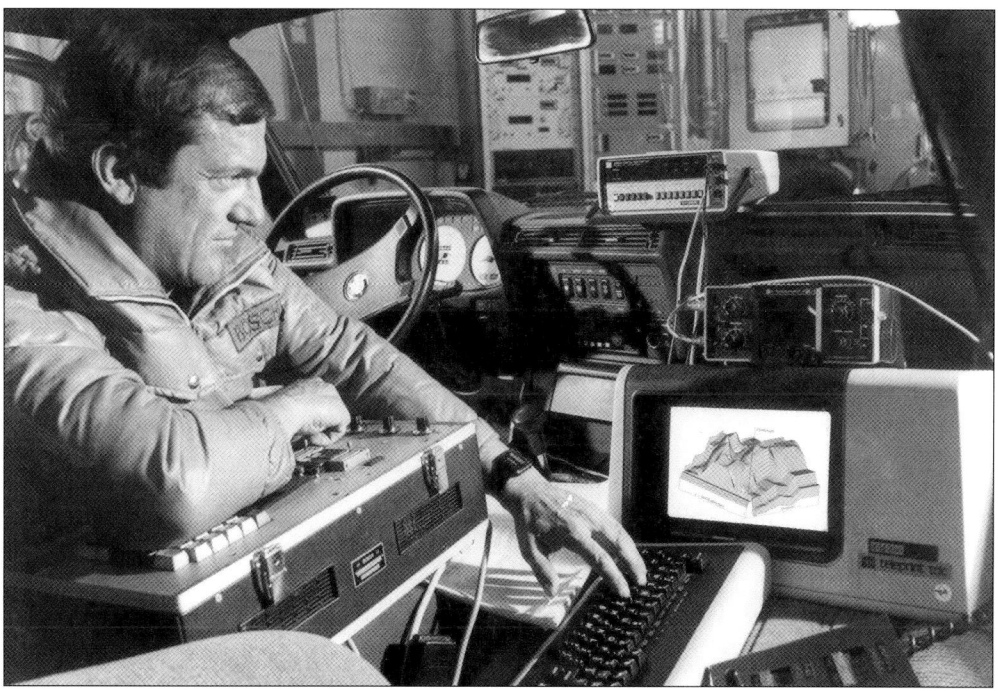

Erprobung/Applikation der Motronic (1984) im Technischen Zentrum Schwieberdingen.

1979 begannen dann die Serienlieferungen des neuen Systems zur gleichzeitigen Steuerung von Benzineinspritzung und Zündung durch einen Mikroprozessor. Der erste mit der Motronic ausgerüstete BMW-Motor war der 3,2-Liter-6-Zylinder-Motor im BMW 732i, wobei das i für »injection« stand und insofern dezent auf die Einspritztechnik hinwies. Während bei Bosch schon früh der Begriff »Motronic« eingeführt und geschützt wurde, wollte BMW diesen Begriff nicht übernehmen und entschied sich für die Bezeichnung »Digitale Motorelektronik«.

In der Tat arbeitete die Zündung voll digital, also kennfeldgesteuert. Bei der Hardware der Zündung hatte der Hochspannungsverteiler, der die von der Zündspule erzeugte Hochspannung auf die einzelnen Zündkerzen verteilt, den Zündverteiler abgelöst. Ansonsten wurde zunächst die Konfiguration der elektronischen

Benzineinspritzung der L-Jetronic, mit der man bei BMW bereits in Serie war, fast komplett übernommen. So waren die Sauganlage, die Einspritzventile und die Kraftstoffleitungen praktisch identisch mit dem Vorgängersystem der L-Jetronic. Die typischen Übergangserscheinungen, oder auch: die evolutionären Elemente, die vielen Innovationsprozessen eigen sind, zeigen sich darin, dass bei den Kaltstart-Eigenschaften erheblich improvisiert werden musste. Aus Zeitgründen musste BMW nämlich auf die übliche, auf Kältekammer-Versuchen und Wintererprobungen beruhende Kaltstart-Abstimmung verzichten. Man übernahm statt dessen die Daten aus der in Serie befindlichen L-Jetronic und »strickte« sie mit einigem Aufwand an Theorie auf die Motronic »um«.

Etwas problematisch war, dass der Speicher der Motronic bei Serieneinführung die aus heutiger Sicht bescheidene Kapazität von nur

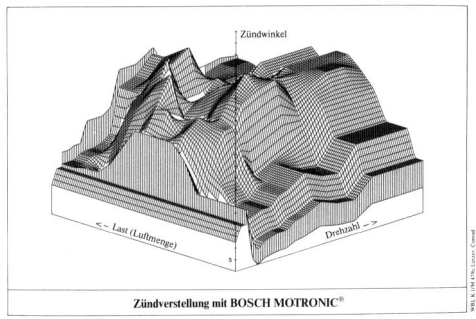

Charakteristisch für die Motronic war die Kennfeld-steuerung – hier das komplexe Zündkennfeld (1979).

4 Kilobyte besaß. Dies erlaubte zwar die Speicherung eines (nicht allzu großen) Zündkennfeldes. Man hatte aber noch nicht das heute geläufige Kennfeld für das Luft-Kraftstoffverhältnis zur Verfügung, bei dem die Punkte voneinander völlig unabhängig einstellbar sind. Statt dessen wurden in der Motronic die von der L-Jetronic herrührenden Kennlinien für die Einspritzung mit Faktoren so variiert, dass eine Art Kennfeld entstand. In der zweiten Phase nach der Einführung trat zum Zündkennfeld ein richtiges Lambda-Kennfeld, was die optimale Festlegung von Zündzeitpunkt und Luft-Kraftstoffverhältnis in Abhängigkeit von Drehzahl und Last möglich machte. Anfänglich war das Lambda-Kennfeld noch ein Magerkennfeld, da die Katalysator-Technik noch nicht berücksichtigt werden musste und insofern der geringere Kraftstoffverbrauch Vorrang vor den Emissionen hatte. Nach der Einführung der Dreiwege-Katalysatoren wurde der eigentlichen Regelung eine Vorsteuerung zur Einhaltung von Lambda = 1 vorangestellt. (Bei Lambda = 1 liegt das so genannte stöchiometrische Gemisch vor, das Gemisch enthält also genau die Luftmenge, die zur vollständigen Verbrennung des Kraftstoffs erforderlich ist.)

Trotz mancher Provisorien machte die Motronic beim Hochlauf der Serie keine Probleme. Die Einführung der Motronic im Jahr

1979 war aus der Sicht von BMW sogar so erfolgreich, dass man beschloss, den neu zu entwickelnden Formel 1-Motor ebenfalls mit der Motronic von Bosch auszurüsten. Schon 1980 begannen die entsprechenden Entwicklungsarbeiten, und 1983 wurde Nelson Piquet auf dem mit dem neuen Motor ausgerüsteten Brabham BMW Weltmeister in der Formel 1. Gleichzeitig war dies der Auftakt zu einer intensiven Nutzung der elektronischen Motorsteuerung im Formel 1-Rennsport. Bereits auf dem Prüfstand und bei Testfahrten wird die Programmierung der Basisdaten für das Steuergerät vorgenommen. Während des freien Trainings und der Qualifikationsrunden werden Fahrzeugdaten drahtlos in die Box übertragen und durch Eingriff in die Leistungs-Management-Software die endgültige Abstimmung der Motor-Elektronik für ein bestimmtes Rennen festgelegt. Historisch bemerkenswert ist, dass hier nicht der Rennsport die Entwicklung anführte, sondern die Technik der Serienfahrzeuge.

Die Motronic sollte sich rasch als eine der herausragenden Innovationen der Kraftfahrzeugtechnik erweisen: Für die Automobilhersteller ist heute ein Motor ohne Motronic oder eine vergleichbare elektronische Motorsteuerung nicht mehr vorstellbar. Vor allem sind die Grenzwerte bei den Emissionen ohne eine solche Anlage nicht mehr einzuhalten. Da die amerikanische Gesetzgebung forderte, dass die Abgasreinigung auch bei bestimmten Schäden am Motor, etwa bei Undichtigkeiten, sichergestellt sein muss, war es besonders bedeutsam, dass man 1983 bei BMW und wenig später bei Porsche die adaptive Lambda-Regelung einführen konnte. 1989 lief die auf einem 16-Bit-Rechner basierende Motronic M3 an, wobei die höhere Rechenleistung zum Beispiel einer integrierten, im Normalbetrieb stattfindenden Eigendiagnose zugute kam. Mit der im maximalen Umfang der Motronic M5 enthaltenen »On Board«-Diagnose konnte man schließlich seit

1993 die strengen Abgaswerte und die – sich auf alle emissionsrelevanten Fehler erstrecken-den – Anforderungen an eine integrierte Dia-gnose für den US-Bundesstaat Kalifornien er-füllen. In Kapitel VII wird dieser Druck auf die Technikentwicklung eingehend diskutiert.

1997 wurde zudem die »Philosophie« und die Rechnerarchitektur der Motronic einschnei-dend verändert. Die nach Überwindung beacht-licher Schwierigkeiten zuerst bei Audi und bei BMW neu eingeführte Motorsteuerung ME 7 beinhaltet eine elektronisch geregelte Drossel-klappe (E-Gas) und vor allem eine neue Soft-ware-Architektur. Es wurden zum Beispiel die Steuerungsfunktionen am Drehmoment des Motors ausgerichtet. Bisher entstand ein be-stimmtes Drehmoment »passiv« aus der Steue-rung der einzelnen Motorfunktionen. Aus-gangspunkt bei der Motorsteuerung ME 7 bleibt zwar der Fahrerwunsch, der vom Motro-nic-Steuergerät als ein einzustellendes Dreh-moment interpretiert wird. Hinzu kommen aber weitere Momentenanforderungen von anderen Systemen wie etwa Antriebsschlupfregelung (ASR) oder Getriebesteuerung. Das Steuergerät gewichtet dann alle eingehenden Dreh-moment-Forderungen nach Dringlichkeit und setzt sie entsprechend einer »Mini-Max-Strate-gie« (als minimal bzw. maximal zulässiges Drehmoment) in ein Basisdrehmoment um. Nach diesem Solldrehmoment werden schließ-lich die einzelnen Stellgrößen und Funktionen für Zündung, Einspritzung und Drosselklappen-öffnung eingestellt. Mit dem System ME 7 erlebte gleichzeitig das von der 1994 gegrün-deten Bosch-Softwaretochter ETAS (Entwick-lungs- und Applikationswerkzeuge für elektro-nische Systeme GmbH) entwickelte echtzeit-fähige und auf die Prozesse der Motorsteue-rung ausgerichtete Betriebssystem ERCOS seine Premiere. Das neue Gebiet der elektronischen Steuerung von Benzinmotoren gehört heute mit weltweit mehr als 3,7 Milliarden Euro nach

dem Dieselgebiet und dem Geschäftsbereich Bremse/ABS zu den bedeutendsten Umsatzträ-gern der Bosch-Gruppe. Fünfundzwanzig Jahre nach der Einführung lieferte Bosch im Jahr 2004 das 70millionste – im Werk Salzgitter hergestellte – Motronic-System aus.

Das Bosch-eigene Halbleiterwerk

Bereits 1956 schloss Bosch mit dem Produk-tionszweig von AT&T, der Western Electric Com-pany, ein Lizenzabkommen für die Herstellung von Transistoren. Auch in der eigenen Forschung und Entwicklung begann man um diese Zeit, sich intensiv mit der Halbleitertechnik auseinander zu setzen und Germaniumdioden und Transisto-ren als Bauelemente für die Kraftfahrzeugtech-nik zu entwickeln. So befasste man sich seit 1956 mit der kompletten Technologie des Ger-maniums, von der Reinigung über das Dotieren bis zum Ziehen des Einkristalls, dem Zersägen des Kristalls in Scheiben und dem Ritzen und Brechen der Chips. Bosch gelang so die Herstel-lung von nur in Durchlassrichtung beanspruch-ten, preisgünstigen Germaniumdioden, den so genannten »Varioden«, mit denen die tempera-turabhängige Strombegrenzung der Lichtma-schine einfach realisiert und dadurch die Zahl der Komponenten im Regler reduziert werden konnte. Die Fertigungseinrichtungen baute das damalige Lichtwerk in Stuttgart-Feuerbach, die eigentliche Fertigung lief 1958 im Betrieb Rutesheim bei Stuttgart an. Mit den zunächst für die Modelle Opel Rekord und Opel Kapitän freigegebenen Varioden ging ein erstes Halb-leiterbauelement für das Kraftfahrzeug in Serie.

Halbleiterdioden – nun aufgrund ihrer Gleichrichtereigenschaften – waren auch die entscheidende Voraussetzung für die Durch-setzung des Drehstromgenerators. Bei Bosch entwickelte man seit 1960 entsprechende Halb-leiterbauelemente, etwa eine 1-Ampère-Sili-zium-Erregerdiode für Drehstromgeneratoren;

1967/1968 ging sie in Feuerbach in Serie. Ebenfalls in Feuerbach lief 1969 die 18-Ampère-Silizium-Leistungsdiode für Drehstromgeneratoren an. Nachdem man sich seit 1964 auch mit der Nutzung der Planartechnik für Silizium-Leistungstransistoren auseinander gesetzt hatte, wurden in den Jahren 1968 bis 1971 in Rutesheim auf einer Pilotlinie Leistungstransistoren in Darlington-Schaltung für die Spannungsregler in Planartechnik gefertigt.

Die frühe Halbleitertechnik war zunächst auf diskrete Bauelemente beschränkt. Im Prinzip standen zwar seit etwa 1960, also seit den Arbeiten von Jack Kilby bei Texas Instruments und Robert Noyce bei Fairchild, erste Integrierte Schaltkreise zur Verfügung. Die breite industrielle Anwendung setzte aber deutlich später ein. Die auffällig lange Innovationsphase des Integrierten Schaltkreises in der Halbleiterindustrie hat mit dem zunächst eingeschränkten Markt, vor allem aber mit gewichtigen technischen Hemmnissen zu tun. Wie der Transistor hatte der Integrierte Schaltkreis mit den Problemen einer sicher steuerbaren und zuverlässigen Produktion zu kämpfen. Erst nach einer Entwicklungsdauer von etwa zehn Jahren beherrschte man seit Ende der sechziger Jahre die 200 lithographischen, chemisch-physikalischen und metallurgischen Prozessschritte der Halbleitertechnologie. Nur durch vielfältige Prozessinnovationen konnte also der Weg in die kommerzielle Anwendung des Integrierten Schaltkreises endgültig freigemacht werden.

Bei Bosch verfolgte man diese Entwicklung von Anfang an mit großer Aufmerksamkeit. Verglichen mit dem etwas zögerlichen Verhalten in der deutschen Elektroindustrie – eine Ausnahme war die 1965 von ITT übernommene Firma Intermetall – war Bosch hier sogar besonders schnell. Seit 1962 wurde in der Forschung die grundsätzliche Eignung der Planartechnologie für die Integration der Halbleiterbauelemente untersucht. Durchaus charakteristisch für dieses intensive Verfolgen des Technologieangebots in der Mikroelektronik ist es, dass Mitte der sechziger Jahre Hermann Scholl Teilnehmer an einem von Motorola in Paris durchgeführten Kurs über Integrierte Schaltkreise war.

Seit dieser Zeit – und dies lag noch vor dem Umbruch in der Hardware der Großrechner von IBM – setzte man sich bei Bosch konkret mit anwendungsspezifischen ICs für die Automobiltechnik auseinander. 1966 wurde das Projekt »Integrierte Technik« auf den Weg gebracht. Der Entwurf anwendungsspezifischer integrierter Schaltungen wurde in Stuttgart durchgeführt, die Herstellung von Prototypen, inklusive der von Hand geschnittenen Vorlagen der Fotomasken, erfolgte im 1964 aufgebauten Bosch-Forschungsinstitut Berlin (FIB). Erste Projekte im Bereich der Halbleiterphysik waren einfache ICs für Spannungsregler von Drehstromgeneratoren und für Blinkgeber sowie – im Sinne eines Erprobungsprogramms – für die elektronische Benzineinspritzung. Das Projekt »Integrierte Technik« führte seit 1967 auch zu einer intensiven Zusammenarbeit mit dem von Walter L. Engl geleiteten Institut für Theoretische Elektrotechnik an der RWTH Aachen. Dieses Institut spezialisierte sich als erstes in der Bundesrepublik auf Entwurf und Technologie monolithisch integrierter Schaltungen und stellte zum Beispiel 1968 einen viel beachteten Integrierten Schaltkreis für einen optimierten Herzschrittmacher vor. Im Rahmen der Zusammenarbeit mit Bosch wurde eine große Zahl von Integrationsprinzipien erarbeitet, die entsprechenden Schaltungen entworfen, ausgeführt und erprobt. Außerdem führte Walter L. Engl an der RWTH Aachen für Bosch-Mitarbeiter Intensivkurse zu Theorie und Praxis der Integrierten Schaltkreise durch.

Im September 1968 entschied die Bosch-Geschäftsführung, in den bereits 1963 erworbenen Werkanlagen in Reutlingen ein eigenes

Halbleiterwerk zu bauen. In den Jahren 1970 und 1971 wurden die ersten Fertigungseinrichtungen für Halbleiterbauelemente in Betrieb genommen. In organisatorischer Hinsicht war das Halbleiterwerk zunächst noch kein eigenständiges Werk. Erst 1974 wurden die am Kraftfahrzeug ausgerichteten Aktivitäten auf dem Gebiet der Halbleiterbauelemente und der elektronischen Steuergeräte in einem eigenen Geschäftsbereich K8 in Reutlingen zusammengeschlossen.

In wirtschaftlicher Hinsicht basierte die Entscheidung, ein eigenes Halbleiterwerk zu errichten, auf Mengenprognosen des Geschäftsbereichs K1. Entwicklung und Verkauf dieses Geschäftsbereichs hatten den Bedarf an Steuergeräten und damit auch an anwendungsspezifischen Integrierten Schaltkreisen auf den Gebieten Benzineinspritzung, Getriebesteuerung und Zündung abgeschätzt. Die Vorstellungen, die 1968 entwickelt worden waren, erwiesen sich jedoch bald als zu optimistisch. Man musste relativ rasch erkennen, dass die Mengen deutlich kleiner waren, als die, die man den Wirtschaftlichkeitsberechnungen für die Investitionsentscheidung zu Grunde gelegt hatte. Da Bosch relativ viel Geld investiert hatte und umgekehrt der Nutzen für das Unternehmen nicht erkennbar war, wurden in der Geschäftsführung bereits 1972 durchaus kritische Fragen gestellt.

Anwendungsspezifische Schaltkreise aus dem Bosch-Halbleiterwerk in Reutlingen (1985).

Ein weiteres Problem lag darin, dass anfänglich die Ausbeuten so schlecht waren, dass man die eigenen Entwürfe bei Siemens fertigen lassen musste.

Hermann Scholl, der seit Februar 1971 zur Leitung des Geschäftsbereichs Kraftfahrzeugtechnik (K1) gehörte und ab Juli 1973 Mitglied der Geschäftsführung wurde, entschied deshalb, die Diodenfertigung für Drehstromgeneratoren, die bei der Fertigung von Drehstromgeneratoren im so genannten Lichtwerk in Stuttgart-Feuerbach angesiedelt war, nach Reutlingen zu verlegen, da die Diodenfertigung in Feuerbach nicht in einer der Halbleitertechnik adäquaten Umgebung untergebracht war. Außerdem ließ die technische Betreuung zu wünschen übrig. Jedenfalls wurde dieser Transfer gegen einigen Widerstand des Werks in Feuerbach von 1971 bis 1973 durchgeführt, so dass die Kapazitäten in Reutlingen gefüllt werden konnten und durch die Dioden auch eine gewisse Grundlast im Halbleiterwerk gegeben war. Um etwas vorauszublicken: Aus der »Grundlast« sollte später ein enormer wirtschaftlicher Erfolg werden. Bosch ist heute bei diesen Dioden sogar Weltmarktführer. Die eigentliche Emanzipation des Halbleiterwerks in Reutlingen erfolgte jedoch über die Produktion der ersten kundenspezifischen Integrierten Schaltkreise für die L-Jetronic. Da dies wahrscheinlich die ersten komplexeren ICs waren, die überhaupt für Kraftfahrzeuge hergestellt wurden, hatte das Werk beim Einsatz der Elektronik im Kraftfahrzeug sogar eine ausgesprochen führende Funktion.

Da um 1970 erkennbar war, dass die Analogtechnik durch die Digitaltechnik abgelöst werden würde, strebte Bosch an, im Halbleiterwerk auch digitale Schaltkreise herzustellen. Gleichzeitig bahnte sich jedoch bei einer großen Zahl von digitalen Systemen in der Kraftfahrzeugelektronik (Jetronic, Antiblockiersystem, Zündung und Getriebesteuerung) und auch auf den Gebieten Fernsehen und Verkehrswarnfunk bei der Tochter Blaupunkt der Übergang zu MOS-Schaltkreisen an. Die MOS-Technologie (von Metal-Oxide Semiconductor), bei der durch den Feldeffekt nur Elektronen- oder nur Defektelektronenströme gesteuert werden, zeichnete sich durch hohe Packungsdichten der Bauelemente und durch geringe Leistungsaufnahme aus. MOS-Schaltkreise konnten aber in Reutlingen zunächst nicht hergestellt werden, da für das Halbleiterwerk lediglich eine Lizenz von RCA für die so genannte Bipolartechnik zur Verfügung stand (bei der zur Steuerung von Strömen Schichtfolgen mit beiden Ladungsträgern dienen). Bosch führte deshalb im Herbst 1973 Gespräche mit verschiedenen Halbleiterfirmen im Silicon Valley, so zum Beispiel mit Intersil, Solid State Scientific (SSS) und American Microsystems, Inc. (AMI). Zu den Gesprächspartnern gehörte auch Robert Noyce, der Erfinder des Integrierten Schaltkreises bei Fairchild und Mitbegründer von Intel. Außerdem wurde im Jahr 1974 zusammen mit VDO, das seinerseits auf der Suche nach einem amerikanischen Partner war, eine Studie angefertigt, mit der untersucht werden sollte, ob eine gemeinsam mit Bosch in Reutlingen durchgeführte Produktion von MOS-Schaltkreisen sinnvoll wäre. Wegen der hohen Mittelbindung und der vermuteten geringen Ausbeuten einer neu aufzubauenden MOS-Technologie in Reutlingen wurden diese Pläne jedoch nicht weiter verfolgt.

Bosch gelang es dann nach einigen Schritten 1976, sich mit 25 Prozent an der im kalifornischen Santa Clara ansässigen AMI zu beteiligen, wobei diese 25 Prozent in die gemeinsam mit Borg-Warner gegründete Applied Electronics Corporation in Chicago eingebracht wurden. AMI war an sich der ideale Partner für Bosch, da man schon seit 1972 Kontakte zu AMI hatte und das Unternehmen sich auf kundenspezifische Digitalschaltkreise auf der Basis der MOS-Technologie spezialisiert hatte. Da die

Breadboard-Schaltung simuliert den ABS-IC „Bayreuth" (1983).

Herstellung von kundenspezifischen Digital-schaltkreisen, heute in der Regel als ASIC (Application Specific Integrated Circuit) bezeichnet, eine intensive Kooperation zwischen Kunde und Halbleiterhersteller verlangt, wurde in Santa Clara ein Joint Development Team (JDT) gegründet. Von 1977 bis 1982 waren so rund 20 Bosch-Mitarbeiter im Rahmen eines Kooperationsvertrags bei AMI stationiert, um dort unter Anleitung des Kooperationspartners AMI verschiedene MOS-Schaltkreise für Bosch zu entwickeln. Eine ganze Reihe von ASICs für die Steuergeräte der elektronischen Benzinein-spritzung, der »digitalen« Zündung und des Antiblockiersystems wurden in der Folgezeit bei AMI integriert. Dabei ließ AMI zur Unterscheidung unterschiedlicher Aufträge die Namen für Bosch-ICs mit einem »B« beginnen, wie zum Beispiel beim »Ben More« (ABS), »Ben Nevis«

(Zündung), »Ben Hope« (Benzineinspritzung) oder auch bei dem später in großen Stückzahlen für das ABS hergestellten IC »Bayreuth«. Trotz vielversprechenden Beginns wurde aber die Zusammenarbeit zunehmend schwieriger. Auch fiel AMI im Vergleich zu den anderen Halbleiterherstellern in technischer Hinsicht zurück. Nachdem das Engagement von Bosch bei AMI 1981 beendet worden war, wurden lediglich die gemeinsam entwickelten Schalt-kreise noch an Bosch geliefert. Versuche, nach dem »Verlust« des Halbleiterherstellers AMI einen neuen Kooperationspartner zu finden, führten damals zu keinem Ergebnis.

Insgesamt waren die siebziger Jahre für die Halbleitertechnik bei Bosch eine eher unruhige Zeit. Auch intern, also bei der Entwicklung des eigenen Halbleiterwerks in Reutlingen, hatte man mit anhaltenden Problemen zu

Seit Beginn der achtziger Jahre nutzen Bosch-Entwickler CAD für das Design integrierter Schaltungen (1983).

kämpfen. Die kurzzeitige Zurücknahme der verschärften US-Abgasgesetze aufgrund des Widerstands der amerikanischen Autoindustrie führte bei der L-Jetronic – wie bereits geschildert – zu einem Rückgang der monatlichen Abrufe. Dies traf Reutlingen besonders hart, da man nach der Ölkrise auf das Argument gesetzt hatte, dass bei der Verwendung der elektronischen Benzineinspritzung der Kraftstoffverbrauch geringer ist. Trotz der Rezession 1974/1975 hatte man deshalb die Mannschaft deutlich aufgestockt und sich zudem einen großen Vorrat an Jetronic-ICs angelegt. Man musste sich nun sehr ernsthaft fragen, ob sich Bosch ein solches Halbleiterwerk leisten konnte. Hermann Scholl und Hans Bacher einigten sich jedoch darauf, die Verluste zu begrenzen und zu »überwintern«. Entwicklung und Fertigung wurden organisatorisch zusammengefasst und mit einem Minimalprogramm das Halbleiterwerk erhalten, wobei allerdings

die Zahl der gefertigten Jetronic-Systeme doch etwas höher lag als erwartet. Nachdem in der zweiten Hälfte der siebziger Jahre die Automobilindustrie wieder an die alten Erfolge anknüpfte, konnte man sich allerdings glücklich schätzen, den Halbleiterstandort Reutlingen erhalten zu haben. Mit dem eigenen Halbleiterwerk wurde sichergestellt, dass Bosch sich auf eine starke Entwicklung und Fertigung von elektronischen Steuergeräten stützen konnte.

Mit nur geringer zeitlicher Verzögerung wurde ab 1978/1979 erneut am Standort Reutlingen kräftig investiert. Zunächst wurde das Halbleiterwerk baulich erweitert, vor allem wurde aber seit 1980 zur rechnergestützten Entwicklung integrierter Schaltungen in Bipolar- und MOS-Technik das Bosch Design Center aufgebaut. 1983 beschloss die Geschäftsführung, die im Geschäftsbereich K8 in Reutlingen vorhandenen Entwicklungskapazitäten zu einem Technischen Zentrum Mikroelektronik für die gesamte Bosch-Gruppe auszubauen, also auch für den Unternehmensbereich Kommunikationstechnik und für die Industrieelektronik. 1984 umfasste der Rechnerausbau des Design Centers immerhin vier mit einem Kopplungsring vernetzte Rechner mittlerer Größe (Prime Computer 550, 750, 2250 und 9950), die ihrerseits wieder mit etwa 30 Terminals verbunden waren. Über Standleitung oder Datex-P-Leitung war ein Datenaustausch mit wichtigen Bosch-Standorten möglich, aber auch mit der Universität Dortmund oder der Technischen Universität Berlin. Hinzu kamen Computervision-Grafik-Anlagen sowie als Software für das grafische Layout das Programm CADDS II (ebenfalls von Computervision) sowie Simulationsprogramme für Schaltung und Logik. Für die Logik-Simulation wurde das 1974/1975 in der eigenen Vorentwicklung entstandene und in FORTRAN geschriebene Programm LOSIM verwendet. Überhaupt war Computer Aided Design (CAD) in wenigen Jahren so etwas wie eine interne Querschnittstechnologie geworden: Nachdem 1972 zum ersten Mal eine Contraves-Rechenanlage bei der Layout-Verarbeitung von ICs eingesetzt worden war, hatte man seit 1978 im Reutlinger Halbleiterwerk begonnen, CAD-Verfahren bei der Herstellung von Fotomasken für Leiterplatten einzuführen. 1981 wurden bereits sämtliche Fotomasken mit Hilfe von CAD erstellt. Im Sinne von Computer Aided Manufacturing (CAM) konnten im benachbarten Steuergerätewerk aus den CAD-Dateien Steuerinformationen für Werkzeug- und Bestückungsmaschinen entnommen werden.

Nach dem Verzicht auf den Bosch-eigenen K-Prozessor und nach der Erkenntnis, dass es Standard-Halbleiter auf dem Markt gibt, die für die Anwendung im Kraftfahrzeug qualifiziert werden können, konzentrierte sich das Halbleiterwerk auf anwendungsspezifische Schalt-

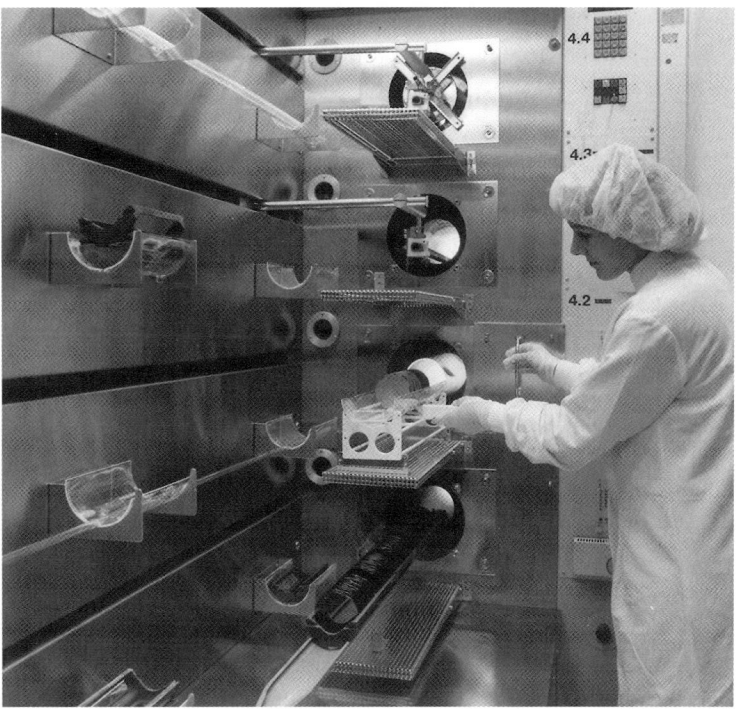

Beschickung des Diffusionsofens mit Halbleiterscheiben »Wafer« (1983).

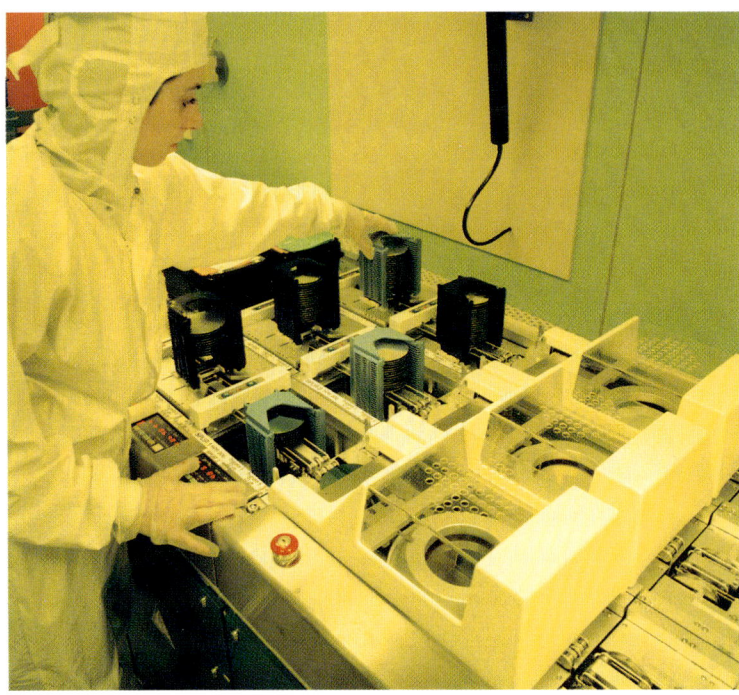

Automatische Wafer-Beschichtung mit Fotolack während des Fertigungsprozesses (1995).

kreise, die nicht am Markt erhältlich waren und die sich durch ein hohes Maß an kraftfahrzeugtechnischem Wissen auszeichnen. Hierzu zählen vor allem die Peripherieschaltkreise eines Steuergeräts, die im Wesentlichen aus Eingabe-Ausgabe-Schaltkreisen, aus Logik und aus Endstufen bestehen. Weiterhin gehören dazu »Aufräumschaltkreise«, die Logik enthalten, die rund um den Mikroprozessor eines Steuergeräts entsteht und die nicht auf dem Mikroprozessor selbst integriert ist. Zum Programm des Halbleiterwerks zählten schließlich ASICs für Spezialanwendungen, wie beispielsweise Zündungsendstufen und Schaltkreise für den Generatorregler.

Dabei wurde aber bewusst ausgeschlossen, dass Bosch selbst als »großer« Halbleiterhersteller am Markt tätig ist. Das Halbleiterwerk sollte die Bosch-internen Geschäftsbereiche beliefern, also lediglich Halbleiter für die eigenen Produkte herstellen. Gleichzeitig wurde

wegen des hohen Aufwands beschlossen, keine eigene Technologieentwicklung durchzuführen, sondern die dafür benötigten Mittel statt dessen für die kraftfahrzeugtechnische System- und Produktentwicklung zu verwenden. Bosch ist seitdem nur mit Nischenprodukten, wie etwa der Diode, oder mit kraftfahrzeugtechnischen Sonderbauelementen, wie etwa einem Chipsatz für Airbagsteuergeräte, auf dem Weltmarkt vertreten.

Seit 1980 lizenzierte Bosch deshalb für das Halbleiterwerk in Reutlingen Technologien von namhaften Halbleiterherstellern wie Siemens, STMicroelectronics (1998 hervorgegangen aus SGS-Thomson Microelectronics), Motorola oder Philips. Zunächst wurde Bipolar-Technologie von Siemens lizenziert, wobei Siemens seinerseits in beträchtlichem Umfang Bipolar-ICs für die L-Jetronic lieferte. Für Nachfolgetechnologien wurde mit der BCD-Mischtechnik, einer Zusammenfassung von Steuer-

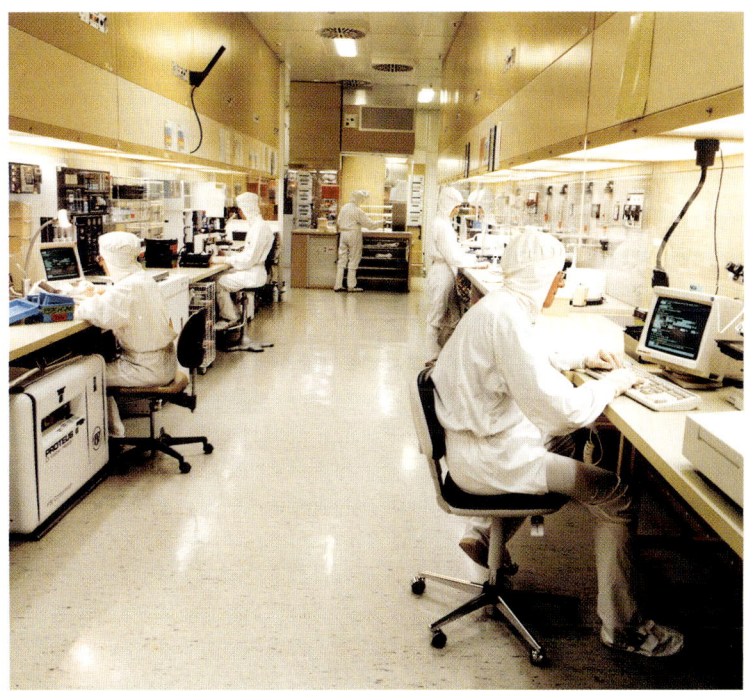

*IC-Herstellung unter
Reinraumbedingungen
im Werk Reutlingen
(1990).*

*Entnahme von Chips
aus einem Wafer (1995).*

und Leistungsfunktionen auf einem Chip, eine Zusammenarbeit mit SGS-Thomson angestrebt und seit 1987 und 1992 mit einer Option auf die folgenden Prozessgenerationen die entsprechenden Lizenzen abgeschlossen (BCD verweist auf die unterschiedlichen Technologien Bipolar-CMOS-DMOS). Für die CMOS-Technik wurde 1993 eine Fertigungslizenz von Motorola genommen, ebenfalls mit einer Option auf die folgenden Prozessgenerationen. Allerdings beträgt der CMOS-Anteil weniger als zehn Prozent des gesamten Herstellungsvolumens der Reutlinger Halbleiterfabrik. Der typische Anwendungsfall für CMOS-Schaltkreise, die Bosch selbst fertigt, sind die genannten »Aufräumschaltkreise« oder Eingabe-Ausgabe-Schaltkreise, in die der Mikroprozessor eines Steuergeräts eingebettet ist. Im Jahr 2001 wurde mit Philips ein Lizenzabkommen auf dem Gebiet der Power MOS-Bausteine abgeschlossen.

Bei den Mikroprozessoren reichte – wie bemerkt – die Forschungs- und Entwicklungskapazität bei Technologie und Architektur für ein autarkes Vorgehen nicht aus. Um einen Mikrocomputer leidlich zum »Laufen« zu bringen mussten die Halbleiterhersteller schon um 1980 mindestens 100 »Mannjahre« investieren. Nachdem die Entscheidung gefallen war, den eigenen K-Prozessor nicht weiterzuverfolgen, hielt man sich auf dem Gebiet der Mikroprozessoren bewusst an die großen Hersteller, die in der Lage waren, die Halbleitertechnologien und Rechnerarchitekturen auszubauen und zu bedienen, hauptsächlich getrieben von der Hardware im Computer- und Kommunikationsbereich.

Trotz der Abstinenz bei der Herstellung von Prozessoren und Speicherbausteinen war der Aufbau des Design Centers eine für den gesamten Unternehmensbereich Kraftfahrzeugtechnik und das Halbleiterwerk in Reut-

Motronic in Mikrohybridtechnik; aufgebaut auf einem Keramiksubstrat sitzen einzelne Halbleiterchips (1997).

lingen wesentliche strategische Entscheidung. Es war wichtig, bei kundenspezifischen Schaltkreisen eigene Designkompetenz aufzubauen und mit kritischer Masse zu versehen, so dass man bei sensitiven Systemen wie Motorsteuerung (Motronic), Getriebesteuerung und Sicherheitstechnik (ABS, ASR, ESP, Airbag), die umfassendes Know-how beinhalten, nicht bereits im Vorfeld gezwungen war, mit externen Firmen zusammenzuarbeiten und einen Abfluss dieses Know-how zu riskieren. Neben dem drohendem Abfluss von technischem Wissen waren Qualität und Lieferfähigkeit über lange Zeiträume ein starkes Argument, am eigenen Halbleiterwerk und an eigener Designkompetenz festzuhalten.

Ein Design-Center ohne Anlehnung an eine Produktion und eine Halbleiterfertigung ohne begleitende Entwicklungskompetenz bei Design und Prüftechnik sind fragwürdig und auf Dauer nicht lebensfähig. Bosch verfolgte deshalb die Politik, das Design-Center von Anfang an breit anzulegen, also möglichst viele Technologien dort zu bearbeiten. Anfänglich ging es darum, neben der bereits vorhandenen bipolaren Technik für Steuer- und Leistungsstufen auch die verschiedenen MOS-Techniken mit einzubeziehen. Heute werden bevorzugt Mischprozesse eingesetzt, mit denen sich analoge und digitale Schaltungen mit den dazugehörigen Leistungsstufen auf einem Chip integrieren lassen. Zur Sicherstellung der Qualität war es zusätzlich erforderlich, ein Qualitätscenter mit »Freigabehoheit« und der zugehörigen hochwertigen Messtechnik für Elektronikbauelemente zu etablieren.

Seit Mitte der achtziger Jahre wurden auf der Basis von Raster-Elektronenmikroskopen mit Potentialkontrast und Elektronenstrahlsonden besonders hochauflösende physikalische Messverfahren eingeführt. Mit den entsprechenden Testsystemen konnten Spannungszustände auf dem IC von Elektronenstrahlen abgetastet werden, wobei bereits ein räumliches Auflösungsvermögen von fünf Nanometern und eine Messfrequenz von 250 Megahertz erreicht wurden. Das Design-Center verfügte somit über eine Messeinrichtung – es war wohl die zweite in Europa überhaupt –, mit der man das Arbeiten von MOS-Schaltkreisen regelrecht sichtbar machen konnte, mit deren Hilfe man also erkennen konnte, welche Teile des Schaltkreises zu einem definierten Zeitpunkt ein bestimmtes Potential aufweisen. Bosch war damit in der Lage, auch bei zugekauften Bauelementen Schwachstellen zu erkennen und so die Qualität sicherzustellen.

Mit den Halbleiteraktivitäten in Reutlingen wurden darüber hinaus industriepolitische Akzente gesetzt. Im Rahmen des innerhalb des Mehrjahresprogramms Forschung von der Europäischen Gemeinschaft seit 1984 geförderten Programmbereichs ESPRIT (European Strategic Programme for Research and Development in Information Technology) beteiligte sich Bosch an der Entwicklung rechnergestützter Entwurfs- und Entwicklungsmethoden für Integrierte Schaltkreise, so genannter CAE/CAD-Tools. Seit 1989 wirkte Bosch auch an dem von der europäischen Forschungsförderungsorganisation EUREKA (der European Research Agency) initiierten Programm JESSI (Joint European Submicron Silicon) mit. EUREKA war 1985 auf Initiative Frankreichs und der Bundesrepublik gegründet worden und sollte Wissenschaftler aus Industrielabors und Forschungsinstituten aus verschiedenen Ländern der Europäischen Gemeinschaft auf eher unbürokratische Weise zusammenführen, mit dem Ziel, in gemeinschaftlichen Anstrengungen marktfähige Produkte zu entwickeln. Im Hintergrund hatte die Furcht gestanden, aufgrund des erwarteten Technologieschubs des amerikanischen militärtechnischen Forschungsprogramms SDI (der Strategic Defense Initiative) endgültig ins Abseits zu geraten. Bei

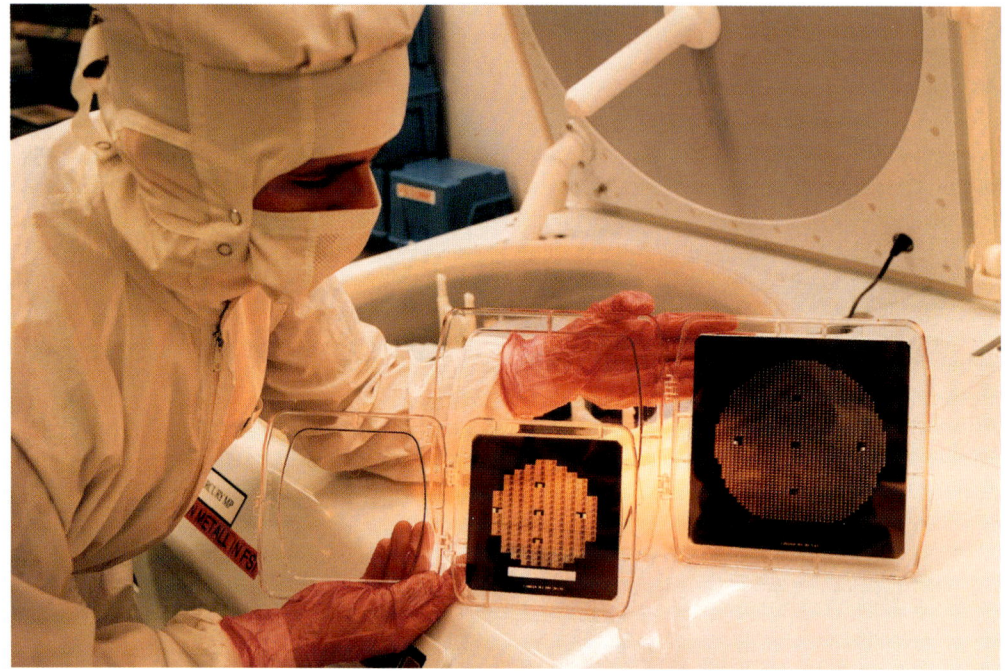

Zwei Belichtungsmasken für die Herstellung von Integrierten Schaltungen – links eine 4-Zoll-Maske, rechts eine mit 6 Zoll Durchmesser (1996).

Chip-Fabrik Reutlingen: Vorne der 3-geschossige Versorgungsbau, dahinter der an drei Brückenkonstruktionen schwingungsfrei hängende Reinraum (1996).

JESSI ging es insbesondere darum, den Anschluss an die schnell voranschreitende Entwicklung der Halbleitertechnologie in den USA und in Japan sicherzustellen.

Bei CMOS beherrscht das Halbleiterwerk heute aufgrund der von Motorola lizenzierten Technologie Strukturbreiten bis 0,65 Mikrometer in 3-Lagen-Technik, bei Bedarf werden sogar Strukturbreiten von 0,5 Mikrometer erreicht. Bei der Mischtechnik ist man im Moment mit der neuesten Generation, die gerade in der »Fab« »eingefahren« wird, bei 0,8 Mikrometer angelangt, was für eine kraftfahrzeugtaugliche Mischtechnik »State of the Art« darstellt. Das bedeutet, dass man in der Lage ist, neben Bipolar-Eingangsstufen und MOS-Endstufen eine vergleichsweise umfangreiche Logik-Schaltung auf dem Chip unterzubringen.

Nach anfangs schwachem Start ist heute die Produktion des Reutlinger Halbleiterwerks bei den 6-Zoll-Wafern mit 38 000 Stück im Monat auf absolut wettbewerbsfähigem Niveau. 1993 wurde in der Geschäftsführung der Beschluss gefasst, die Halbleiterfertigung grundlegend zu modernisieren und zu erweitern. Da man aber die alte Fabrik, die schon einmal von 3-Zoll- auf 4-Zoll-Scheiben aufgerüstet worden war, nicht mehr weiter aufrüsten wollte, erfolgte der Schritt auf 6 Zoll in einem neuen Gebäude. Im Oktober 1995 konnte die neben dem alten Halbleitergebäude gebaute neue Fabrik eingeweiht werden. Dabei ging es aber in mehrfacher Hinsicht um die Wirtschaftlichkeit dieses Unterfangens. Klar war, dass ein solches Halbleiterwerk mit seinen sensiblen physikalisch-chemischen Prozessen nur dann

Der mikromechanische Drucksensor kombiniert mikroelektronische und mikromechanische Funktionen auf einem Siliziumchip (2002).

wirtschaftlich und mit guter Ausbeute würde arbeiten können, wenn es rund um die Uhr und an sieben Tagen in der Woche (mit sechs Schichtgruppen) kontinuierlich betrieben wird. Nach vielen Gesprächen mit dem Betriebsrat und den Behörden gelang es, hier zu einer Einigung zu kommen. Außerdem verabredete man mit Blick auf bestimmte Mindestgrößen mit dem Lizenzgeber SGS-Thomson, dass das neue Werk als eine Art Silicon Foundry etwa ein Drittel seiner Kapazität für »Lohnaufträge« von SGS-Thomson bereitstellt.

Mittlerweile kann Bosch jedoch seine Kapazitäten in Reutlingen selbst füllen. Dabei spielt vor allem die Mikromechanik mit einem jährlichen Wachstum von zur Zeit 20 Prozent eine bedeutende Rolle. Angespornt durch erhebliche Fortschritte bei den Wettbewerbern Delco Electronics (heute Delphi) und Nippondenso hatte sich Bosch seit Ende der achtziger Jahre intensiv mit der Silizium-Mikromechanik auseinander gesetzt. Bei der Herstellung mikromechanischer Sensoren musste sich das Halbleiterwerk zu den installierten Halbleiterprozessen noch die typischen mikromechanischen Prozesse aneignen. Ein Drucksensor besteht beispielsweise aus einer Auswerteschaltung in konventioneller Bipolar-Technologie und aus einer mikromechanischen Druckzelle, wobei sowohl die mikroelektronische als auch die mikromechanische Anwendung auf einem Stück Silizium realisiert werden. Bei den Mikromechanikprozessen wird das Silizium nicht mehr wie in der reinen Halbleitertechnik nur mit Dotierstoffen behandelt, sondern zusätzlich durch Herausarbeiten von Strukturen aus dem Silizium. Dabei werden zwar immer noch aus der Halbleitertechnik geläufige Werkzeuge eingesetzt, zum Beispiel Lithographie oder Ofenprozesse, hinzu kamen aber die spezifischen Mikromechanik-Verfahren, wie etwa Ätz- oder Trench-Prozesse. Anwendung findet die Mikromechanik zum Beispiel in der in Benzineinspritzsystemen einge-

setzten Druck- und Heißfilmsensorik sowie bei Drehraten- und Beschleunigungssensoren in der Fahrdynamikregelung, also beim Electronic Stability Program (ESP). Nachdem der durch die Fahrdynamikprobleme der Mercedes A-Klasse ausgelöste Nachfrageschub noch mit einem konventionellen Drehratensensor bewältigt wurde, kann man seit 1998 auf die in Reutlingen angelaufene Fertigung in Mikromechanik-Technik zurückgreifen. Heute fertigt Bosch weit mehr als 80 Millionen mikromechanische Elemente im Jahr und zählt damit zu den bedeutendsten Herstellern dieser Technik weltweit.

Halbleitertechnik und Wettbewerb

Als potenter Zulieferer konnte Bosch seither davon profitieren, dass die Wertschöpfung am Kraftfahrzeug sich deutlich zu seinen Gunsten verschob. Bezogen auf ein Mittelklassefahrzeug waren die anteiligen Lieferungen von Bosch allein zwischen 1970 und 1985 etwa um den Faktor Fünf angewachsen. Dabei wurden 1986 bei Bosch, also bei einem Unternehmen, das als Hersteller konventioneller Kraftfahrzeugausrüstung angetreten war, bereits 12 Prozent des Umsatzes auf diesem Gebiet mit rein elektronischem Gerät erzielt. Unter Einbeziehung der notwendigen mechanischen oder hydraulischen Peripherie, wie etwa der Einspritzventile, lag der Anteil sogar bei 30 Prozent des Umsatzes. Trotz der Auseinandersetzungen um den von der Elektronik bestimmten Anteil an der Wertschöpfung der Fahrzeuge sehen sich die Zulieferfirmen in den letzten Jahren gefordert, vermehrt vollständige Systeme und Module für das Fahrzeug bereitzustellen. Nachdem Bosch seit vielen Jahren die Systementwicklung in den Vordergrund gestellt hat, ist man auf diese Aufgaben gut vorbereitet.

Obwohl Bosch selbst wachsende Kompetenz im Halbleiterbereich erwarb, entwickelte sich das Unternehmen hier nicht eigentlich zum

Wettbewerber. Trotzdem musste Bosch seit den siebziger Jahren fürchten, dass aus zwei Richtungen in seinem Revier gejagt werden könnte, das heißt durch »Rückwärtsintegration« bei den Automobilherstellern und durch »Vorwärtsintegration« seitens der Halbleiterfirmen. Beides ist mittlerweile geschehen: Ein Teil der Automobilhersteller hat sich eigene Kompetenz in der Kraftfahrzeugelektronik erworben. Als Alternative zur Motronic bot sich etwa BMW ein von Ford entwickeltes digitales Motormanagement-System an. Es kam lediglich deshalb nicht zu einer Vereinbarung, weil Ford aufgrund des kostengünstigen Großserienbaus nicht auf Änderungs- oder Anpassungswünsche von BMW eingehen wollte.

In den letzten Jahren hat jedoch BMW selbst Aktivitäten in der Kraftfahrzeugelektronik aufgenommen, durch eigenständiges Schaffen von Know-how auch Verbesserungspotentiale erkannt und diese in einem eigenen Steuergerät realisiert, wobei dieses Steuergerät wiederum von Bosch gefertigt wird. Als Elektronik-Pionier der Branche geht BMW heute davon aus, dass bei Oberklassefahrzeugen die Kosten für Elektrik und Elektronik schon bis zu einem Drittel der Herstellungskosten des Gesamtfahrzeugs betragen. Offenbar sind die vielfältigen elektrischen Komponenten mittlerweile teurer als eine komplette Rohkarosserie. Da die Bedeutung der Elektronik für die Wertschöpfung beim Automobil weiter zunimmt, wird beim Automobilhersteller – entgegen der aktuellen Tendenz zur Verringerung der Fertigungstiefe – die Begehrlichkeit geweckt, sich selbst ein größeres Stück aus diesem Kuchen herauszuschneiden. So geht das Volkswagenwerk gegenwärtig daran, seine Elektronikentwicklung, die zeitweise sehr stark reduziert war, erneut zu stärken.

Allerdings waren (und sind!) die Signale aus den Automobilfirmen in punkto »Rückwärtsintegration« keinesfalls einheitlich. DaimlerChrysler revidiert offenbar derzeit seine Politik, wonach

ein bestimmter Anteil der Elektronik im Kraftfahrzeug von der Mikroelektronik-Tochter Temic kommen soll. Im Frühjahr 2001 verkaufte DaimlerChrysler 60 Prozent seines Elektronikzulieferers an die Continental AG, ein Jahr später gab der Automobilhersteller die restlichen 40 Prozent an Continental ab. General Motors mit seiner unverhältnismäßig hohen Fertigungstiefe um 70 Prozent hat seine 1994 noch unter dem eigenen Dach gegründete Automotive Components Group Worldwide unter Verschmelzung mit Delco Electronics als »Delphi Automotive Systems« mittlerweile ausgegründet. Ford hat seine Zuliefertochter »Visteon« ebenfalls in die Selbständigkeit entlassen.

Gravierender war, dass umgekehrt Halbleiterfirmen in die Geräteherstellung eindrangen. Die Bedrohung war insofern stärker, als diese »Vorwärtsintegration« genau die von Bosch verfolgte Strategie des Systemangebots traf. So hatte Motorola früh versucht, den Verkauf von Leistungshalbleitern durch den Bau eigener Drehstromgeneratoren zu fördern und damit seine Automotive Product's Division zu stärken. Einen weiteren Anlauf zur »Vorwärtsintegration« machte Motorola auf dem Gebiet der Rechner. Nachdem seit 1974 Mikroprozessoren an die Automobilindustrie verkauft wurden, gelang es seit etwa 1980 durch Lieferung von kompletten elektronischen Steuergeräten an Ford, General Motors und Chrysler, in den Gerätemarkt des Motormanagement vorzustoßen. Aufmerksam verfolgte Bosch auch die Aktivitäten von Fairchild Semiconductor im kalifornischen Mountain View. Der Name Fairchild Semiconductor war mit der dort von Jean Hoerni eingeführten Planar-Technologie zur Herstellung von Transistoren sowie mit dem von Robert N. Noyce erzielten Durchbruch beim Integrierten Schaltkreis verknüpft. Es war also durchaus beunruhigend, als die Mutterfirma von Planartechnik und Integriertem Schaltkreis seit Anfang der siebziger Jahre versuchte, in

Kooperation mit General Motors beziehungsweise Delco mit elektronischen Steuergeräten für Benzineinspritzung und insbesondere für Zündung sich ebenfalls diesen neuen Markt zu erschließen.

Neben der langen und intensiven Liefer- und Lizenzbeziehung zwischen dem (inzwischen als Infineon ausgegründeten) Halbleiterbereich von Siemens und dem Bosch-Unternehmensbereich Kraftfahrzeugtechnik entwickelte sich seit Mitte der achtziger Jahre vor allem die neue Konkurrenzsituation zwischen Siemens und Bosch auf dem Gebiet der Kraftfahrzeugelektronik. Insbesondere bei Steuergeräten für Motormanagementsysteme wurde Siemens zu einem beachtlichen Wettbewerber. Dafür gibt es eine Reihe von Gründen: Einmal gab es bei Siemens schon ältere Ansätze, in die Kraftfahrzeugelektrik, teilweise auch in die Kraftfahrzeugelektronik, einzusteigen. So befasste sich Siemens schon in den sechziger Jahren mit Relais und mit anderen elektromechanischen Komponenten für das Automobil. Auch machte man seit Anfang der siebziger Jahre mehrere Anläufe, auf dem Gebiet der elektronischen Zündanlagen Fuß zu fassen, etwa in Zusammenarbeit mit dem (später von Valeo übernommenen) französischen Autoelektrik-Hersteller Ducellier. 1980 wurde im Gerätewerk Regensburg offiziell das Geschäftsgebiet Autoelektronik ins Leben gerufen; 1986 wurde die Autoelektronik auch nach außen sichtbar deutlich forciert. Siemens war natürlich nicht entgangen, dass sich in der Kraftfahrzeugtechnik ein interessantes neues Geschäftsfeld eröffnete, zu dem man mit seinem kräftigen Hintergrund in der Industrieelektronik und in der Nachrichtentechnik eigentlich Zugang hatte. Siemens musste deshalb versuchen, vor allem kraftfahrzeugtechnisches Systemwissen zu erwerben.

Eine erste Gelegenheit, die gleichzeitig die Interessen von Bosch unmittelbar berührte, bot

sich Siemens durch eine Änderung in den Besitzverhältnissen der Pierburg-Gruppe. Bosch hatte 1972 als Folge typischer Nachfolgeprobleme in Familienunternehmen einen Anteil von 20 Prozent an den Gesellschaften der Pierburg-Gruppe erworben, mit einem Vorkaufsrecht bezüglich der restlichen Anteile. Als noch nicht erkennbar war, ob sich die Benzineinspritzung im Zusammenhang mit dem Katalysator voll durchsetzen würde, hatte Bosch auch auf den Vergaser gesetzt und seit 1977 mit Pierburg auf dem Gebiet des elektronisch geregelten Vergasers zusammengearbeitet. Mit Sitz in Neuß wurde 1978 für die Herstellung von Kraftstoffsystemen auf der Grundlage eines solchen elektronisch geregelten Vergasers die paritätisch geführte Gesellschaft Bosch und Pierburg System oHG gegründet. Seit Mitte 1983 wurde der gemeinsam entwickelte elektronisch geregelte Vergaser unter der Marke Ecotronic in Serie gefertigt. Zwar löste man die gemeinsame Gesellschaft im März 1984 wieder auf, trotzdem lieferte Bosch weiterhin die für das Ecotronic-System benötigten elektronischen Steuergeräte an Pierburg. Bewegung kam dann in die Beziehungen, als die Familie Pierburg – Alfred Pierburg war bereits 1975 verstorben – ihren Anteil von 80 Prozent verkaufen wollte. 1985 versuchte Siemens, zur Schließung seiner mechanischen Lücke und zum schnelleren Einstieg in das Gebiet der Benzineinspritzung diesen Anteil zu erwerben. Immerhin war bei Pierburg erhebliches Know-how in der Technik der Gemischbildung aufgebaut und auch aktiv an eigenen Benzineinspritzsystemen entwickelt worden. Aus kartellrechtlichen Gründen konnte Bosch die Pierburg-Anteile nicht selbst erwerben und hatte auch nicht die Absicht, dies längerfristig zu tun. Gestützt auf das Vorkaufsrecht gelang es jedoch, den Erwerb durch Siemens zu verhindern. Nachdem Bosch der Rheinmetall-Gruppe – wie schon früher gegenüber Pierburg geschehen – technischen Beistand bei der Entwicklung eines eigenständigen Benzineinspritzsystems angeboten hatte, wurden die Pierburg-Anteile 1986 an Rheinmetall verkauft.

Siemens war mit dem wenig später gelungenen Zukauf auch sehr viel besser bedient. Siemens konnte sich nämlich die überraschende Aufgabe der Benzineinspritzaktivitäten von Bendix zunutze machen. Zur Herstellung von elektronischen Zündungs- und Benzineinspritzanlagen hatten Bendix und Renault 1978 in Toulouse das Tochterunternehmen Renix gegründet, an dem Renault einen Anteil von 51 Prozent hielt. Als Renault in wirtschaftliche Schwierigkeiten geriet, verkaufte es seinen Anteil wieder an Bendix. Im Rahmen der vorwiegend am finanziellen Ergebnis ausgerichteten Geschäftspolitik des Mischkonzerns Allied-Signal, dessen Vorgängerfirma Allied 1983 Bendix erworben hatte, erschien dann die Benzineinspritzung offenbar so wenig attraktiv, dass diese kurzlebige französische Aktivität zusammen mit den zugehörigen Fabriken in den USA 1988 an Siemens veräußert wurde. Siemens steigerte damit zunächst seinen Umsatz in der Automobiltechnik sprunghaft auf 1,5 Milliarden DM. In technischer Hinsicht konnte das Unternehmen zum Beispiel auf die 1986 eingeführten Einspritzventile der Serie Bendix DEKA zurückgreifen und damit auch bei dieser elektromechanischen Schlüssel-Komponente in die Spitzengruppe vorstoßen.

Ein anderer wichtiger Grund für den Markteintritt von Siemens lag in der Wettbewerbssituation. Da Bosch Anfang der achtziger Jahre in Europa einen Anteil bei der Benzineinspritzung von über 90 Prozent hatte, forderten die Automobilfirmen zumindest einen weiteren Zulieferer. Diese Forderung wurde besonders akut, als es 1984 zu einem siebenwöchigen Arbeitskampf in der deutschen Metallindustrie und zu einer Unterbrechung der Belieferung durch Bosch kam. Insbesondere Automobilfabriken in Bayern, die selbst nicht bestreikt wurden, gerieten dadurch in beträchtliche Schwierigkeiten. Nahezu traumatisiert durch diese Ereignisse versuchte Bosch zwar sofort, seine Lieferungen durch den Aufbau alternativer Fertigungsmöglichkeiten abzusichern, trotzdem musste sich Siemens geradezu aufgefordert fühlen, auf dem Gebiet der Kraftfahrzeugelektronik aktiv zu werden.

Das Nebeneinander von Lieferbeziehung in der Halbleitertechnik und Konkurrenzsituation bei den Automotive-Aktivitäten belastete auch zeitweise die insgesamt guten Beziehungen zwischen Bosch und Siemens. Bosch hatte die Sorge, dass etwa Know-how, das bei der Spezifikation von Mikroprozessoren an den Halbleiterbereich bei Siemens gegangen war, in die Automobilelektronik weiterwanderte. Den entscheidenden Schub für das neue Automotive-Geschäft von Siemens lieferten aber am Ende doch die Automobilfirmen, indem sie ihr eigenes Systemwissen im Umkreis von Fahrzeugen und Motoren in Projekte mit Siemens einbrachten. Außerdem zeigte sich, dass sich der Halbleiterbereich von Siemens äußerst korrekt verhielt, zumal Bosch ein sehr großer Abnehmer war, und umgekehrt der Automobilbereich von Siemens vielfach Halbleiter von anderen Zulieferern einsetzte. Auch wurde das faire Zusammenwirken von Bosch und Siemens in der Bosch-Siemens Hausgeräte GmbH von den Problemen in der Kraftfahrzeugtechnik nicht gestört. So wird man heute positiv vermerken können, dass durch den neu entstandenen Wettbewerb die Leistungsbereitschaft auf beiden Seiten erheblich angespornt wurde. Mehr noch: In jüngster Zeit arbeiteten beide Unternehmen bei der Übernahme von Mannesmann-Atecs eng zusammen. Aufgrund der kartellrechtlichen Situation war klar, dass Bosch allenfalls die Mannesmann Rexroth AG würde übernehmen können und dass der zu Atecs gehörende Elektronikspezialist VDO unter die Fittiche von Siemens kommen und insofern die Automobilelektronik der Münchner erheblich stärken würde.

V Das Antiblockiersystem als neu erschlossenes Arbeitsgebiet

Die Vorgeschichte des ABS

Denkt man beim Begriff der Innovation einmal vorwiegend an das Erschließen neuer Märkte, wird man auch den Austausch technischer Lösungen durchaus zu den Innovationsprozessen zählen. In der Tat lag der innovative Gehalt der elektronischen Benzineinspritzung zunächst in der Verdrängung des Vergasers, also eines bereits seit Beginn der Automobilentwicklung vorhandenen und insofern außerordentlich bewährten Systems der Gemischbildung; es ging also um das Erreichen – und geringfügige Übertreffen – bereits definierter Ziele mit neuen Methoden. Eine ähnliche Struktur hatten die Innovationsprozesse bei den modernen Dieseleinspritzsystemen. Erst im zweiten Schritt entfalteten die neuen Systeme ihre enorme Eigendynamik. Dank verbesserter Materialien sowie durch Mikroelektronik und Digitaltechnik ließen sie das alte Ziel der Gemischbildung (und der Regelung beim Diesel) hinter sich und integrierten eine Vielzahl neuer Funktionen. Auch bei der Entwicklung von Antiblockiersystemen (ABS) wurde ein altes Ziel, nämlich beim Bremsen das Blockieren der Räder zu verhindern, verfolgt. Allerdings gab es in der Vergangenheit keine geeignete mechanische Technik, dieses Ziel zu erreichen. Erst mit Hilfe der Mikroelektronik konnte diese Aufgabe befriedigend gelöst werden. Nach zögerlicher Durchsetzung am Markt war schließlich der Weg für die weiterführenden Innovationsschritte frei, bis hin zur Entfaltung der vollständigen und noch einmal anspruchsvolleren Fahrdynamikregelung.

Anders als die elektronische Benzineinspritzung und die neuen Dieseleinspritzsysteme mit ihrer deutlichen externen Beeinflussung (zum Beispiel durch die Abgasgesetzgebung), war die Entwicklung von ABS weitgehend technisch motiviert. Allenfalls die öffentliche Sicherheitsdebatte spielte anfänglich eine gewisse Rolle. Wie in anderen Feldern, etwa bei der Aerodynamik oder bei der Benzineinspritzung, stammen die technischen Anregungen aber nicht allein aus dem Kraftfahrzeugbereich. Wichtige Anstöße und auch frühe Anwendungen bei Antiblockiersystemen sind in der Eisenbahntechnik und in der Luftfahrt zu finden.

Parallel zur Flugzeugtechnik – und zum Teil offenbar damit verbunden – wurde in den zwanziger Jahren auch in der Kraftfahrzeugtechnik versucht, Bremsen regelbar zu gestalten, um damit insbesondere das Blockieren der Räder zu verhindern. Dabei blieben die vorgeschlagenen Konstruktionen zunächst ganz im Bereich der Mechanik. Karl Wessel in Berlin erhielt zum Beispiel 1928 ein Patent auf einen Bremskraftregler für Kraftfahrzeuge, bei welchem der Unterschied zwischen der Verzögerung des gesamten Fahrzeugs und der der Umfangsgeschwindigkeit des gebremsten Rades eine träge Masse so auslenkt, dass über eine Spindel mit Steilgewinde die Bremskraft vermindert werden kann. Das Karl Wessel 1928 erteilte deutsche Patent war Bosch angeboten worden, und in der Tat hätte die ingeniöse und im Kern mechanische Regelung sehr gut mit der um 1930 bereits voll entwickelten Fähigkeit

Boschs harmoniert, komplexe mechanische Geräte hoch präzise zu fertigen. Bosch lehnte das Patent jedoch ab und versuchte eigenständige Lösungen zu erarbeiten.

Neben einer rein mechanischen Regelung verfolgte man bei Bosch auch ein mechanisch-elektrisches Antiblockiersystem, das als Regelgröße eine untere Grenze der Drehzahl heranzog. 1936 erhielt Bosch ein Patent für eine »Vorrichtung zum Verhüten des Festbremsens der Räder eines Kraftfahrzeuges«, bei der ein Elektromagnet bei abfallender Raddrehzahl mit Hilfe eines Fliehkraftkontakts stromlos geschaltet wird und über ein Hilfsventil der wirksame Querschnitt der Bremsdruckleitung verringert wird. Sowohl das mechanische Regelungskonzept als auch der mechanisch-elektrische Regler mit seiner Nutzung einer unteren Drehzahlschranke wurden in den fünfziger Jahren wieder aufgegriffen. Beim mechanisch-elektrischen Regler zog man ein neues physikalisches Prinzip zur Drehzahlmessung heran, nämlich Wirbelströme, die in einer sich mit dem Rad drehenden Aluminiumscheibe durch elektromagnetische Induktion erzeugt wurden. Obwohl man den Abbau der Wirbelströme kurz vor dem Stillstand des Rades zum Regeln der Bremskräfte nutzen konnte, setzte man diese Entwicklungslinie wegen mangelnder Kapazität nicht fort.

Ein vielversprechendes Regelungskonzept erdachte mitten im Zweiten Weltkrieg Fritz Ostwald, der spätere Leiter der technischen Entwicklung des Frankfurter Bremsenherstellers Alfred Teves. Betreut durch Walther Meissner, den Entdecker des für die Supraleitung elementaren Meissner-Ochsenfeld-Effekts, fertigte Ostwald am Laboratorium für Technische Physik an der Technischen Hochschule München seine Diplomarbeit an. Im Rahmen dieser Diplomarbeit entwickelte er 1940 die experimentelle Version eines neuen mechanisch-elektrischen Bremsreglers. Dabei ging er vom

Bremsschlupf aus, der aus dem Unterschied zwischen Fahrzeuggeschwindigkeit und Umfangsgeschwindigkeit des gebremsten Rades abzuleiten ist. Die bei einem Bremsschlupf vorhandene Differenz zwischen Fahrzeugverzögerung und Drehverzögerung des Rades bewirkte im Regler von Ostwald die Verdrehung einer waagebalkenartigen Masse um einen bestimmten Winkel relativ zum Rad. Durch Schließen eines elektrischen Kontakts, Ansteuern eines Magnetventils sowie Modulieren des Bremsdrucks führte die Verdrehung dieser Masse schließlich zur Herabsetzung des Bremsschlupfes. Das intermittierend, mit einer Regelfrequenz von etwa 15 Hertz arbeitende Bremssystem war deutlich sensibler als die bisher vorgeschlagenen Systeme und erlaubte es, innerhalb von hundertstel Sekunden den Bremsdruck zu ändern.

Die kraftfahrzeugtechnische Forschung in den fünfziger und sechziger Jahren war sehr stark von physikalischer Grundlagenforschung auf den Gebieten von Reifen und Fahrwerk geprägt. So wurden insbesondere die Grundlagen der beim Bremsen und Beschleunigen zwischen Reifen und Fahrbahn übertragenen Reibungskräfte erarbeitet, bis hin zu molekularen Theorien der Reibung der Reifenmaterialien auf der Straßenoberfläche. Schon ohne diese Theorien ist der Bremsvorgang jedoch kompliziert genug: Der Haftbeiwert des Reifens, der multipliziert mit der Radlast die Bremskraft ergibt, ist vom Schlupf des Reifens abhängig. Rollt der Reifen entsprechend der Fahrzeuggeschwindigkeit frei mit, so ist der Schlupf gleich Null und die übertragene Bremskraft ebenfalls gleich Null. Bei einem durch Bremsen ausgelösten Schlupf von 10 bis 15 Prozent, bei dem das Rad genau um diesen Betrag langsamer läuft, als es der Fahrzeuggeschwindigkeit entsprechen würde, erreicht der Haftbeiwert und damit die übertragene Bremskraft bei trockener Straße ihr Maximum; bei Nässe und Eisglätte liegt der optimale

Schlupf noch höher. Bei darüber hinausgehendem Schlupf nimmt der Haftbeiwert wieder ab und ergibt bei einem Schlupf von 100 Prozent, also bei blockiertem Rad, im Allgemeinen weniger Bremswirkung als beim optimalen Schlupf. In Wirklichkeit wird der Haftbeiwert noch von einer ganzen Reihe weiterer schwer zu erfassender Faktoren beeinflusst, nämlich Material und Beschaffenheit der Straße sowie Konstruktion, Profil und Material des Reifens. Die Verhältnisse erwiesen sich sogar als so komplex, dass sie bis heute noch experimentell und mit einigem messtechnischen Aufwand auf Prüfständen und Prüfbahnen ermittelt werden müssen. Aus diesem Grund konnten längerfristig nur geregelte Antiblockiersysteme erfolgreich sein, bei denen diese Komplexität beherrscht werden kann.

Auf dem engeren Gebiet der Bremsregelung war man in den fünfziger und sechziger Jahren über die Ebene von Forschung und Entwicklung nicht hinaus gekommen. Nicht einmal in den USA. Charakteristisch war hier 1957 die erste große Fachtagung an der University of Virginia in Charlottesville, die First International Skid Prevention Conference, auf der vor allem Vertreter staatlicher Organisationen vertreten waren. Auch die Industrie betätigte sich noch weitgehend im Vorfeld von Forschung und Entwicklung. Neben den Zulieferern TRW (Thompson-Ramo-Wooldridge) und Delco-Moraine, auf die eine große Zahl von Patentanträgen zurückgeht, befasste sich vor allem der Bremsenhersteller Kelsey-Hayes seit 1957/1958 intensiv mit der Theorie von Antiblockiersystemen. Dass ein gewisser Sog aus dem Markt bereits existierte, lässt sich daran ablesen, dass die drei großen Automobilhersteller in den USA in den sechziger Jahren erheblich in Forschung und Entwicklung investierten.

Vergleichsweise früh gelangte eine britische Entwicklung zu marktfähigen Produkten: 1952 führte die Aviation Division der Dunlop Rubber Co. im englischen Coventry einen Bremsschlupfregler für Flugzeuge ein, der 1958 als Maxaret Anti-Skid auch für Personenwagen und Nutzfahrzeuge zur Verfügung stand. Allerdings war der Preis prohibitiv hoch; er lag bei 2000 Pfund und entsprach somit etwa dem vierfachen Preis eines Volkswagens. Trotzdem wurde das mechanisch-hydraulische Maxaret Anti-Skid in den sechziger Jahren in England kurzzeitig von anspruchsvollen kleinen Automobilherstellern eingebaut, so in einem allradgetriebenen Rennwagen der Ferguson Research Ltd. und serienmäßig (aber in kleinen Stückzahlen) in einem mit Ferguson-Vierradantrieb ausgestatteten Coupé von Jensen. Wahlweise stand es auch für den Rolls Royce Silver Shadow und in einigen Fahrzeugen von Jaguar zur Verfügung. Die Pionierrolle, welche die britische Fahrzeugtechnik hier offensichtlich spielte, hat wiederum damit zu tun, dass in Großbritannien schon seit den dreißiger Jahren Schleudervorgänge bei Fahrzeugen intensiv erforscht wurden.

Das entscheidende Hemmnis für eine druckvolle, auf eine marktfähige Anlage zielende Entwicklung war das anfänglich geringe Interesse vieler großer Automobilhersteller. In Deutschland schaltet sich selbst Alfred Teves in Frankfurt erst 1965 in die Entwicklung von Antiblockiersystemen ein. Dabei war Teves ein Zulieferer, der als erfolgreicher Bremsenhersteller für Pkws eine ideale Ausgangsposition hatte und als einer der Pioniere auf dem Gebiet der Scheibenbremsen zudem eine beachtliche Innovationsfähigkeit bewiesen hatte. Dass Teves nun eine Entwicklung von »Schlupfreglern« mit elektronischen Steuergeräten und den entsprechenden Fahrversuchen für »ABV-Systeme« (Automatischer Blockier-Verhinderer) aufbaute, deutet gleichzeitig auf einen raschen technischen Wandel hin.

Seit Mitte der sechziger Jahre zeigen viele Entwicklungen eine Abkehr von rein mechanischen Geräten und die Hinwendung zu elektronischen Systemen. Die Fortschritte der Halbleitertechnik, die Verfügbarkeit von gedruckten Schaltungen, eng bestückt mit miniaturisierten aktiven und passiven Bauelementen, oder von ersten Integrierten Schaltkreisen, ließen nun eine Realisierung komplexer elektronischer Steuergeräte realistisch erscheinen. Mut machte offenbar die 1967 mit der D-Jetronic in Serie gegangene elektronische Benzineinspritzung. Hinzu kam der vom Gesamtsystem des Kraftfahrzeugs ausgehende Druck, das Entwicklungsniveau der einzelnen Komponenten und Subsysteme auf gleiches Niveau zu bringen. Aufgrund der wachsenden Motorleistung der Fahrzeuge, die zu besseren Beschleunigungswerten und zu höheren Spitzengeschwindigkeiten geführt hatte, setzte gerade beim Fahrgestell, bei Rädern und Bremsen ein deutlicher Entwicklungsschub ein: durch den Übergang von Trommelbremsen zu Scheibenbremsen, durch die Ablösung der Diagonalreifen durch die Radialreifen sowie durch Bestrebungen zur Optimierung der Lenkkinematik mit Blick auf Kursstabilität und Bremsvorgang. Umso mehr musste deshalb das ungelöste Problem des Blockierens als empfindliche Lücke in der Entwicklung des Systems Kraftfahrzeug erscheinen.

Eine ganze Reihe von Bremsen- und Automobilherstellern in Deutschland, in England, Frankreich und den USA begann nun unterschiedliche Antiblockiersysteme zu entwickeln. Auch in der Bosch-Vorentwicklung wurde an einem ABS gearbeitet. Die grundlegenden Prinzipien wurden – charakteristisch für die Periode vor Erreichen der wirklichen Serienreife – auf Tagungen und in Veröffentlichungen freimütig und ohne allzu große Rücksicht auf proprietäres Wissen der Unternehmen diskutiert. Nach einer Reihe von Patentanmeldungen in der zweiten Hälfte der sechziger Jahre, in denen zum Beispiel induktive Sensoren für die Messung der Raddrehzahl vorgeschlagen wurden, wurden auch erste experimentelle Antiblockiersysteme mit diesen induktiven Sensoren sowie mit elektronischer Verarbeitung der Signale und entsprechender Ansteuerung hydraulischer Modulatoren untersucht. Aktiv waren hier der Fahrzeughersteller Volvo sowie die Zulieferer Bendix und Kelsey-Hayes in den USA. Dabei waren die gesetzlichen Rahmenbedingungen in den USA und die zunehmend strengere Produkthaftung (»manufacturer's liability«) nicht in jeder Hinsicht förderlich für die amerikanische ABS-Entwicklung.

Trotzdem konnten um 1970 bereits einzelne Fahrzeuge – serienmäßig oder auf Kundenwunsch – mit Antiblockiersystemen ausgerüstet werden. Die Installationsraten blieben aber im Bereich weniger Prozent. Außerdem wurden in aller Regel nur Fahrzeuge aus dem oberen Preissegment ausgestattet. Bei Ford stand für die 70er-Modelle Lincoln Continental Mark III und Thunderbird sowie die 71er Mercury-Modelle ein Kelsey-Hayes Sure-Track-Antiblockiersystem zur Verfügung. Wegen regelungstechnischer Probleme bei der Realisierung der Vorderradregelung und aus Kostengründen hatten sich Kelsey-Hayes und Ford für die einfachere Hinterachslösung entschieden. Bei General Motors wirkte ein 1970 vom damaligen Inhouse-Zulieferer Delco-Moraine als Wahlausstattung für die Modelle Buick Riviera, Oldsmobile Toronado und Cadillac Eldorado angebotenes System ebenfalls nur auf die Hinterräder. Damit war zwar das gefürchtete Ausbrechen der Hinterräder, also das Schleudern des Fahrzeuges, zu verhindern. Da Fahrzeuge mit blockierten Vorderrädern nicht mehr lenkbar sind, konnte aber der zweite wichtige Schwachpunkt konventioneller Bremssysteme nicht behoben werden.

Die erste mit vier Radsensoren ausgestattete Vierrad-Regelung wurde von Bendix für Chrysler entwickelt und 1971 unter dem Namen

Sure-Brake für das Modell Imperial angeboten. Im Vergleich zu den in Entwicklung befindlichen Teldix- und Teves-Systemen arbeitete es mit geringerer Regelfrequenz. Wegen mangelnder Zuverlässigkeit musste das System zwei Jahre später wieder zurückgezogen werden. 1970 hatte Bendix zudem die Entscheidung getroffen, unter erheblichem finanziellem Einsatz in Saarbrücken ein Werk für Bremsenbauteile (Bremssättel, Bremsverstärker und Hauptbremszylinder) einzurichten. Jedenfalls wurden bei der amerikanischen Bendix die Arbeiten am Antiblockiersystem unterbrochen; der Anteil von 50 Prozent an der Heidelberger Teldix GmbH wurde 1973 an Bosch verkauft. Offenbar hatte Bendix dringenden Konsolidierungsbedarf. Umgekehrt war für Bosch die Teldix GmbH wegen des dort gemeinsam mit Daimler-Benz entwickelten Antiblockiersystems besonders interessant.

Auch andere bedeutende Zulieferer wie Borg Warner in den USA, Girling in Großbritannien sowie Alfred Teves (mit der Marke ATE) in der Bundesrepublik hatten mit ihren ersten Ansätzen, Anlagen für alle vier Räder einzuführen, keinen Erfolg. Teves hatte zwar 1965 die Entwicklung aufgenommen und verfügte 1967 über einen funktionsfähigen Prototypen eines integrierten ABS. In den Jahren 1969 bis 1973 lief im Teves-ABV-Versuch auch eine große Zahl von Fahrzeugen europäischer und amerikanischer Hersteller. Trotz ausgiebiger Erprobung konnte sich kein Automobilhersteller zur Übernahme des Systems entschließen. Lediglich in einem Volkswagen-Sicherheitsauto ESV von 1972/1973 und in einer Volvo-Zukunftsstudie auf der Frankfurter Internationalen Automobilausstellung (IAA) 1973 wurde der Stand der Teves-Entwicklung erkennbar. Eingebaut war ein ATE-Schlupfregler. Dabei waren die Vorderradbremsen einzeln geregelt. Die gemeinsame Regelung beider Räder der Hinterachse erfolgte nach dem Prinzip »select low«, also so, dass

dasjenige Rad, das zuerst zu blockieren drohte, die Änderung des Bremsdrucks an beiden Rädern auslöste.

Das Teldix-ABS der ersten Generation

Entscheidend für den Durchbruch der ABS-Entwicklung sollten die Aktivitäten des bereits erwähnten Unternehmens Teldix GmbH in Heidelberg werden. Die kleine und entwicklungsintensive Teldix GmbH war 1960 als Beteiligungsgesellschaft der deutschen Telefunken GmbH und der amerikanischen Bendix Corporation gegründet worden. Teldix begann mit dem Lizenzbau der kanadischen Flugwegrechenanlage für den Starfighter F 104G sowie mit dem Nachbau von Kreiselgeräten und Beschleunigungsmessern. Zu den erfolgreichen Lizenzfertigungen zählte auch die umfangreiche Navigationsanlage des Transportflugzeuges C-160 Transall. Mit wachsendem Know-how im Bereich von Elektronik und Feinmechanik begann sich Teldix von der Lizenzfertigung zu lösen und auf der Basis einer hoch differenzierten Kreiseltechnik zum Beispiel Geräte für die Fahrzeugnavigation und Schwungräder («Drallräder») zur Stabilisierung von Satelliten zu entwickeln.

Das Geschäft mit Fahrzeugnavigationsgeräten für militärische Anwendungen war sogar so einträglich, dass das Unternehmen eine beachtliche Entwicklungskapazität aufbauen konnte. So gehörten Ende der sechziger Jahre mehr als ein Viertel der 800 Mitarbeiter der Entwicklungsabteilung an. Da Teldix mit seiner Monokultur im Bereich der Militärtechnik und mit der damit verbundenen Abhängigkeit von Beschaffungsvorhaben und öffentlichen Auftraggebern jedoch keinesfalls glücklich war und eben umgekehrt in den sechziger Jahren in der Lage war, auch größere Entwicklungsprojekte durchzuführen, wurde intensiv nach einer Verbreiterung der technischen Basis durch zivile Produkte gesucht.

Aufgrund eines persönlichen Kontaktes von Fritz Krümling, dem kaufmännischen Geschäftsführer von Teldix, zu Dietrich Grau, dem Vorsitzenden der Geschäftsführung der Heidelberger Graubremse GmbH, wurde die Aufmerksamkeit bei Teldix 1964 auf das Thema Antiblockiersysteme gelenkt. Dietrich Grau hatte sich schon etwa zehn Jahre zuvor in seiner bei Paul Riekert am Forschungsinstitut für Kraftfahrwesen und Fahrzeugmotoren der TH Stuttgart angefertigten Diplomarbeit («Einflüsse auf die Seitenführungskräfte an Fahrzeugen») mit den Problemen von Schlupf und Seitenführung auseinander gesetzt. Seine nachfolgenden Entwicklungsarbeiten an Blockierreglern bei Daimler-Benz hatten aber zu keinem Erfolg geführt, da die damalige Technik zu langsam war. Mit Blick auf die unfallträchtigen Bremsenprobleme bei Schwerfahrzeugen machte Dietrich Grau (der mittlerweile in der väterlichen Firma tätig war) Teldix den Vorschlag, gemeinschaftlich ein elektronisches ABS zu entwickeln. Einfache Systeme konnten dann drei Jahre später in Lastwagen der Firmen Rheinstahl Hanomag in Hannover und Büssing in Braunschweig erprobt werden. Aufsehenerregend war insbesondere die Vorstellung eines mit ABS ausgerüsteten Hanomag Markant auf der Internationalen Automobilausstellung (IAA) 1967 in Frankfurt. Ab 1966 dehnte Teldix die Arbeiten am ABS auch auf die Verwendung am Pkw aus. Mit Heinz Leiber bekam das ABS-Projekt einen führenden Akteur, der, unterstützt durch die Teldix-Geschäftsführung, ganz entscheidend zum späteren Erfolg beitragen sollte. Gleichzeitig verbindet seine Karriere auch die Akteure im Großen: Heinz Leiber ging 1975 mit der ABS-Gruppe von Teldix als Projektleiter zu Bosch, 1985 wechselte er zu Daimler-Benz, wo er 1988 für den gesamten Pkw-Elektronikbereich von Mercedes verantwortlich wurde.

Studien zur bisherigen serienmäßigen Verwendung von Antiblockiersystemen in der Luftfahrt zeigten, dass sowohl mechanisch-hydraulische als auch elektronisch-hydraulische Blockierregler bei Flugzeugen davon profitierten, dass die Bremsanlagen von Flugzeugen mit Pumpen ausgestattet waren, die den über das Bremspedal angesteuerten Druck konstant hielten und das aus den Radbremszylindern entnommene Druckmittel laufend zurückförderten. Der Vorrat an Druckmittel konnte deshalb selbst bei mehrfachem Ansprechen des Blockierreglers nicht verbraucht werden. Auch in grundsätzlicher, regelungstechnischer Hinsicht waren Vorgängertechnologien bei der Bahn und in der Luftfahrt leichter zu realisieren gewesen: Aufgrund der seitlichen Führung durch die Schienen konnte man bei der Bahn den Nachdruck auf den Blockierschutz und die Verhinderung von Bremsflächen an den Rädern legen. Wegen des Abbremsens auf einer geraden Landebahn konzentrierte man sich beim Flugzeug darauf, Reifenschäden zu vermeiden und so dem gefährlichen Platzen des Reifens vorzubeugen. Auf die Einregelung eines optimalen Schlupfs, der für den Erhalt der Lenkbarkeit eines Fahrzeugs notwendig gewesen wäre, konnte man hier verzichten. Umgekehrt lag genau dort der Ansatzpunkt der eigenständigen ABS-Entwicklung von Teldix. Fast von Anfang an bemühte man sich auch, das erforderliche adaptive Verhalten zu verwirklichen. Jede Änderung der Radverzögerung oder der Radbeschleunigung bei Veränderungen der Straßenoberfläche sollte also erfasst werden und über die Regelung einen zusätzlichen Druckab- oder Druckaufbau im Bremssystem zur Folge haben.

Schon 1965 konnte Heinz Leiber mit seinen Mitarbeitern ein erstes ABS mit elektromechanischen Radbeschleunigungssensoren und schnellen Magnetventilen aufbauen, wobei kleine Magnetventile mit besonders kurzer Ansprechzeit und hoher Schalthäufigkeit eine Spezialität der Teldix darstellten. Mit sechzig Schaltvorgängen in der Sekunde lag man beim

Zehnfachen der Werte der Systeme Dunlop Maxaret, Kelsey-Hayes Sure-Track oder Bendix Sure-Brake. Mit diesen schnellen Magnetventilen konnte man jedoch exakt dem Ziel einer möglichst schnellen Regelung näher kommen und so den Schlupf eines Rades bereits innerhalb weniger Millisekunden anpassen. Trotzdem wirkte das System zunächst nur im Sinne eines Blockierschutzes. Man musste sogar längere Bremswege als im ungeregelten Fall hinnehmen; außerdem blieb die verfügbare Regeldauer begrenzt, weil keine Rückförderung der Bremsflüssigkeit vorgesehen war.

Um Änderungen an den Fahrzeugachsen, zum Beispiel Eingriffe in das Differentialgetriebe, zu vermeiden, ging man im zweiten Entwicklungsschritt 1966 zu Reibradsensoren über. Sie legten sich beim Bremsen an die Bremsscheibe an und konnten damit nach Anpassung an die Drehzahl der Achse die Radbewegung mechanisch verfolgen. Beim eigentlichen Sensor handelte es sich um federgefesselte Drehmassen zur Erfassung eines Verzögerungsgrenzwertes und (in der fortgeschrittenen Version) eines Beschleunigungsgrenzwertes. Ein mechanisches Integrierglied diente zur Filterung des Ansprechverhaltens, das heißt zum Unterdrücken von Störsignalen, wie sie etwa bei Unebenheiten in der Fahrbahn entstehen können.

Die relativ kleine und zudem eher als Entwicklungsgesellschaft agierende Teldix GmbH konnte ihr ABS natürlich nicht ins Blaue hinein entwickeln; sie musste im Gegenteil versuchen, möglichst früh Partner und Kunden zu gewinnen. Ein Intermezzo in dieser Richtung stellte 1966 ein intensiver Erfahrungsaustausch mit Teves dar. Geplant war eine sehr weitreichende Kooperation in der ABS-Entwicklung und möglicherweise sogar eine Beteiligung von Teves an Teldix. Diese Pläne wurden jedoch nicht verwirklicht. Entscheidend für die weitere Entwicklung war insofern, dass Teldix mit Daimler-Benz Kon-

takt aufnehmen und dort das Konzept des neuen Antiblockiersystems vorstellen konnte. Begünstigt durch die seit 1958 laufenden und seit 1963 intensivierten Vorarbeiten bei Daimler-Benz, die in ein breit aufgefächertes Lastenheft für ein Antiblockiersystem beim Pkw gemündet waren, wurde im Mai 1966 eine Zusammenarbeit auf diesem Gebiet aufgenommen. Bereits Ende 1966 führte Teldix mit dem neuen System, also mit dem auf einem Reibrad beruhenden Beschleunigungssensor, Versuche im Fahrzeug durch. Es handelte sich dabei um einen firmeneigenen Mercedes 220 S, der in der Versuchsabteilung von Daimler-Benz mit den Achsen und der neuesten, mit Scheibenbremsen ausgestatteten Bremsanlage des Typs 250 umgerüstet worden war. Im Verlauf dieser Versuche nahm man auch – wie bereits angedeutet – neben der Drehverzögerung die Drehbeschleunigung in die Signalbildung auf, vor allem ging man zur Regelung aller vier Räder über. Eindrucksvoll war nun, dass nicht nur eine Verkürzung des Bremsweges erzielt, sondern Lenkbarkeit und Fahrstabilität beim Bremsen in Kurven erhalten werden konnte. Die Vorführung des Fahrzeugs vor Vertretern der Daimler-Benz auf dem Hockenheimring und auf dem Stuttgarter Versuchsgelände im Februar 1967 war so überzeugend, dass Daimler-Benz nun endgültig sein starkes Interesse am Bremsregler von Teldix zu erkennen gab. Messungen in einem Geschwindigkeitsbereich von 30 bis 100 km/h und unter unterschiedlichen Fahrbahnbedingungen hatten eine signifikante Verkürzung des Bremsweges oberhalb einer Geschwindigkeit von 50 km/h gezeigt.

Wegen der Empfindlichkeit gegenüber Verschmutzung und gegenüber den hohen Temperaturen der Bremsscheiben ersetzte man den Reibradsensor 1967/1968 durch einen Nabensensor. Da seine Mechanik technologisch in das Gebiet der klassischen Uhrentechnik fiel und Teldix mit seinen beschränkten Fertigungsmöglichkeiten seine Fertigungstiefe gering hal-

Versuchsfahrzeuge demonstrieren in den 70er Jahren die Lenkbarkeit bei Vollbremsung ohne und mit ABS (1971).

ten musste, wurde sofort versucht, im Umkreis der zumeist im Schwarzwald angesiedelten deutschen Feinmechanik und Uhrenindustrie einen kompetenten Lieferanten für diese feinmechanische Baugruppe zu finden. Die Schaltsignale des an die Nabe angebauten Beschleunigungsgebers wurden mit Hilfe von Schleifringen übertragen und von einer Kleinelektronik zur Ansteuerung der nun bereits zu einem kompakten Block zusammengefassten Magnetventile ausgewertet. Der längerfristig gravierende Fortschritt dieser dritten Entwicklungsstufe lag in der Einführung einer Rückförderpumpe. Es hatte sich gezeigt, dass beim Pkw die Volumenreserve des Hauptbremszylinders für eine ausreichende Regeldauer zu klein sein konnte, und zwar insbesondere beim Übergang zu der – bei Daimler-Benz seit 1963 eingeführten – Zweikreisbremsanlage und bei der Verwendung der hochwertigen Vierradregelung. Der letztere Aspekt spiegelt gleichzeitig den Forderungskatalog, den der Entwicklungspartner Daimler-Benz aufgestellt hatte. Teldix konstruierte deshalb eine elektromotorische Pumpe, die das bei

der Druckabsenkung aus dem Radbremszylinder entnommene Druckmittel sofort in die unter dem vollen Bremsdruck stehende Hauptbremsleitung zurückförderte. Dieses Konzept sollte sich dann weltweit zum Standard auf dem ABS-Gebiet entwickeln.

Mängel in der Haltbarkeit des Pumpenmotors und der Nabensensoren sowie erkennbare Schwächen der Regelungstechnik bei extremen Kurvenbremsungen zwangen zu einer weiteren Überarbeitung. Einmal wurden die auf Schwungmassen basierenden Drehbeschleunigungssensoren durch einfache elektromagnetische Impulsgeber zur Erfassung der Radgeschwindigkeit ergänzt. Außerdem wurden Pumpe und Magnetventile in einem Hydraulikaggregat zusammengefasst. Wichtig in diesem Schritt war aber der Übergang zu einem rein elektronischen Steuergerät. Obwohl integrierte Schaltungen etwa zur gleichen Zeit erste industrielle Anwendungen in der Rechnertechnik erlebten, waren sie für den Fahrzeugeinsatz noch nicht geeignet. Man baute daher bei Teldix die in Analogtechnik konzipierte Schaltung aus diskreten Halbleiterelementen auf. Dabei geriet man ähnlich wie mit den frühen Steuergeräten der elektronischen Benzineinspritzung an eine kritische Grenze der Bauelementzahlen: das vollelektronische Teldix-ABS der ersten Generation erforderte bereits rund 1000 Einzelbauelemente, wobei nahezu ein Drittel der Bauelemente auf das Konto einer Sicherheitsschaltung gingen, die bei Fehlfunktionen unter Erhalt der konventionellen Bremse das ABS abschalten sollte. Die Modernität der Teldix-Entwicklung zeigte sich allenfalls dort, wo man das neue Konzept, seine Regelungstechnik und die Sicherheitsschaltung mit Hilfe von zwei großen AEG-Telefunken-Rechnern, dem Analogrechner RA 800 und dem RA 800 Hybrid, in Echtzeit simulieren und insofern mit geringem Zeitaufwand optimieren konnte.

Die rechnerischen Ergebnisse konnten im realen Fahrzeugversuch mit guten Werten beim Bremsweg und der Fahrstabilität bestätigt werden. Die Zusammenarbeit zwischen Daimler-Benz und Teldix war aber keinesfalls spannungsfrei. So sah die Entwicklung von Daimler-Benz ihre Beiträge zur Definition und Fortentwicklung des Systems – vom Regelungskonzept über die Sensorik bis hin zur Rückförderpumpe – nicht ausreichend berücksichtigt. Vor allem hegte man tiefe Zweifel, ob ohne drastische Änderungen der Strukturen bei Teldix, etwa durch bessere Kooperation bei Konstruktion und Fertigungsvorbereitung sowie durch massive Präsenz einer »Daimler-Benz-Bauaufsicht« vor Ort, ein Serienreif-Machen der »Teldix-DB-Regelung« gelingen kann. Schließlich schienen die 1969 beobachteten Ausfallraten noch weit über den Werten zu liegen, die Daimler-Benz für die Serienanwendung tolerieren konnte.

Noch im Frühjahr 1970 waren aus geschäftspolitischer Sicht die Würfel keinesfalls gefallen. So unternahm es Daimler-Benz noch im März 1970, sich vor Ort über den Stand der ABS-Entwicklung bei Kelsey-Hayes kundig zu

machen. 1969 hatte Kelsey-Hayes ein eigenes Forschungs- und Entwicklungszentrum für dieses Arbeitsgebiet in Ann Arbor, Michigan, in Betrieb genommen. Ein weiterer Besuch galt der Brake & Steering Division von Bendix in Southbend. Ein delikates Detailproblem war hier die seit Jahren bestehende enge Entwicklungskooperation zwischen Daimler-Benz und der deutschen Bendix-Beteiligungsgesellschaft Teldix. Daimler-Benz argumentierte deshalb, dass man in Untertürkheim trotz einer zufriedenstellenden Zusammenarbeit mit Teldix auch den Entwicklungsstand der amerikanischen Bendix und deren Stellungnahme zur Teldix-Entwicklung kennen lernen wolle. Obwohl die amerikanische Bendix – wie übrigens auch die französische Bendix-Tochter DBA (Ducellier-Bendix-Air-Equipment) – Einblick in die Entwicklungsergebnisse von Teldix hatten, hielten sich die Vertreter von Bendix in Southbend mit einem Urteil über Teldix zurück und verwiesen zur Begründung auf die unterschiedlichen Mentalitäten der amerikanischen und der europäischen Fahrzeugindustrie. Demnach sei die amerikanische Fahrzeugindustrie nicht gewillt, größere Änderungen an den Fahrzeugachsen zur Adaption der Antiblockiervorrichtung zuzulassen, zum Beispiel werde das Durchbohren des Achsschenkelzapfens (für die Durchführung des Fühlers bei induktiven Drehzahlfühlern an der Vorderachse) nicht akzeptiert. Nach intensiven, im Rahmen eines weiteren USA-Besuches im September 1970 durchgeführten Untersuchungen an einem von Kelsey-Hayes entwickelten und in einem Versuchsfahrzeug von Daimler-Benz eingebauten Vierrad-Antiblockiersystem kam man zu dem Ergebnis, dass die Teldix-Entwicklung weiterhin im Vorteil war.

Vom 9. bis 11. Dezember 1970 wurde das »Mercedes-Benz/Teldix-Anti-Bloc-System« – abgekürzt »ABS« – im Rahmen einer dreitägigen Veranstaltung in Stuttgart-Untertürkheim vom Technischen Vorstandsmitglied Hans Sche-

155

Das erste funktionsfähige System ABS 1 war noch nicht robust genug für den Serieneinsatz (1970).

renberg vorgestellt. Kern der Vorstellung waren Vergleichsfahrten von Pkws mit konventionellem Bremssystem und mit ABS. Zur Verfügung standen ABS mit Vierradregelung und ABS mit einer Wahlmöglichkeit zwischen Vierradregelung und bloßer Hinterachsregelung. Außerdem wurden Fahrten von Omnibussen mit ABS durchgeführt, und zwar basierend auf hydraulischer oder auf druckluftbetätigter Bremse. Auf verschiedenen trockenen und nassen Fahrbahnoberflächen, wie sie auf der Versuchsbahn in Untertürkheim präpariert werden konnten, und aus unterschiedlichen Geschwindigkeiten heraus wurden etwa dreißig Bremsmanöver durchgeführt. Damit wurden die Verkürzung des Bremswegs und der Erhalt der Lenkbarkeit der Fahrzeuge demonstriert. Die Beobachter konnten entweder in den Fahrzeugen mitfahren, oder von einem auf einer Brücke postierten Omnibus oder von einer Tribüne aus die Fahr-

versuche verfolgen. Auf Tafeln wurden dann Ausgangsgeschwindigkeiten, erzielte Bremsverzögerungen und benötigte Bremswege angezeigt.

Auf der zur Vorstellung des ABS einberufenen Pressekonferenz hob Hans Scherenberg die hohen, etwa zu gleichen Teilen von Teldix und Daimler-Benz gemeinsam getragenen finanziellen Aufwendungen besonders hervor. Außerdem skizzierte er auch die unterschiedlichen Verdienste der beiden Entwicklungspartner: Dem eigenen Haus schrieb er die frühzeitige kraftfahrzeugtechnische Definition des Systems zu, den Einfluss auf eine ausreichend genaue Signalgewinnung, die Anpassung der Regelung an die Fahrdynamik sowie die praktische Fahrerprobung, Teldix die Begründung der Regelungsphilosophie sowie deren Umsetzung in eine Elektronik, vor allem aber den Aufbau der durch schnelle Magnetventile geprägten hydraulischen Drucksteuereinheit. In merkwürdigem Gegensatz zu dem enormen technischen Aufwand der Präsentation stand jedoch seine Auskunft zum tatsächlichen Serienanlauf: Die Entwicklung und Erprobung sei nunmehr zu einem gewissen Abschluss gelangt, die Produktion werde vorbereitet, in den nächsten zwei Jahren würden alle Mercedes-Benz-Personenwagenmodelle nach und nach auf Sonderwunsch mit dem Anti-Bloc-System ausgerüstet werden können.

In Wirklichkeit verbarg sich hinter diesen dürren Worten eine beträchtliche Unsicherheit seitens Daimler-Benz, ob Teldix fähig sein würde, selbst eine im Umfang bescheidene Serienfertigung in den Griff zu bekommen. Im kollegialen Austausch mit dem Volkswagenwerk zum Thema ABS wurde man durch VW in dieser negativen Einschätzung sogar noch bestärkt. Daimler-Benz verlangte deshalb von Tel-

dix den Nachweis, dass das Unternehmen in der Lage ist, eine solche Fertigung aufzunehmen. Bei Teldix wurde daraufhin eine entsprechende Teilefertigung und Montage aufgebaut und durch eine kleine Gruppe von acht Mitarbeitern, die von Arbeitsplatz zu Arbeitsplatz vorrückte, schrittweise die Fertigungsbereitschaft durchgespielt. Dabei war anfänglich eine sehr geringe Fertigungstiefe vorgesehen, so dass in der Teilefertigung zunächst nur besonders lohnintensive »Schwerpunktsteile« gefertigt werden sollten. Lediglich die Montage sollte vollständig in Eigenleistung durchgeführt werden, da hier ein wesentlicher Teil des Knowhow lokalisiert wurde. Außerdem schien gerade die Montage die Zuverlässigkeit des fertigen Produkts zu garantieren, zum Beispiel beim Einsetzen der diskreten Bauelemente in die Leiterplatten mit Hilfe einer halbautomatischen Bestückungsmaschine. Unter dem Druck von

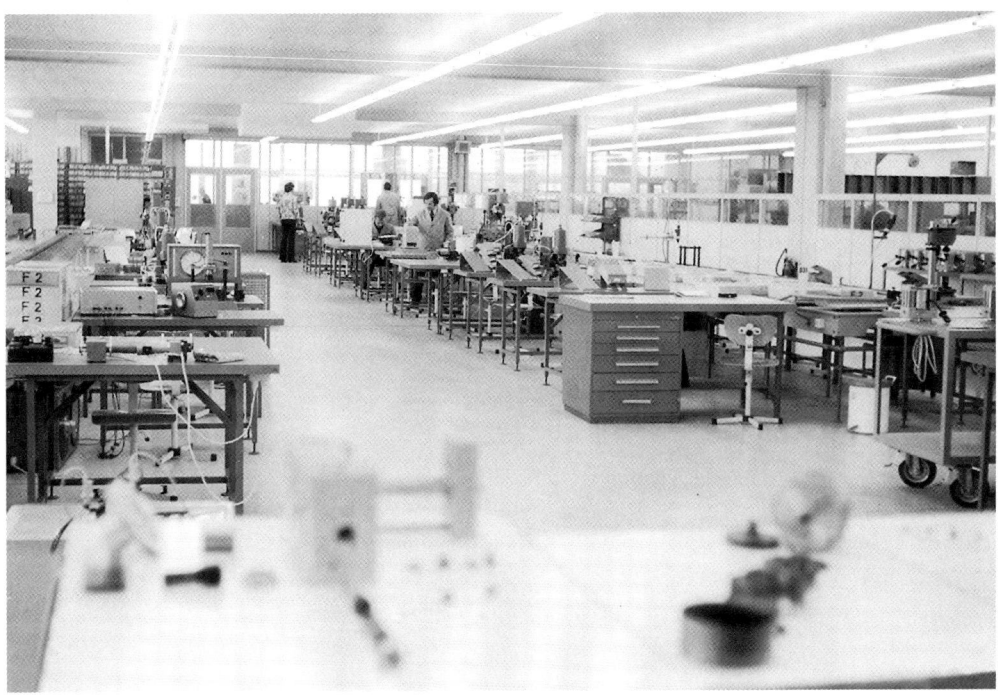

Die Werkhalle von Teldix in Heidelberg (1975).

Daimler-Benz investierte Teldix so bis 1971 etwa sieben Millionen DM, einschließlich einer beträchtlichen Erweiterung der Fabrikgebäude, um bei zwei Schichten eine Fertigungsbereitschaft im Umfang von 300 Systemen am Tag nachzuweisen.

Unter Aufstockung der Entwicklungsmannschaft wurden parallel dazu sämtliche Komponenten des Systems, also Sensoren, Magnetventile, Hochdruckpumpe, Hydroaggregat und Elektronik, mit Blick auf einen Serienanlauf überarbeitet. Die wegen ihrer großen Bauelementzahlen besonders kritische Elektronik wurde durch Verwendung von Hybridschaltkreisen vereinfacht, was zu dieser Zeit Zusammenfassung miniaturisierter Einzelelemente mit Hilfe der so genannten Dickschichttechnologie bedeutete. Bei dieser Technologie wurden ausgehend von Pasten (aus Metallen beziehungsweise Dielektrika) mit Hilfe von Matrizen,

die dem Schaltungsentwurf entsprachen, bestimmte Strukturen auf Keramiksubstrate aufgebracht und eingebrannt. Anschließend wurden durch Bonden die Bauelemente mit den so entstandenen Leiterbahnen verschaltet. In einem typischen elektronischen Steuergerät der ersten ABS-Generation konnten bei einer Gesamtzahl von 936 Komponenten durch den Einsatz von 17 Hybridbausteinen immerhin 339 Komponenten des Steuergeräts zusammengefasst werden.

Kritisch für die Zuverlässigkeit des ABS war die Reaktion auf extreme Temperaturverhältnisse. Deshalb wurde das System 1972 mit einer großen Fahrzeugflotte im schwedischen Teil Lapplands einer harten Wintererprobung unterzogen. Die Erprobung fand zuerst in Vietas in der Nähe des (durch seine Eisenerzvorkommen berühmten) Ortes Gällivare statt. 1973 wurde als Testgelände der zugefrorene

Wedelversuche mit Pkws bei ABS-Erprobungen auf zugefrorenen Seen im nordschwedischen Arjeplog (1985).

Hornavan-See in der Nähe der Gemeinde Arjeplog gewählt, ein in den Folgejahren enorm ausgebautes Testzentrum, das allenfalls durch das benachbarte und von Teves genutzte Arvidsjaur Konkurrenz erhielt. Mit der Wintererprobung konnte Teldix die grundsätzliche Funktionsfähigkeit seines ABS auch auf Schnee und Eis voll bestätigen. Als problematisch erwies sich allerdings die Haltbarkeit. So fielen in der ersten Wintererprobung 30 Prozent der Steuergeräte aus. Bei zusätzlichen Erprobungen musste man als Folge von schadhaften Bauteilen Fehler hinnehmen, die zu Bremswegverlängerungen oder sogar zum vollständigen Ausfall der Bremswirkung führten und zu einer Ergänzung der Sicherheitsschaltung zwangen. Damit war ein früher Serienanlauf allein aus technischen Gründen in weite Ferne gerückt.

Hinzu kam, dass Bendix – wie erwähnt – aufgrund seiner seit Jahren angespannten wirtschaftlichen Situation nicht mehr in der Lage war, seine Beteiligung an der Teldix zu erhalten. In dieser kritischen Situation vermittelte schließlich Daimler-Benz zwischen Bendix, Teldix und Bosch. Als Ergebnis der Kooperationsgespräche erwarb Bosch im Frühjahr 1973 den 50-Prozent-Anteil von Bendix an der Teldix. Gleichzeitig wurden die Bosch-eigenen ABS-Aktivitäten eingestellt und Teile davon in die Teldix-ABS-Entwicklung bei der Teldix in Heidelberg eingebracht. Das Interesse von Daimler-Benz war es, unter Nutzung der unbestreitbaren Fähigkeit von Bosch, neue kraftfahrzeugtechnische Systeme serienreif zu machen, auch in der ABS-Entwicklung die erforderliche hohe Zuverlässigkeit sicherzustellen. Aus der Sicht von Bosch sollte damit gleichzeitig ein Zusammenwirken mit der Teldix auf dem von beiden Unternehmen bearbeiteten Gebiet des ABS für Nutzfahrzeuge ermöglicht werden. Um die weitere unternehmerische Entwicklung hier kurz vorwegzunehmen: 1975 übernahm Bosch die komplette ABS-Entwicklung der Teldix; 1981 erwarb

das Unternehmen auch den verbleibenden 50-Prozent-Anteil des zweiten Gesellschafters AEG-Telefunken an der Teldix.

Anders als der seit seiner Gründung im Pkw-Bereich tätige Frankfurter Zulieferer Alfred Teves war Bosch für eine erfolgreiche ABS-Entwicklung keinesfalls prädestiniert. Bosch hatte das große Handikap, dass das Unternehmen kein Pkw-Bremsenhersteller war. Bosch entwickelte und fertigte nur Druckluftbremsen für schwere Nutzfahrzeuge. Trotzdem war das Unternehmen auf dem Gebiet der Antiblockiersysteme wieder tätig geworden. So arbeitete man zusammen mit Knorr-Bremse an einem elektronischen ABS, was 1971 in einem M.A.N.-Versuchslastzug mit 38 Tonnen zur Vorstellung eines elektronischen Bremskraftreglers »System Bosch-Knorr« führte. Es ging hier zwar um Druckluftbremsen von Lastzügen und Sattelzügen, das Ziel war aber doch in erster Linie die Entwicklung einer elektronischen Regelung. Seit 1965 hatte Bosch zudem begonnen, sich mit elektronisch geregelten Antiblockiersystemen für Pkw auseinander zu setzen; offenbar hatte es auch Anregungen aus dem Hause Daimler-Benz gegeben, sich mit diesem Thema verstärkt zu beschäftigen. Als offizielles Vorentwicklungsprojekt wurde die ABS-Entwicklung 1967 aufgenommen. Im Geschäftsbericht 1969 wurden bereits Details eines induktiven Radgeschwindigkeitssensors publiziert. Außerdem war das Bosch-ABS auf der Frankfurter Internationalen Automobil-Ausstellung 1969 dem technisch interessierten Publikum vorgestellt worden; anders als das erste elektronische System von Teves allerdings nur im Film.

Die Selbsteinschätzungen der ABS-Aktivitäten bei Bosch gehen nun deutlich auseinander. Während in der Geschäftsführung heute schlicht von einem Zurückbleiben der Bosch-eigenen Entwicklung gesprochen wird, bewerten die Entwickler ihre Ergebnisse naturgemäß höher. Sie verweisen auf die große technische

Nähe der Systeme, auf die im Rahmen des Projekts der Zentralelektronik verfolgten digitalen Konzepte und auf das frühe Drängen in Richtung einer Integration des elektronischen Steuergeräts. Jedenfalls wird gelegentlich das Niveau der in der Bosch-Vorentwicklung geleisteten Arbeit am ABS durchaus mit der Teldix-Entwicklung gleichgesetzt. Die Konzentration von Bosch auf die ABS-Aktivitäten der Teldix wird aus dieser Sicht einfach damit erklärt, dass Daimler-Benz mit der geschäftspolitisch gewollten Vorentscheidung für das Teldix-ABS Fakten geschaffen hatte.

Der Großversuch 1973/1974, der eine erneute intensive Wintererprobung umfasste, zeigte jedoch, dass die auf Analogtechnik sowie auf diskreten Bauelementen und auf Hybridbausteinen beruhende Elektronik des Teldix-ABS dem praktischen Fahrzeugbetrieb immer noch nicht gewachsen war. Ein charakteristischer Mangel der gelieferten Hybridbausteine war das Versagen der offensichtlich gegen Stöße und Temperaturschwankungen empfindlichen Bonds. Eine gewisse Fehlerhäufung war auf ein durch Temperaturzyklen bedingtes Ablösen der Bonddrähte an hybridisierten Miniaturtransistoren zurückzuführen. Eine weitere Fehlerhäufung zeigte sich bei den Hinterachs-Sensoren. Das tiefer liegende Problem war dabei sicher, dass ein Schwerpunkt der Aktivitäten der Teldix im Bereich der Luftfahrttechnik lag. Bei Teldix hatte sich deshalb die suggestive Vorstellung herausgebildet, dass eine Abstimmung der Qualität auf die Erfordernisse der Luftfahrt auf jeden Fall die Erfüllung der Anforderungen der Automobiltechnik sicherstellen müsste. Erst allmählich kam man zu der Einsicht, dass die Qualitätsansprüche bei der Kraftfahrzeugtechnik sogar erheblich höher liegen. Die Qualitätsansprüche beim Kraftfahrzeug rühren einmal daher, dass in der Praxis nicht mit einer vergleichbaren Wartung gerechnet werden kann. Der in der Luftfahrt vertretbare Wert der MTBF (Mean Time Between Failures), nämlich rund 1000 Stunden, musste deshalb in der Kraftfahrzeugtechnik um etwa eine Zehnerpotenz höher angesetzt werden. Erschwerend kommen die ungünstigen Umweltbedingungen hinzu, also Vibrationen, schnelle Temperaturwechsel, Feuchtigkeit sowie die korrosive Wirkung von Streusalz.

Nach dem Scheitern eines rasch auf die öffentliche Vorstellung im Dezember 1970 folgenden Einführungstermins und nach den massiven Problemen, die trotz der Einbindung von Bosch bis 1973/1974 sogar noch zunahmen, wurden die Akteure im Umkreis des ABS zunehmend einsilbig. Allenfalls in Fachvorträgen und Zeitschriftenaufsätzen wurde noch über ABS-Themen berichtet. In den Geschäftsberichten von Daimler-Benz wurde das Thema ABS zwischen 1971 und 1977 schlicht unterdrückt. Kritischer noch war die Entwicklung in den USA: Von den US-Behörden wurde ein neuer Standard für das Abbremsen von schweren Nutzfahrzeugen eingeführt. Die Bedingungen konnten praktisch nur mit ABS erfüllt werden. 1973 brachten mehrere Firmen daher überstürzt und unzureichend erprobt Antiblockiersysteme für Nutzfahrzeuge auf den Markt. Es kam zu einer Reihe von Unfällen. Der Standard wurde daher zurückgezogen, und ABS verschwand Mitte der siebziger Jahre praktisch vom Markt. Das schlechte Renommee, das sich diese Systeme bei Nutzfahrzeugen erworben hatte, führte zwangsläufig auch zu einer beträchtlichen Verunsicherung auf dem Sektor der Personenwagen. Diese kritische Einschätzung war immer noch spürbar, als Bosch Anfang der achtziger Jahre versuchte, ABS an die drei großen amerikanischen Hersteller zu verkaufen.

Seit 1973/1974 vollzog sich die ABS-Entwicklung zudem unter denkbar ungünstigen äußeren Bedingungen: Durch die Ölkrise, die Bosch zwar bald eine ausgeprägte Sonderkonjunktur bei der Dieseleinspritzausrüstung bescherte, hatte sich generell das konjunkturelle Klima in der Automobilindustrie massiv verschlechtert. Da nun eindeutig die Einsparung von Kraftstoff im Vordergrund stand, drohte die Aufmerksamkeit der Automobilhersteller vom Thema Sicherheit abgelenkt zu werden. Außerdem wurden im engeren Umkreis der Entwicklung des Teldix-ABS die Aktivitäten der konkurrierenden Firma Teves erneut deutlich spürbar. Zusammen mit der Muttergesellschaft International Telephone & Telegraph Corporation (ITT) – Teves war 1967 von ITT übernommen worden – stellte Teves in durchaus eindrucksvoller Weise ABS-Prototypen vor.

Trotz der Konzentration auf das Teldix-ABS, zu der zum Beispiel die vertraglich festgelegte uneingeschränkte Entwicklungsverantwortung von Teldix für das Elektronik-System gehörte, gab es in der Entwicklungsorganisation zwischen 1973 bis 1975 noch ein gewisses Nebeneinander von Teldix-Entwicklung und Bosch-Vorentwicklung. Offenbar wurden hier Synergieeffekte zum Teil durch Reibungsverluste wieder aufgezehrt. Ein wichtiger Vorwurf an die Adresse von Teldix war die Unterschätzung und die Verschleierung der Zuverlässigkeitsprobleme. Bosch hatte hier selbst mit den Anlaufschwierigkeiten der elektronischen Benzineinspritzung ausreichend Lehrgeld bezahlt und sich gerade bei Daimler-Benz durch Qualitätsprobleme einige Sympathien verscherzt. Wenn also Daimler-Benz die Ausfallraten eines ABS tendenziell am notwendigerweise hohen Standard für ein Bremssystem orientierte und im Vergleich zur elektronischen Benzineinspritzung etwa zehnfach geringere Werte verlangte, konnte man dem nicht widersprechen. Außerdem wurden die bereits aufgelaufenen Entwicklungskosten und der noch zu erwartende hohe Investitionsbedarf bei Bosch zunehmend kritisch bewertet. Bei Bosch reifte deshalb der Gedanke, die ABS-Aktivitäten im Stammhaus zu konzentrieren. Zum ersten Mal wurde auch

überlegt, »Systemverbindungen« mit anderen wesentlichen Kraftfahrzeugkomponenten zu suchen. Obwohl sich hier ein weiterer Mitteleinsatz abzeichnete, schien vor allem eine Ausdehnung in Richtung Bremsengeschäft längerfristig unvermeidlich zu sein. Akut wurden diese Überlegungen, als aufgrund vielfacher Ausfälle der Großversuch 1973/1974 endgültig als gescheitert betrachtet werden musste und in einer gemeinsam von Bosch, AEG, Daimler-Benz und Teldix getroffenen Entscheidung das analoge und in diskreter Halbleitertechnik realisierte Teldix-ABS der ersten Generation im Dezember 1974 gestoppt wurde.

Das erste serienreife Bosch-ABS 2

Mitte 1975 trafen die beiden Teldix-Gesellschafter Bosch und AEG die Entscheidung, dass Bosch die komplette ABS-Entwicklung der Teldix, also die Heidelberger ABS-Gruppe, die Patente, das Know-how sowie die bei Teldix bestehenden Lizenz-Verträge in seine alleinige Verantwortung übernimmt. Diese Entscheidung kam nicht von ungefähr: Hans Bacher verfügte über enge persönliche Beziehungen zum Vorstand von Daimler-Benz, den er davon überzeugte, dass nur Bosch in der Lage sein würde, für Daimler-Benz innerhalb einer vernünftigen Zeit ein zuverlässiges ABS zu schaffen.

Tatsächlich war nur bei Bosch selbst, insbesondere in dem von Norbert Rittmannsberger geleiteten Elektronik-Geschäftsbereich K8, die Erfahrung vorhanden, die für die Realisierung eines im Serieneinsatz ausreichend zuverlässigen Systems erforderlich war. Umgekehrt hätte ein nochmaliges, durch Elektronik-Probleme ausgelöstes Scheitern die Einführung sicherlich um viele Jahre verzögert. Daimler-Benz übte deshalb zunehmend Druck auf die AEG aus, so dass sie schließlich der Überleitung der ABS-Aktivitäten von Teldix auf Bosch zustimmte.

Innerhalb der Bosch-Geschäftsführung lag die Verantwortung bei Hermann Scholl, der zu dieser Zeit für die elektrische und elektronische Kraftfahrzeugtechnik zuständig war. Die Entwicklung des ABS 2 war aber durchaus ein interdisziplinäres Unternehmen: Insgesamt fünf Geschäftsbereiche brachten ihr vielfältiges technisches Wissen ein, etwa auf den Gebieten Hydraulik, Elektronik, Magnettechnik, Regelungstechnik und Nutzfahrzeugbremse. Hinzu kam ab 1975 eine beachtliche Verstärkung und Bündelung der personellen Kapazität; einschließlich der von Teldix übernommenen ABS-Gruppe von etwa 40 Mitarbeitern waren nun im Technischen Zentrum Autoelektrik in Schwieberdingen etwa 50 bis 70 Mitarbeiter mit der ABS-Entwicklung befasst.

Mehr noch als bei der elektronischen Benzineinspritzung war die Serienreife des ABS an den doppelten Paradigmenwechsel in Elektrotechnik und Informationstechnik gebunden, nämlich Übergang von der Analogtechnik zur Digitaltechnik und Ersatz der diskreten Bauelemente durch Integrierte Schaltkreise. Letztlich war es nur auf der Basis monolithisch integrierter Schaltkreise möglich, die Zahl der Bauelemente und damit die Ausfallwahrscheinlichkeit zu reduzieren und auf diese Weise die hohen Anforderungen an Leistungsfähigkeit und Zuverlässigkeit eines solchen sicherheitsrelevanten elektronischen Systems im Kraftfahrzeug zu erfüllen. Zeitlich überlappend mit den (im Dezember 1974 gescheiterten) Bestrebungen, das Teldix-ABS der ersten Generation serienreif zu machen, hatte man unter dem Druck von Daimler-Benz tatsächlich seit 1973 versucht, die Logik des analogen Teldix-ABS in die zuverlässigere Digitaltechnik zu übersetzen und gleichzeitig das elektronische Steuergerät in der Technik Integrierter Schaltkreise zu realisieren.

Obwohl es die Geschäftsführung bei Bosch durchaus vorgezogen hätte, die Teldix-Entwicklung ohne große Brüche fortzusetzen, musste man jedoch mit Blick auf die problematische Zuverlässigkeit mit der Entwicklung der zweiten Generation des elektronischen ABS noch einmal vollständig neu ansetzen. Erhalten blieb zwar die bei Teldix geschaffene Grundkonfiguration: Rad-Sensoren zur Geschwindigkeits- und Beschleunigungsmessung, Verarbeitung der Signale in einer elektronischen Steuereinheit und Ansteuerung schneller Magnetventile sowie Rückförderpumpe mit Druckspeicher zur Sicherstellung einer ausreichenden Regelungsdauer. Als Grundlage für das elektronische Steuergerät wurde aber nun ein fest verdrahteter »Einzweckrechner« gewählt – also eine heute eher als ASIC (Application Specific Integrated Circuit) oder anwendungsspezifischer Schaltkreis bezeichnete Elektronik (Mikroprozessoren wurden in einem Bosch-ABS erst 1983 eingesetzt).

Ein neben der Sicherheitsschaltung entscheidender Teil der Schaltung wurde für die Aufbereitung der Radsignale benötigt, einschließlich der Filterung, der Differenzierung und der rechnerischen Ermittlung der Radbeschleunigung. Mit Blick auf Regelungstechnik, Schaltungsentwurf und Integration der Schaltung bestand hier eine technikwissenschaftlich tiefreichende Wechselwirkung mit der Entwicklung der elektronischen Benzineinspritzung. Aufbauend auf der kurzzeitig mit dem Mikroprozessor konkurrierenden Inkrementaltechnik, einer Zähltechnik, die Werner Leonhard am Institut für Regelungstechnik der TU Braunschweig für sich entwickelt hatte, war ein experimentelles digitales Benzineinspritzsystem aufgebaut und auch 1972 bei American Microsystems, Inc. integriert worden. Der amerikanische Halbleiterhersteller AMI arbeitete – wie berichtet – etwa zehn Jahre mit Bosch zusammen. Aufgrund der dabei gesammelten Erfahrung konnte man grundlegende Überlegungen in die Entwicklung des digitalen ABS übertragen. Große Bedeutung für die Messda-

tenerfassung, wie sie in den Integrierten Schaltkreisen bei Serienanlauf des ABS 1978 verwandt
wurde, bekam ein unter Verwendung von
Inkrementrechenschaltungen entworfener Digitalfilter. Das frequenzanaloge Signal der in den
Rädern installierten Drehzahlsensoren wurde
dabei direkt an den Eingang eines solchen digitalen Inkrementrechenfilters gelegt. Die der
Raddrehzahl überlagerten Schwingungen und
Störungen konnten dadurch unterdrückt werden. Weiter konnte in einem Filter mit Hoch-
pass-Charakteristik differenziert werden, wodurch man rechnerisch die für die Bremsregelung erforderliche Radbeschleunigung erhielt und gleichzeitig auf einen mechanischen
Beschleunigungssensor verzichten konnte.

Die Synergieeffekte bei der Entwicklung
der jeweils zweiten Generation von ABS und
elektronischer Benzineinspritzung setzten sich
beim Kraftfahrzeugtauglich-Machen der Integrierten Schaltkreise fort. Da die ICs zunächst
gegenüber mechanischer Beanspruchung und
hohen Spannungen außerordentlich empfind-

lich waren, mussten bei der Auslegung der Span-
nungsversorgung und bei der Gestaltung der
Schalteingänge die rauen Umweltbedingungen
und die Störungen aus der gesamten Kraftfahrzeugelektrik im Schaltungsentwurf berücksichtigt werden. So arbeiteten im Joint Development
Team von Bosch und AMI schließlich auch Mitarbeiter von Heinz Leiber. Das Ergebnis war der
im ersten serienmäßigen ABS 2 eingesetzte
Chip-Satz »Ben More«. Mit einer Integration
von etwa 10 000 Transistoren repräsentierte er
gleichzeitig die erste Verwendung von digitalen
Schaltkreisen in Large-Scale-Integration-(LSI-)
Technik im Kraftfahrzeug. Ihm folgte der später
in großen Stückzahlen hergestellte ABS-Schalt-
kreis »Bayreuth«.

Wichtig für die verbesserte Sicherheit des
serienreifen ABS war die Ergänzung der Sicherheitsschaltung durch das eingebaute Testsys-
tem »bite« («built in test equipment«), das nach
Fahrtantritt bei Erreichen einer bestimmten
Geschwindigkeit aktiviert wurde. Beim ABS 2
wurde diese bei etwa sechs Kilometer in der

Erstes elektronisch geregeltes Antiblockiersystem ABS 2 von Bosch für Großserieneinsatz (1978).

Stunde festgelegt, da hier gleichzeitig die Funktion der Drehzahlsensoren überprüft wurde. In die Elektronik wurde dabei ein bestimmtes Testmuster eingegeben, auf das ein einwandfrei arbeitendes ABS-System eindeutig festgelegte Antworten geben musste. Die Einführung des Testsystems »bite« war aber praktisch nur durch den Übergang von der Analog- zur Digitaltechnik möglich. Nur in Digitaltechnik konnten die erforderliche komplexe Logik und eine Synchronisation der abgefragten Schaltungsteile mit erträglichem Aufwand realisiert werden. Die entsprechenden Schaltkreise waren ebenfalls als hochintegrierte MOS-ICs ausgebildet. Die noch verbleibenden analogen ICs, etwa zur Eingangsverstärkung und zur Ansteuerung der Magnetventile, wurden im Übrigen im Bosch-eigenen Halbleiterwerk in Reutlingen in der dort verfügbaren Bipolar-Technologie entwickelt.

Zu Entwurf und Integration der digitalen Elektronik des Steuergeräts trat die endgültige Gestaltung wichtiger elektrischer und hydraulischer Komponenten. Als Sensoren zur Ermittlung der Radgeschwindigkeit wurden neu entwickelte stabförmige, induktive Impulsgeber herangezogen. Der Vorteil war, dass sie berührungslos arbeiteten und einen besonders einfachen Anbau an die Achsen ermöglichten. Je ein Induktiv-Sensor wurde an den beiden Vorderrädern montiert, ein weiterer am Antriebskegelrad der Hinterachse. Dies spiegelte die Einzelradregelung der Vorderachse und die – wegen ihrer Gutmütigkeit gewählte – Select-Low-Regelung der Hinterachse. Dasjenige Rad, das zuerst zu blockieren drohte, war also bestimmend für die Änderung des Bremsdrucks an beiden Rädern der Hinterachse. (Daneben gab es auch eine Version, bei der an allen vier Rädern gemessen und geregelt wurde.) Die Steuerung des Bremsdrucks wurde von einer Hydraulikeinheit vorgenommen, die drei Magnetventile enthielt. Die Select-Low-Regelung

mit der Aufteilung des Bremskreises in vorne und hinten erlaubte es also, die Anzahl der Magnetventile zu reduzieren. Durch die Verwendung von Dreistellungsventilen (mit den Funktionen: Normalstellung, also offene Verbindung zwischen Hauptbremszylinder und Radbremszylinder, Druckabbau und Druckhalten) konnte die Zahl der Ventile im Vergleich zu einer Lösung mit Zweistellungsventilen halbiert werden. Der adaptive Druckverlauf wurde durch entsprechende Ansteuerung der Ventile erreicht. Später hat man allerdings das von Heinz Leiber wegen seiner Zuverlässigkeit favorisierte Dreistellungsventil zugunsten einer – vor allem im Hinblick auf die Ergänzung mit einer Antriebsschlupfregelung (ASR) – weniger aufwändigen Lösung mit Zweiwegeventilen verlassen. Entscheidend war aber, dass die zum Zweck der Druckabsenkung abgelassene Bremsflüssigkeit mit Hilfe einer durch einen Elektromotor angetriebenen Freikolben-Rückförderpumpe wieder in den Druckkreis der Hydraulikeinheit zurückgefördert wurde.

Die Entwicklungsarbeiten bei Bosch wurden straff organisiert. Hermann Scholl selbst nahm ab Mitte 1975 an den monatlichen Entwicklungssitzungen mit allen beteiligten Geschäftsbereichen bis zum Serienanlauf teil. Die Sitzungen waren von Hans Leiber stets in allen Details vorbereitet und dauerten jeweils einen halben Tag. Mit Daimler-Benz bestand eine klare Arbeitsteilung, die strikt eingehalten wurde. Sie sah vor, dass Bosch das elektronische Steuergerät sowie die Hydraulikkomponenten entwickelte, während Daimler-Benz Applikation und Erprobung übernahm. Dies bedeutete, dass die Konstruktion bei Daimler-Benz das System in die Fahrzeuge einbaute und die Fahrerprobung durchführte. Der für die Serieneinführung entscheidende Beitrag von Daimler-Benz wurde genau auf dieser Ebene geleistet: 1975 bis 1977 rüstete man in Untertürkheim nahezu 200 Fahrzeuge mit ABS aus und legte mit diesen Fahrzeugen mehrere Millionen Test-kilometer zurück. Nicht nur für Daimler-Benz, sondern für die gesamte Automobilbranche war diese Fahrerprobung außergewöhnlich um-fangreich. Bosch wäre jedenfalls nicht entfernt in der Lage gewesen, eine solche Flotte von Fahrzeugen zum Nachweis der Serienreife auf die Straße zu bringen. Ohne den unternehmeri-schen Einsatz von Daimler-Benz wäre also – zumindest zu diesem Zeitpunkt – der Serienan-lauf des ABS nicht zustande gekommen. Andere Fahrzeughersteller führten, wenn auch in ge-ringerem Umfang, ebenfalls Erprobungen durch und steuerten so wertvolle Erkenntnisse für die Entwicklung des Regelalgorithmus bei.

Nach einer bemerkenswert langen Ent-wicklungszeit, die bei Daimler-Benz zwanzig Jahre und selbst bei einer Beschränkung auf das elektronische ABS weit mehr als zehn Jahre in Anspruch genommen hatte, die sowohl in tech-nischer wie in unternehmerischer Sicht außer-ordentlich komplex war und zahlreiche fehlge-schlagene Ansätze anderer Hersteller gesehen hatte, gelang Bosch im Herbst 1978 mit der Aufnahme der Serienproduktion des weltweit ersten zuverlässigen ABS für Personenwagen der Durchbruch. Vor diesem Hintergrund er-scheinen die ständig vorgetragenen politischen Forderungen nach Verkürzung von Innovations-phasen eher als realitätsferne Floskeln. Mit Rücksicht auf den erforderlichen Aufbau der Produktionskapazitäten stand ABS ab Oktober 1978 zunächst als Sonderausstattung für die Mercedes S-Klasse (der Baureihe 116) zur Ver-fügung, und zwar wiederum streng hierarchisch zunächst bei den Acht-Zylinder- und dann bei den Sechs-Zylinder-Modellen.

Schon vor der Pressevorstellung war die Freude bei Daimler-Benz durch einen Artikel in der »Süddeutschen Zeitung« (vom 13. 10.1978) getrübt worden, der ein unerwartet schnelles Nachziehen durch BMW erkennen ließ. Ab November 1978 wolle BMW die Modelle der

7er-Serie auf Wunsch mit ABS ausstatten. Be-stimmte Passagen in späteren Anzeigen konn-ten beim unbefangenen Leser sogar den Ein-druck erwecken, dass BMW selbständig das ABS entwickelt hatte. Dies war insofern provokant, als zwischen Bosch und Daimler-Benz ein zeit-licher Vorlauf von der Größenordnung eines Jahres verabredet worden war. Allerdings war schon der chronologische Ablauf insofern kom-plizierter, als bereits in der Teldix-Zeit, also vor Mitte 1975, das ABS nicht nur Daimler-Benz, sondern auch BMW und Porsche angeboten worden war, und Teldix auch mit diesen Firmen Termine für den Serienanlauf vereinbart hatte. Nachdem Bosch Mitte 1975 die ABS-Aktivität der Teldix übernommen hatte, war das Unter-nehmen als Nachfolgeorganisation der dama-ligen Teldix auch gegenüber BMW und Porsche im Wort. Porsche schied jedoch aus dem »Ren-nen« aus, da der damalige Vorstandsvorsitzende Ernst Fuhrmann den Einsatz des Bosch-ABS ab-lehnte, solange das Problem »Schneekeil« nicht gelöst war. Da bei Fahrzeugen ohne ABS bei lockerem Schneebelag die blockierten Räder einen Schneekeil vor sich herschieben, war in diesem speziellen Fall der Bremsweg kürzer als bei Fahrzeugen mit ABS. Dieses Problem ist bis heute nicht gelöst.

Nach vielen Verzögerungen wurde schließ-lich mit Daimler-Benz die entsprechende Ver-einbarung über einen Serienanlauf getroffen und ein Terminplan vereinbart. Der Forderung von Daimler-Benz nach einem Vorlauf von einem Jahr wurde so Rechnung getragen, dass Bosch mit Daimler-Benz einen Serienanlauf im Früh-jahr 1978 und mit BMW im Frühjahr 1979 verab-redete. Aus Gründen, die bei beiden Entwick-lungspartnern zu suchen sind, verzögerte sich der Termin für Daimler-Benz bis in den Herbst 1978. Da aber gleichzeitig der Termin für den Serienanlauf mit BMW aufrechterhalten wurde, schrumpfte die Zeitdifferenz zwischen den Kon-kurrenten Daimler-Benz und BMW auf weniger als ein halbes Jahr. BMW verfügte zu dem zunächst angekündigten Termin November 1978 nur über eine begrenzte Anzahl von Musteranlagen, die Bosch im Zuge der Erprobungsarbeiten geliefert hatte. Die eigentliche Serienlieferung begann im Frühjahr 1979 mit insgesamt rund 3000 Einheiten in diesem Jahr. Auch an Audi wurden 1979 noch kleine Stückzahlen geliefert. Daimler-Benz nahm Bosch diesen Vorgang außerordentlich übel. Unwiderlegbar ist, dass durch eine Verkettung unglücklicher Umstände bei Daimler-Benz der Eindruck entstehen konnte, dass Bosch nicht zu seinem Wort gestanden habe. Unter dem Vorzeichen »Vertrauensverlust« oder gar »ABS-Trauma« wird deshalb das Thema ABS bis heute von Daimler-Benz als Musterbeispiel für das Risiko genannt, das Daimler-Benz eingeht, wenn es eine Entwicklung in Kooperation mit einem Zulieferer durchführt.

Die historische Situation war auch insofern besonders komplex, als schon in der Pressevorstellung im Dezember 1970 Daimler-Benz zugestanden hatte, dass trotz seines hohen Entwicklungsaufwands im Interesse der allgemeinen Sicherheit auch anderen Automobilherstellern das Teldix-ABS zur Verfügung stehen sollte. Außerdem war das serienreife ABS 2 aufgrund der bei Teldix und bei Bosch angesammelten Patente und aufgrund des erworbenen Know-how Eigentum von Bosch. Systementwicklung und konstruktive Auslegung der Aggregate des ABS 2 erfolgten selbstständig bei Bosch. Es konnte deshalb gegen den Verkauf an andere Automobilhersteller keine Einwände geben. Die auf den Serienanlauf mit Daimler-Benz folgende Einführung des Bosch-ABS bei BMW war auch keineswegs eine ausgemachte Sache, sondern ein »Erfolg«, der gegen den Wettbewerb erzielt worden war. Ungeachtet der sich in Wirklichkeit um sechs Jahre verzögernden Einführung des ersten ABS durch Teves, musste man unter den konkurrierenden

Firmen noch bis zum Frühjahr 1978 davon ausgehen, dass sich BMW sehr intensiv mit dem Teves-ABS auseinander setzt. Immerhin waren bereits fünfzehn Fahrzeuge aus der BMW-7er-Reihe für einen Langzeittest ausgerüstet worden, also genau die Wagenklasse, für die BMW später als Sonderausstattung das Bosch-ABS anbot. Mit diesem Hinweis auf den Wettbewerb ist gleichzeitig das tiefer liegende Problem angesprochen, dass es für einen unabhängigen Zulieferer durchaus um die Existenz geht, wenn er sich durch Gewährung von Präferenzen in eine zu große Nähe zum Automobilhersteller begibt. Entwicklungskooperationen stellen also notwendigerweise für den Automobilhersteller wie für den Zulieferer Gratwanderungen dar.

Noch in anderer Hinsicht bedeutete die Einführung des ABS für Bosch eine Gratwanderung. So war die anlaufende Fertigung von ABS – ähnlich wie bei der ein Jahr später in Serie gehenden Motronic – durch die erheblichen, bei ABS im dreistelligen Millionenbereich liegenden Vorleistungen belastet. Außerdem blieben in den ersten Fertigungsjahren die Stückzahlen deutlich hinter den Erwartungen zurück. So wurden im Einführungsjahr 1978 bei Daimler-Benz 3000 und auch im Folgejahr erst wenig mehr als 5000 Einheiten eingebaut. Wie bei Daimler-Benz war der Preis bei Bosch in der Einführungsphase keinesfalls kostendeckend. Die Preisgestaltung bei Bosch ging nämlich von einer Kostensituation aus, wie sie nach zwei bis drei Fertigungsjahren erreichbar schien. Die Serienentscheidung bei Daimler-Benz, BMW und Audi beruhte aber auf diesen Preisen. Eine nachträgliche Erhöhung der Preise war deshalb nur in sehr geringem Umfang möglich. Zum Ausgleich der bei der Fertigung entstehenden Verluste gestand der Einkauf von Daimler-Benz Bosch allenfalls ein zusätzliches jährliches Fixum zu. Jedenfalls führte diese ungünstige Preis-Kosten-Relation in den ersten Fertigungsjahren zu hohen jährlichen Verlusten, die trotz tendenziell fallender Herstellungskosten wegen der zunehmenden Stückzahlen in absoluten Zahlen sogar noch zunahmen. Der maximale jährliche Verlust erreichte immerhin rund 30 Millionen DM. Nur durch die guten Ergebnisse, die man zu dieser Zeit in anderen Bereichen erzielte, konnte manches an den Verlusten kompensiert werden. Jedenfalls bedurfte es einiger Weitsicht der Bosch-Geschäftsführung zu akzeptieren, dass diese Vorleistungen erbracht werden mussten. Allerdings tragen heute ABS (und Motronic) ihrerseits erheblich zur Stützung des Ergebnisses bei.

Von 1983 an zeichnete sich der wirtschaftliche Erfolg des ABS ab: Durch die hohe Motivation der Mitarbeiter gelang es einem Team, innerhalb von drei Jahren die Kosten in Entwicklung und Fertigung zu senken. Außerdem sammelte man zunehmend Erfahrung in der Herstellung eines derartig komplexen Systems, man durchlief also ähnlich wie bei der elektronischen Benzineinspritzung die typische

Lernkurve. Entscheidend war, dass man bei jeder Verdoppelung der Stückzahl die Produktionskosten um jeweils 20 Prozent senken und aufgrund der seit 1982/1983 tatsächlich rasch wachsenden Stückzahlen von einer fühlbaren Kostendegression profitieren konnte. Nachdem 1980 immer noch bescheidene 30000 Einheiten an Daimler-Benz geliefert wurden, lag die Zahl 1982 schon bei 100000. 1986 wurde bei Bosch bereits das einmillionste ABS hergestellt. Um diese Zeit konnten auch die kumulierten Vorleistungen und Anlaufverluste abgebaut werden. Es folgte ein Wechselspiel von weiteren Investitionen und steigenden Stückzahlen: Allein in Sachanlagen investierte Bosch von 1983 bis 1986 etwa 390 Millionen DM, bis 1988 kamen noch einmal rund 460 Millionen DM hinzu.

Interessant ist die organisatorische Einbindung des ABS bei Bosch ab 1975 und die Lieferung durch die verschiedenen Werke: Mitte 1975 wurde die System- und Gesamtver-

Herstellung eines ABS-Steuergeräts im Werk Reutlingen (1997).

Funktionsprüfung an einem ABS-Hydroaggregat im Werk Immenstadt (1989).

antwortung dem Geschäftsbereich K8 zuge-ordnet. Ab Mitte 1978 lag sie beim Geschäfts-bereich K1. Als die Produktion 1978 begann, waren daran folgende Werke beteiligt: Das Lichtwerk (K1) fertigte das Hydroaggregat; Bamberg (K5) und Bühl (K4) lieferten Magnet-ventile bzw. den Pumpenmotor an das Licht-werk; das Steuergerät wurde in Reutlingen (K8) gefertigt; die Drehzahlfühler kamen von Ans-bach. Das Werk Ansbach gehörte damals noch zum alten Geschäftsbereich K3, der später aufgelöst wurde; Ansbach wurde dann dem Geschäftsbereich K1 zugeschlagen. Die Anfang der achtziger Jahre getroffene Entscheidung, die Fertigung der Magnetventile von Bamberg nach Blaichach zu verlegen sowie der Ent-schluss, in Immenstadt einen neuen Standort

Fertigung der Drehzahlfühler für ABS-Systeme im Werk Eisenach (1992).

für Hydroaggregate aufzubauen (und organisatorisch an Blaichach anzubinden), trug entscheidend zur Senkung der Kosten des Hydroaggregates bei. Der Geschäftsbereich K1 hatte damit – bis auf das Steuergerät und den Pumpenmotor – die Fertigung vollständig in der Hand und konnte in den eigenen Werken die Rationalisierung sehr erfolgreich vorantreiben. Seit der Wiedervereinigung werden am traditionsreichen Automobilstandort Eisenach, an dem auch Opel und BMW moderne Werke eingerichtet haben, ebenfalls ABS-Komponenten gefertigt.

Zur Marktdurchdringung trug ein vorübergehend von den Versicherungsgesellschaften für Fahrzeuge mit ABS gewährter Rabatt von annähernd zehn Prozent bei, wobei verkehrswissenschaftliche Untersuchungen schon in den siebziger Jahren auf einen in dieser Größenordnung liegenden Gewinn an Sicherheit und das daraus folgende Einsparungspotenzial hingewiesen hatten. Hinzu kam 1988 eine deutliche Preissenkung durch Daimler-Benz: Nachdem der Autokäufer zunächst etwa 2500 DM für das ABS bezahlen musste, lag nun der Preis knapp unter 1400 DM. BMW schloss sich dieser Preissenkung rasch an. Außerdem begann Daimler-Benz 1988 seine Fahrzeuge – mit wenigen Ausnahmen – serienmäßig mit ABS auszurüsten.

Zunächst übernahmen Daimler-Benz und BMW fast 100 Prozent der gesamten ABS-Produktion von Bosch. Auch 1988 war ihr Anteil noch dominierend. Erst nach 1988 konnte Bosch bei anderen deutschen Automobilherstellern nennenswerte Stückzahlen gewinnen, in der EU bei Fiat, Renault und Citroën. Nachdem 1990 bereits 25 Prozent aller in der Bundesrepublik Deutschland hergestellten Personenwagen mit ABS ausgerüstet waren, stieg 1991 der Ausrüstungsgrad auf 29 Prozent und in Westeuropa auf nahezu 20 Prozent. In Japan waren es 15 und in den USA 19 Prozent – bei steigender Tendenz. Bis 1991 konnten fast

10 Millionen Bosch-ABS ausgeliefert werden. Das zwanzigmillionste Antiblockiersystem für Personenwagen lief 1995 im 1986 eröffneten Werk Immenstadt im Allgäu vom Band.

Außerordentlich attraktiv wegen seiner riesigen Automobilproduktion wirkte zwar der japanische Markt; zugleich war er aber zu groß und vor allem zu sehr abgeschlossen, um ihn durch Exporte versorgen zu können. Der Aufbau eigener Produktionsstätten schien kaum durchführbar; die bloße Vergabe von Lizenzen hätte eher die japanische Eigenproduktion gefördert. Zur Erschließung des japanischen Marktes für Antiblockiersysteme gründete deshalb Bosch mit Nippon Air Brake Co. Mitte 1984 ein Joint-Venture, und zwar die Nippon ABS Ltd. (NIAB) mit Sitz in Tokio. Bosch hielt zunächst einen Anteil von 35 Prozent. Die Nippon Air Brake Co. (NABCO) hatte als großer japanischer Bremsenhersteller insbesondere Zugang zu den Unternehmen Mitsubishi und Nissan, so dass das Joint-Venture diese beiden Automobilhersteller sowie teilweise auch Mazda als Kunden gewinnen konnte. Dabei musste sich Bosch in Japan mit seinem Lizenznehmer Nippondenso verständigen, an dem 1984 die Toyota-Gruppe einen Kapitalanteil von fast 30 Prozent hielt und Bosch einen Anteil von rund sieben Prozent. Auseinander setzen musste man sich im japanischen Markt auch mit den europäischen Wettbewerbern Teves und Lucas-Girling. Trotzdem hatte sich um 1990 die Nippon ABS Ltd. zum größten japanischen ABS-Hersteller entwickelt. So lieferte Nippon ABS – an der Bosch nun mit 50 Prozent beteiligt war – allein 1990 etwa 500 000 Antiblockiersysteme an die Fahrzeughersteller Nissan, Mitsubishi, Mazda und Subaru. Überdies bestanden mit weiteren japanischen Fahrzeugherstellern Projekte. Nachdem das Stammwerk von Nippon ABS in Yokusuka, etwa 60 Kilometer südlich von Tokio, bereits seit 1984 ABS in Bosch-Lizenz fertigte, wurde zur Deckung des steigenden Bedarfs an Antiblockiersystemen 1990 ein zweites Werk in Tochigi, 170 Kilometer nördlich von Tokio, eröffnet.

Deutlich schwieriger war die Erschließung des amerikanischen Marktes. Wegen der niedrigen Geschwindigkeitsbegrenzung erschien in den USA ein ABS auf den ersten Blick wenig attraktiv. Hinzu kamen – besonders beim Kunden Daimler-Benz – ausgeprägte Hemmungen wegen der strengen Produkthaftung in den USA. Außerdem gab es die großen »In House«-Ausrüster der amerikanischen Automobilhersteller. Auch Bendix war Ende der achtziger Jahre unter dem Dach von Allied-Signal wieder auf dem ABS-Gebiet aktiv geworden. Vor allem konnte der deutsche Wettbewerber Teves wegen der Unterstützung durch die Mutter ITT in den USA schnell in eine führende Position gelangen. Obwohl Bosch schon Anfang der achtziger Jahre an die großen Hersteller General Motors, Chrysler und Ford herangetreten war, gelang es lediglich, an Chrysler und an die General Motors-Division Cadillac Antiblockiersysteme zu liefern. So lagen die Absatzziffern für Bosch-ABS-Systeme in den USA 1987 noch deutlich unter 100 000. In Erwartung einer die Akzeptanz des ABS fördernden Gesetzgebung begann Bosch trotzdem in den USA kräftig in Applikationsentwicklung sowie in Produktionsanlagen zu investieren. Im Sommer 1989 wurde für die Belieferung des amerikanischen Marktes in den Werken Charleston (Hydroaggregate) und Anderson (Steuergeräte) die Fertigung von ABS-Systemen aufgenommen. Die beiden im US-Staat South Carolina liegenden Werke besaßen 2002 eine Kapazität von zwei Millionen Einheiten pro Jahr.

Der Erfolg des ABS und seine Wertschätzung in den Ingenieur-Verbänden der USA zeigte sich auch in der Verleihung des Elmer A. Sperry Award 1993 an Heinz Leiber, Jürgen Gerstenmeier und Wolf-Dieter Jonner. Gerstenmeier und Jonner waren schon zu Teldix-Zeiten Mitkämpfer von Leiber und führten nach seinem Ausscheiden als Entwicklungsleiter für Hardware bzw. für Systementwicklung und Applikation die ABS-Entwicklung bei Bosch.

Dieser Erfolg hat zweifellos auch damit zu tun, dass Bosch sich selbst gegenüber den Bremsenherstellern einen enormen Vorsprung gesichert hatte. Lucas scheiterte mit seinem mechanischen Billig-System SCS (Stop Control System). Teves gelang es erst sechs Jahre nach der Markteinführung durch Bosch und Daimler-Benz, selbst ein elektronisches ABS auf den Markt zu bringen. Die Entwicklung bei Teves hatte lange Zeit darunter gelitten, dass man eine Vielzahl von Prinzipien und Ausführungen erprobte, damit aber die Automobilhersteller nicht wirklich überzeugte. Erst 1984 konnte Teves sein ABS Mk-2 im luxuriösen Lincoln Mk. VII von Ford in Serie bringen; 1985 folgte als erstes »deutsches« Fahrzeug der Ford Scorpio. Gleichzeitig glückte Teves mit der zusätzlichen Bezeichnung »ABS der 3. Generation« aber ein besonders wirkungsvoller Eintritt in den Markt. Beim Serien-Steuergerät ging Teves vom anwendungsspezifischen Schaltkreis zu den flexibleren Mikroprozessoren über. Außerdem stellte das Teves-ABS Mk-2 ein »integriertes« ABS dar, bei dem sämtliche Hydraulikfunktionen von Bremse und ABS in einer einzigen kompakten Hydraulikeinheit mit offenem Kreislauf zusammengefasst sind und durch einen speziellen Hauptbremszylinder die notwendige Regeldauer des ABS und die Zuverlässigkeit der Bremse gesichert wird. Beim Bosch ABS 2 handelte es sich dagegen um eine Add-On-Anlage, bei der konventionelles Bremsgerät und ABS-Hydraulikaggregat, inklusive Rückförderpumpe, getrennt realisiert sind.

Nachdem Bosch seinerseits seit 1982 begonnen hatte, ein integriertes ABS zu entwickeln, wurde dieses als ABS 3 im Jahr 1986 auf den Markt gebracht. Dahinter stand die Sorge, dass Teves mit dem integrierten System eine für die Automobilindustrie attraktivere

Lösung bieten würde. Schon nach wenigen Jahren trat jedoch das Argument der günstigen Einbaumaße hinter den Gesichtspunkt der Flexibilität in der Anpassung an unterschiedliche Fahrzeugklassen zurück. Außerdem zeigte sich, dass ein integriertes System in den Herstellungskosten um etwa dreißig Prozent höher lag als eine komplette Bremsanlage (mit Bremskraftverstärker, Hauptbremszylinder und ABS). Damit wurde klar, dass sich die Struktur des ursprünglichen Bosch-Systems weitgehend durchsetzen würde. Bosch stellte dann auch die Produktion des glücklosen ABS 3 nach wenigen Jahren wieder ein, umgekehrt nahm Teves 1987 ein Add-On-System in sein Programm auf, das ABS Mk-4. Hinter dieser Verschränkung der historischen Entwicklungslinien steht im Übrigen ein »Cross Licensing Agreement«, mit dem beide Unternehmen langwierigen Patentauseinandersetzungen vorbeugten. Jedenfalls konnte sich Teves nun ebenfalls am Markt etablieren, wobei etwa das Volkswagenwerk bestimmte Wagentypen (zum Beispiel den Passat) mit ABS-Systemen von Bosch ausrüstete, andere hingegen (etwa den Golf) mit einem Teves-ABS.

In der Folgezeit nahmen alle großen Bremsenhersteller mehr oder weniger erfolgreich die Produktion von Antiblockiersystemen auf. In dem Maß, wie ABS Standard wurde, verschmolz jedoch der Bereich ABS immer mehr mit dem der Bremse. Damit wurde die führende Position von Bosch insoweit angreifbar, als die Kunden zunehmend Gesamtlösungen für ABS und Bremsen verlangten, Bosch aber – mit Ausnahme bestimmter Nutzfahrzeuge – nicht über das Basisprodukt Bremsen verfügte. Bosch bemühte sich deshalb intensiv, dieses schon 1974 erkennbare Hemmnis aus dem Weg zu räumen. Obwohl primär durch die Erschließung des großen amerikanischen Marktes motiviert, gehören die Gespräche mit dem Bremsen- und ABS-Hersteller Kelsey-Hayes auch in diesen

Zusammenhang. Wirklich geschlossen werden konnte die Lücke im Gesamtsystem Bremse-ABS aber erst im Februar 1996. Nach langen Verhandlungen, die Hermann Scholl gemeinsam mit Friedrich Schiefer und Heiner Gutberlet führte, gelang es, von AlliedSignal (heute Honeywell) den Bereich Bremsausrüstung für Personenkraftwagen sowie leichte und mittlere Nutzfahrzeuge zu erwerben. Nach Übernahme der Bremsenaktivitäten von AlliedSignal nutzt Bosch die damit verbundene ehemalige Brake & Steering Division von Bendix in Southbend als Entwicklungszentrum. Bei der ehemaligen französischen Bendix-Tochter in Drancy bei Paris hat Bosch ein Technisches Zentrum für ABS und Fahrdynamikregelungen sowie für konventionelle Bremssysteme eingerichtet.

Vom Antiblockiersystem zur Fahrdynamikregelung

Neben den geschäftspolitischen Aktivitäten, die auf ein abgerundetes Gesamtgebiet von ABS und Bremsen zielten, bemühte sich Bosch um die technische Fortentwicklung seines ABS. So wurden die Funktionen des ABS bis heute stark erweitert. Die nach dem Durchbruch beim ABS eher noch gestärkte Innovationsfähigkeit von Bosch zeigt sich insbesondere darin, dass man sogar vor dem gesicherten wirtschaftlichen Erfolg beim ABS daran ging, das System durch eine Antriebsschlupfregelung (ASR) auszubauen. Neben der Verbesserung der Fahrstabilität und der Lenkbarkeit beim Bremsen sowie der Verkürzung des Bremswegs sollten nun zusätzlich beim Antrieb die Fahrstabilität und die Traktion verbessert werden. Die erste Generation von ABS/ASR spiegelte die unterschiedlichen Aufgaben von ABS und ASR noch unmittelbar. Das Gesamtsystem bestand aus der herkömmlichen ABS-Hydraulikeinheit, die durch eine getrennte ASR-Hydraulikeinheit und eine separate Hochdruckversorgung sowie das elek-

1987 brachte Bosch als erster Hersteller ein ABS mit Antriebsschlupfregelung ASR für Pkws in Serie.

tronische Gaspedal («EGAS») für den Motoreingriff ergänzt wurde. Erst in der zweiten, integrierten Generation wurden die ABS- und die ASR-Hydraulikeinheit mit der Druckversorgung zu einem Aggregat zusammengefasst.

Die erste Generation wurde im Rahmen eines detaillierten Entwicklungsvertrags zwischen Bosch und Daimler-Benz seit 1980 entwickelt. Dabei konnte Bosch insbesondere auf das ganze Know-how der ABS-Entwicklung zurückgreifen. Zu den Vorleistungen von Daimler-Benz gehörte ein bereits im November 1968 angemeldetes grundlegendes Patent zur Antriebsschlupfregelung. Zum ersten Mal war hier ein kombinierter Eingriff in die Bremsen und in die Regelung des Motormoments vorgesehen. Noch vor Beginn der eigentlichen Entwicklungstätigkeit simulierte man das Konzept der Antriebsschlupfregelung bei Daimler-Benz auf Hybrid-Rechnern und erstellte aus den Ergebnissen ähnlich wie beim ABS einen umfangreichen Forderungskatalog. In gemeinsamen Entwicklungssitzungen wurde dann zwischen Bosch und Daimler-Benz zum Beispiel die

notwendige Ergänzung der ABS-Hydraulik durch eine ASR-Hydraulik und einen separaten Hochdruckspeicher sowie die Erweiterung der Elektronik vorangetrieben. So wurden beim ABS/ASR-Steuergerät anstelle anwendungsspezifischer Schaltkreise Intel-Mikroprozessoren gewählt. Schon seit Anfang der achtziger Jahre hatte Bosch die Entwicklung des für Kraftfahrzeuganwendungen vorgesehenen 16-Bit-Rechners Intel 8096 (ursprünglich für eine Ford-Motorsteuerung entwickelt) beeinflusst, sowohl im Hinblick auf ABS als auch auf die Motronic. Während bei der Benzineinspritzung sich der 8-Bit-Rechner überraschend lange halten konnte, setzte Bosch bei ABS/ASR konsequent auf den 16-Bit-Rechner.

In einem Vortrag auf dem FISITA-Kongress in Wien, dem Weltkongress der Automobilingenieure, stellte Konrad Eckert das ABS/ASR-System bereits 1984 dem fachlich interessierten Publikum vor. Einer größeren Öffentlichkeit wurde 1985 eine Zwischenstufe der Entwicklung der Traktionsregelung bekannt, als der Volvo 760 Turbo als erster Pkw mit einer von

Volvo zusammen mit Autoliv-CIPRO entwickelten elektronisch gesteuerten Anfahrschlupfregelung und einem Bosch-ABS als Sonderausstattung erhältlich war. Diese Zwischenstufe regelte lediglich über eine einfache Einspritzausblendung das Motormoment, und zwar mit Hilfe eines Steuergeräts, das zwischen das Motronic-Steuergerät und die Einspritzventile eingefügt wurde. Schon 1986 konnte aber das gemeinsam mit Daimler-Benz entwickelte Bosch-ABS/ASR der ersten Generation präsentiert werden; seit 1987 wurde es an den Kunden ausgeliefert. Auch ASR fertigte Bosch als erster Hersteller in Serie.

Eine Antriebsschlupfregelung muss im Wesentlichen zwei Anforderungen erfüllen: Zur Erhaltung der Stabilität bei starker Beschleunigung (beim heftigen »Gasgeben«) oder bei Kurvenfahrt muss das Antriebsmoment der Räder so schnell wie möglich begrenzt werden. Um bei unterschiedlichen Reibwerten unter den angetriebenen Rädern (etwa bei Eisresten am Straßenrand) optimale Traktion zu erzielen, muss das zum Durchdrehen neigende Rad ab-

gebremst werden. Letzteres kann erreicht werden, indem die im ABS bereits vorhandene Rückförderpumpe zur Erzeugung des erforderlichen Bremsdrucks verwendet wird. Die Dynamik dieser Pumpe reicht allerdings nur für den Traktionseingriff aus, nicht jedoch für den Stabilitätseingriff.

Das rasche Absenken des Antriebsmoments zur Erhaltung der Stabilität kann auf zwei Wegen erreicht werden: In der ersten Variante wird das überschüssige Antriebsmoment durch Abbremsen der Räder vernichtet. Da dies sehr schnell erfolgen muss, benötigt man in diesem Fall eine Druckversorgung mit einem Hochdruckspeicher, aus dem der erforderliche Bremsdruck ohne Verzögerung abgerufen werden kann. Dieser Weg eines schnellen Bremseneingriffs und einer langsamen Anpassung des Motormoments wurde beim ersten ASR mit Daimler-Benz beschritten. Das Verfahren arbeitete sehr gut, war aber wegen der zusätzlichen Hydraulikkomponenten auch aufwändig. In der zweiten Variante verhindert man, dass ein überschüssiges Antriebsmoment überhaupt erst

ABS/ASR-Wintererprobung mit einem getarnten Fahrzeug am Großglockner (1990).

ASR-Erprobung an einem Anfahrhügel im nordschwedischen Arjeplog (1990).

entsteht. Man kann dies so erreichen, dass man beim ersten Erkennen einer beginnenden Instabilität das vom Motor abgegebene Moment verringert. Da für diesen Zweck die elektronisch gesteuerte Drosselklappe zu träge ist, muss man direkt in das Motormanagement eingreifen. Motoren, die mit der Motronic gesteuert wurden, boten bereits zu dieser Zeit eine solche Eingriffsmöglichkeit in die Kraftstoffeinspritzung und den Zündzeitpunkt. Diesen Vorteil machte sich BMW bei seinem mit Bosch entwickelten System »Dynamic-Stability-Control (DSC)« zunutze, das ebenfalls 1987 auf den Markt kam. In der ersten Ausführung verzichtete man bei diesem System auf den Traktionseingriff in die Bremse. Nachdem heute nahezu alle Motoren über einen schnellen Momenteneingriff verfügen, hat sich die ASR-Ausführung mit schnellem Motoreingriff und etwas langsamerem Bremseneingriff als kostengünstigste Variante durchgesetzt.

Die Fähigkeit eines Reifens, Kräfte auf die Straße zu übertragen, ist – wie schon ausgeführt – von vielen Einflussgrößen abhängig.

Besonders wichtig ist aber, dass bei Bremsvorgängen und beim Antrieb die übertragbare Seitenkraft abnimmt. Zeitlich überlappend mit der Entwicklung der Antriebsschlupfregelung wurden deshalb bei Bosch seit Anfang der achtziger Jahre Überlegungen angestellt, nicht nur wie bei ABS/ASR den Reifenschlupf in Fahrzeuglängsrichtung zu beeinflussen, sondern den Fahrer zusätzlich bei kritischen Seitenkräften zu unterstützen und sich einer vollständigen Fahrdynamikregelung zu nähern. Die Blickrichtung war also nicht mehr nur längsdynamisch sicheres Bremsen oder verbesserte Traktion, sondern Beherrschen von querdynamisch kritischen Situationen, wie sie etwa bei Glatteispassagen, beim Durchfahren von Kurven oder beim Umfahren unvorhergesehener Hindernisse auftreten können. Ohne technische Unterstützung besteht hier das Risiko, dass an einem (oder mehreren) Rädern die zu übertragenden Seitenkräfte einen Grenzwert überschreiten, die Kontrolle über das Fahrzeug verloren geht, das Fahrzeug also schleudert oder von der Fahrbahn abkommt.

Mitte der achtziger Jahre entwickelte der Geschäftsbereich K9 in großer Breite – es waren mindestens 50 Mitarbeiter beteiligt – eine elektromotorisch betätigte Hinterachslenkung. Hinterachslenkungen wurden damals von einer Reihe von Kraftfahrzeugherstellern ins Auge gefasst. Es gab zwei Zielrichtungen, die teilweise kombiniert wurden: Einmal wurde aufgrund des wesentlich kleineren Wendekreises eine Verbesserung der Manövrierfähigkeit des Fahrzeugs angestrebt. Zum anderen ging es um die Entwicklung einer Fahrdynamikregelung mit einem Eingriff über die Hinterachslenkung. Letzteres war der primäre Ansatz für den Geschäftsbereich K9 bei Bosch. Gleichzeitig entwickelte BMW eine hydraulisch betätigte Hinterachslenkung für die Verbesserung der Fahrdynamik, beispielsweise zur Vermeidung von Instabilitäten bei schnellen Spurwechseln. Bei den zur Fahrzeugstabilisierung eingesetzten Hinterachslenkungen werden die Räder zwar nur um kleine Winkel verdreht, trotzdem sind dazu erhebliche Kräfte erforderlich. Daher waren die Systeme (bestehend aus Elektromotor plus Getriebe oder Hydraulikzylinder plus Pumpe) sehr kostspielig.

Eine grundlegende Anregung zu einem alternativen Vorgehen ging von der Bosch-Geschäftsführung aus. Im Juni 1983 trug Konrad Eckert, der seit 1982 für die Gesamtkoordination des Unternehmensbereichs Kraftfahrzeugtechnik verantwortlich war, Ideen zu einer Fahrdynamikregelung vor, die keine Hinterachslenkung erforderten. Er machte den Vorschlag, durch gezieltes Abbremsen einzelner Räder ein Drehmoment um die Hochachse zu erzeugen, das heißt einen »Lenkeingriff« zu realisieren. Ein wesentlicher Vorzug dieser Idee

Laserkreisel für die Drehratensensierung im Dauertest bei Teldix (1993).

war, dass in ABS und ASR bereits ein Teil der erforderlichen Sensoren und Aktuatoren (Stellglieder) vorhanden war. Der Vorschlag wurde in der Vorentwicklung auf seine Patentfähigkeit hin überprüft sowie mit Blick auf eine mögliche Realisierung weiter bearbeitet. Ungeachtet großer Entwicklungsanstrengungen und trotz umfangreicher Simulationen und Fahrversuche gelang es aber zunächst nicht, eine Fahrdynamikregelung auf dieser Grundlage in den Griff zu bekommen. Der Durchbruch kam, als das Signal eines zunächst nur zu Messzwecken verwendeten faseroptischen Drehratensensors (eines »passiven Laserkreisels« von Teldix) für die Regelung verwendet wurde. Die Arbeiten wurden zusammen mit dem Geschäftsbereich K1 durchgeführt und später ganz von diesem übernommen, da die in der Verantwortung von K1 liegenden Systeme ABS/ASR sich als wesentliche Bestandteile des neuen Systems abzeichneten.

Damit standen zwei Projekte im Wettbewerb: Parallel zur Entwicklung der Fahrdynamikregelung auf der Grundlage von ABS/ASR liefen die Arbeiten zur Hinterachssteuerung im Geschäftsbereich K9. Nachdem eine sorgfältige Untersuchung ergeben hatte, dass eine Fahrdynamikregelung auf der Grundlage ABS/ASR bereits 70 Prozent, möglicherweise sogar 80 Prozent des Stabilisierungseffekts einer Hinterachslenkung erreichen würde, gleichzeitig jedoch in den Herstellungskosten deutlich günstiger sein würde, entschied die Geschäftsführung, die Entwicklung der Hinterachslenkung einzustellen und alle Kräfte auf die Fahrdynamikregelung auf Basis des ABS/ASR zu konzentrieren.

Gleichzeitig wurde im Geschäftsbereich K1 intensiv an Kostensenkungsmaßnahmen bei ABS gearbeitet, da seitens der Automobilindustrie mit der breiteren Einführung von ABS sehr starker Druck auf die Preise ausgeübt wurde. Die Entwicklungsgruppe um Gerhard Heeß und

Anton van Zanten wurde deshalb 1984 von Hermann Scholl mit der Aufgabe betraut, losgelöst von der Serienentwicklung nach einem Einfach-ABS zu suchen, das durch niedere Kosten auch den Zugang zum Markt der kleineren Fahrzeugklassen eröffnen würde. Da zu jenem Zeitpunkt die Adaption der Drehzahlsensoren an die Achsschenkel noch nicht standardisiert und daher teuer war, untersuchte man einen Ansatz, der ganz auf diese Sensoren verzichtete.

Der Umfang der Sensorik war dann auch ein wesentlicher Gesichtspunkt der Entwicklung der elektronischen Fahrdynamikregelung. Unter der Annahme, dass ein Lenkwinkelsensor und ein Drehratensensor kostengünstiger als vier Drehzahlsensoren, einschließlich deren Adaption, zu realisieren sein könnten, schuf man 1986 einen einfachen Stabilitätsregler. Über eine zweikreisige Hydraulikeinheit wurde der Bremsdruck, ähnlich einer Stotterbremse, synchron an allen vier Rädern moduliert. Die Modulation erfolgte immer dann, wenn eine Abweichung zwischen der – aus dem Lenkwinkel und der vom Tachometersignal abgegriffenen Fahrzeuggeschwindigkeit – errechneten zulässigen Drehrate und der gemessenen Drehrate ermittelt wurde. Mit diesem System konnte ein Schleudern des Fahrzeugs weitgehend vermieden werden, auch blieb die Lenkbarkeit in gewissen Grenzen während der Vollbremsung erhalten. Da das Blockieren der Räder über längere Zeitspannen aber nicht zu verhindern war, musste mit Reifenschädigungen gerechnet werden. Ein marktfähiges Produkt war also auf dieser Basis nicht zu realisieren.

Anfang 1988 wurde die Entwicklungsgruppe um Anton van Zanten einem der ABS-Pioniere, nämlich Wolf-Dieter Jonner, zugeordnet. Die modifizierte Aufgabenstellung lautete nun, die fahrdynamischen Regelungsansätze mit einem „vollwertigen" ABS zu kombinieren. Dabei konzentrierte man sich zunächst auf die

Realisierung einer »passiven« Fahrdynamikregelung während der Vollbremsung mit ABS, sah aber noch keine aktive Druckerhöhung vor. Die Ausweitung des Regelungsbereichs auf den Antriebsfall und den frei rollenden Zustand, nun in Verbindung mit aktiver Bremsdruckerzeugung, wurde forciert ab 1991 betrieben. Die ursprünglichen Arbeiten an einem Einfach-ABS wurden dagegen zugunsten der intensiven Entwicklung einer vollwertigen Fahrdynamikregelung verlassen.

Trotz dieser Anstrengungen durfte die Weiterentwicklung von ABS und ASR nicht vernachlässigt werden. In einem weltweiten Entwicklungsverbund wurde 1992 die neue Baureihe ABS/ASR 5 zu Serienreife gebracht. Mit dieser Fünfer-Baureihe war Bosch führend bei dem Bemühen, Gewicht und Baugröße zu reduzieren. Auch auf der Kostenseite konnte insbesondere bei ASR ein deutlicher Fortschritt erzielt werden. Fertigungskapazitäten wurden in Europa, USA, Asien und Australien aufgebaut, so dass die dort ansässigen Fahrzeughersteller ABS und ASR aus Bosch-Werken in der Nähe ihrer eigenen Fertigungsstandorte beziehen konnten.

Als Bosch dem ASR-Entwicklungspartner Daimler-Benz seine Überlegungen zu einer Fahrdynamikregelung vortrug, stellte sich heraus, dass Daimler-Benz ebenfalls an dieser Thematik arbeitete. Zwischen Norbert Rittmannsberger, der seit 1987 im Geschäftsbereich K1 für die Entwicklung verantwortlich war, und Hans-Joachim Schöpf, damals für die Entwicklung des Fahrwerks und später für die aller Pkw der Marke Mercedes zuständig, wurde ein Vergleichstest verabredet, der im März 1992 auf dem Testgelände bei Arjeplog in Nordschweden durchgeführt wurde. Bei der Abschlussbesprechung gab Hans-Joachim Schöpf den Beschluss der Daimler-Benz-Delegation bekannt, die Fahrdynamikregelung auf der Basis des Lösungsansatzes von Bosch zusammen

mit Bosch zur Serienreife zu entwickeln. Als Anlauftermin wurde Mitte 1995 genannt. Allen Beteiligten war klar, dass dieser Termin angesichts der Komplexität der Aufgabe eine gewaltige Herausforderung war und nur mit neuartigen Entwicklungsmethoden eingehalten werden konnte. Beide Seiten kamen überein, Projektgruppen zu bilden, die in einem gemeinsamen Projekthaus in engster Kooperation das Projekt bearbeiten sollten. Bereits im Mai 1992 konnten Norbert Rittmannsberger und Hans-Joachim Schöpf in einer gemeinsamen Startveranstaltung das Projekthaus in Schwieberdingen eröffnen.

Mit diesem Schritt wurde eine völlig neue Art der Zusammenarbeit zwischen Fahrzeughersteller und Zulieferer begründet. Im Projekthaus war das Kernteam untergebracht. Dort arbeiteten Fachleute beider Unternehmen »spiegelbildlich« an der Entwicklung von System und Komponenten. Unterstützt wurde diese Mannschaft von den im Hintergrund arbeitenden Spezialisten beider Firmen. Auf regelmäßigen Sitzungen, die unter abwechselnder Leitung einmal in Untertürkheim und einmal in Schwieberdingen stattfanden, wurde das Projekt vorangetrieben.

Der Beitrag von Bosch bestand im wesentlichen aus drei Teilen, nämlich Gestaltung des Systems, vor allem beim Zusammenspiel von Fahrdynamikregelung, Motronic und EGAS, Bereitstellung des Drehratensensors als Schlüsselkomponente sowie Verfügbar-Machen umfangreicher Erfahrungen mit der Beherrschung sicherheitsrelevanter Systeme.

Die Fahrdynamikregelung hatte zum Ziel, über die Funktionen von ABS und ASR hinaus dem Fahrer zu helfen, das Fahrzeug so lange wie möglich auf der von ihm gewünschten Spur zu halten. Das geplante System musste also das reale Verhalten des Fahrzeugs möglichst gut in Übereinstimmung mit dem Wunsch des Fahrers bringen. Der Fahrerwunsch konnte durch die

Signale des Gaspedal-, des Bremsdruck- und des Lenkradwinkelsensors abgebildet werden. Die tatsächliche Bewegung des Fahrzeugs konnte dagegen aus den Informationen der Sensoren für die Raddrehzahlen, der Querbeschleunigung und der Drehrate um die Hochachse ermittelt werden.

Da im Normalfall das Fahrzeug der vom Fahrer gewünschten Richtung folgt, fehlt ihm die Erfahrung für kritische Fälle, bei denen die Bewegungsrichtung des Fahrzeugs zu stark von der Richtung seiner Längsachse abweicht. Wird diese Abweichung, der so genannte Schwimmwinkel, größer als 10 bis 15 Grad, kann der normal geübte Fahrer das Fahrzeug nicht mehr beherrschen. Der große Erfolg des von Bosch gewählten Lösungsansatzes bestand nun darin, mit der Fahrdynamikregelung diesen Schwimmwinkel auf ein beherrschbares Maß zu begrenzen. Diese Idee wurde für Bosch auch weltweit patentiert.

Grob skizziert sah das Konzept der Fahrdynamik dann so aus: Da die wichtigen Größen wie der Schwimmwinkel und die Kräfte zwischen den einzelnen Rädern und der Fahrbahn nicht direkt gemessen werden können, müssen robuste Schätzverfahren zugrunde gelegt werden. Das Idealverhalten des Fahrzeugs wird als mathematisches Modell in einem leistungsfähigen Rechner gespeichert. Für den Fall, dass deutliche Abweichungen auftreten, wird der Regler aktiv und löst über Eingriffe in Bremse und Motormanagement die nötigen Korrekturen aus. Durch Eingriffe in das Antriebsmoment und über die Verteilung der Bremskräfte kann der Schlupf an den einzelnen Rädern beeinflusst werden. Damit kann ein Drehmoment erzeugt werden, das einem Unter- oder Übersteuern entgegenwirkt und letztlich das Fahrzeug stabilisiert. Obwohl man auf eine seit etwa 1960 gewachsene Erfahrung bei der Modellierung und Simulation auf dem Gebiet

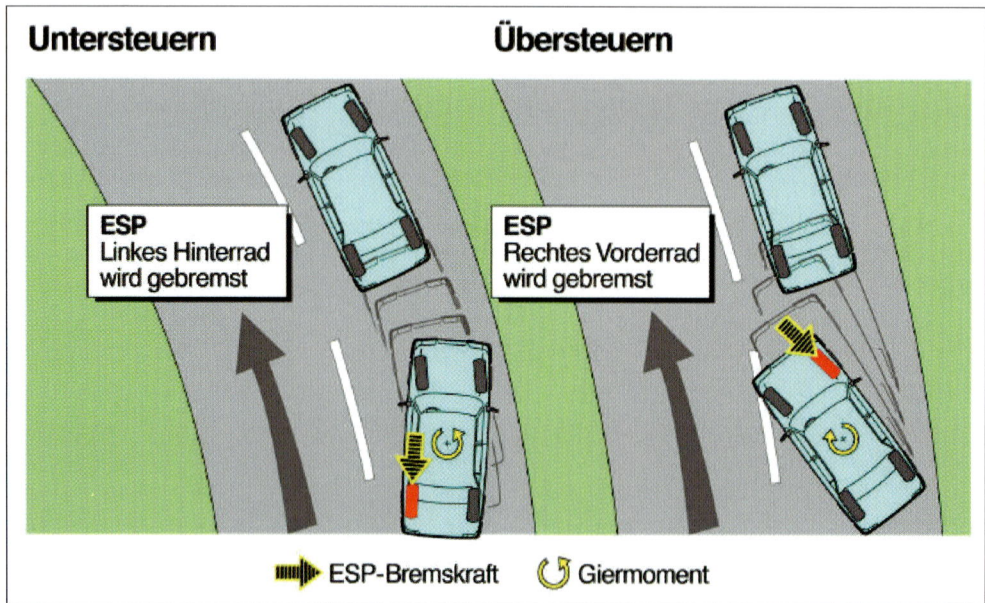

Prinzip der Fahrzeugstabilisierung bei verschiedenen kritischen Fahrzuständen durch das Elektronische Stabilitäts-Programm ESP.

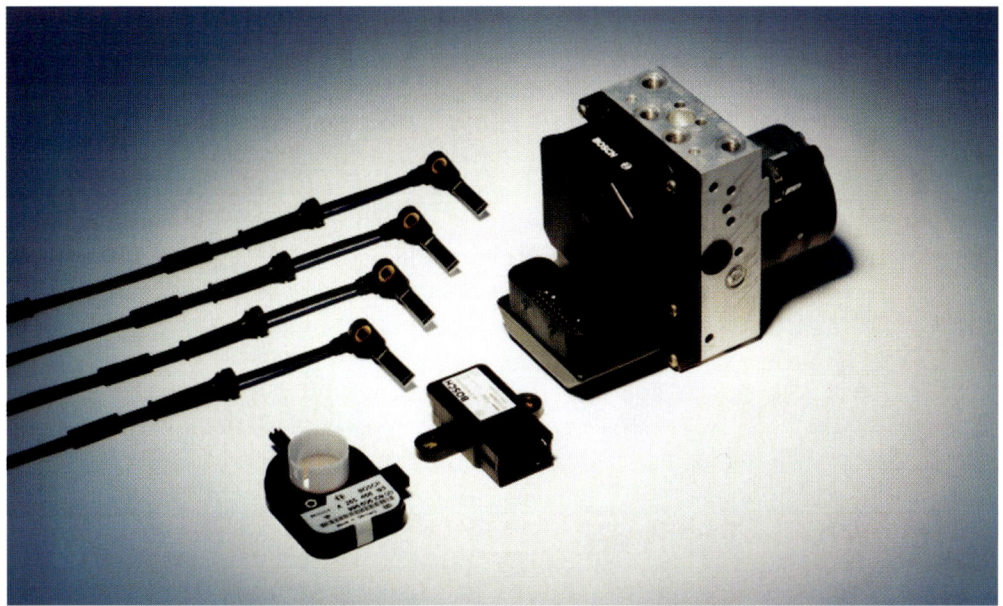

Die Komponenten eines ESP: Hydraulikaggregat mit eingebautem Steuergerät, vier Radsensoren, ein Lenkwinkelsensor sowie ein kombinierter Sensor für Drehrate und Querbeschleunigung (2000).

der Fahrdynamik zurückgreifen konnte, war die Überwindung der regelungstechnischen Probleme bei der Entwicklung einer Fahrdynamikregelung weitaus schwieriger als bei ABS.

Die Hardware baute zum Teil auf den Komponenten von ABS/ASR auf. Neu hinzu kamen der Lenkwinkel-, Bremsdruck- und Querbeschleunigungssensor sowie der Drehratensensor. Letzterer war – wie bemerkt – eine besondere Herausforderung, da klar war, dass ein faseroptischer Kreisel, wie er für die ersten Experimente verwendet wurde, aus Kostengründen für einen Pkw nicht in Frage kam. Es musste also ein völlig neuer Sensor entwickelt werden, dessen Herstellungskosten um zwei bis drei Zehnerpotenzen unter denen der damals bekannten Lösungen lag.

Das physikalische Messprinzip zur Erfassung einer freien Drehung im Raum war bekannt: Wird ein linear im Raum schwingendes System um eine Achse senkrecht zur Schwingungsrichtung gedreht, so erfährt der Schwinger eine Coriolis-Beschleunigung. Sie ist ein Maß für die Drehgeschwindigkeit oder Drehrate. Als einfachstes schwingendes System kann eine Stimmgabel oder auch ein schwingender Becher dienen. An diesen Gebilden müssen Elemente angebracht werden, mit deren Hilfe eine Schwingung mit konstanter Amplitude erzeugt wird. Außerdem benötigen die Schwinger geeignete Sensoren, welche die Coriolis-Beschleunigung erfassen. Die Schwinger selbst können unterschiedliche Dimensionen besitzen und aus unterschiedlichen Materialien bestehen, zum Besipiel aus Stahl, Quarz oder Silizium. Die Varianten, die Stahl verwandten, waren damals am weitesten gediehen, während die anderen Alternativen sich noch im Vorentwicklungsstadium befanden. So hatte die amerikanische Firma Systron Donner eine interessante Quarzstimmgabel vorgestellt, mit der ein Serienanlauf jedoch erst Ende 1996 möglich gewesen wäre. Bei Bosch wurde in der Forschung und im Geschäftsbereich K8 bereits an mikromechanischen Silizium-Lösungen gearbeitet, die frühestens 1998 für einen Serieneinsatz zur Verfügung gestanden hätten. Ausführliche Untersuchungen ergaben, dass bezüglich der Herstellungskosten die Silizium-Lösung die attraktivste Variante war, gefolgt von den Lösungsansätzen, die von Quarz und Stahl ausgingen. Mit Blick auf den geplanten Serienstart Mitte 1995 entschied der Geschäftsbereich K1, mit einem Stahl-Schwinger zu beginnen, das alternative Material Quarz zu überspringen und von 1998 an schrittweise die mikromechanische Silizium-Lösung einzuführen.

Bei der Stahlvariante wählte Bosch eine Bauform, die bei der britischen General Electric Company (GEC) für Avionik-Anwendungen und militärische Zwecke entwickelt worden war. Sowohl für das Messelement, einen schwingenden Stahlbecher, als auch für die Elektronik nahm Bosch bei GEC eine Lizenz. Die eigentliche Auslegung für die Großserienfertigung der mechanischen und elektronischen Teile erfolgte dann bei Bosch. Um etwas vorzugreifen und die Geschichte des Drehratensensors abzurunden: Bei dem ab 1998 im Halbleiterwerk Reutlingen hergestellten mikromechanischen Siliziumsensor wird das im feinmechanischen Drehratensensor benutzte mechanische Messprinzip auf die Ebene der Mikromechanik übertragen: Zwei winzige an Blattfedern aufgehängte Massen werden mit je einem Beschleunigungssensor versehen und elektrodynamisch zu gegenphasigen Schwingungen angeregt. Bei einer Drehung des Fahrzeugs erfahren sie Coriolis-Beschleunigungen, die mittels einer umfangreichen integrierten Schaltung ausgewertet und in ein elektrisches Signal für die Drehrate überführt werden.

Durch die neuartige Zusammenarbeit mit Daimler-Benz in einem Projekthaus und die enge Koordination der einzelnen Vorgänge in den beiden Unternehmen wurde trotz mancher

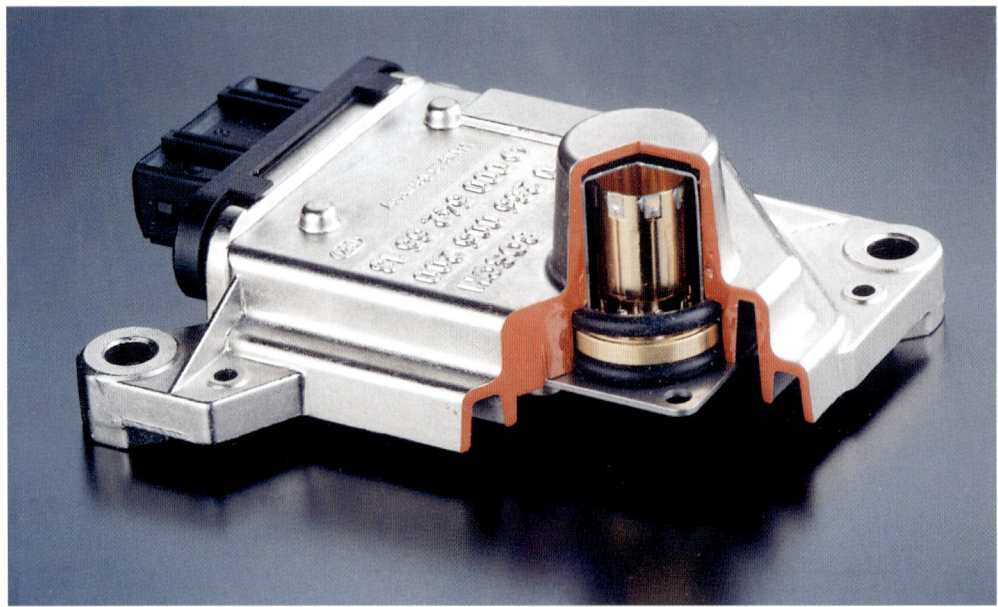

Herzstück des ESP ist der Drehratensensor, der Drehbewegungen des Autos um seine Hochachse erfasst (1996).

Fahrzeugstabilität im Grenzbereich: Fahrtest im Bosch-Prüfzentrum Boxberg (2001).

Rückschläge das ehrgeizige Ziel erreicht: Nachdem im März 1994 die Fahrdynamikregelung im schwedischen Testzentrum Arjeplog vorgestellt wurde, ging sie im Sommer 1995 unter der Bezeichnung ESP (Electronic Stability Program) in der Mercedes S-Klasse in Serie. Erfolgreich war Bosch auch insoweit, als das Unternehmen erneut weltweit erster Hersteller war, der die elektronische Fahrdynamikregelung in den Markt einführen konnte. Einen wichtigen Anteil an diesem Erfolg hatten die beiden Projektleiter Anton van Zanten und Achim Müller. Sie wurden für ihre herausragende Leistung, stellvertretend für das ganze Projektteam, mit zahlreichen Preisen ausgezeichnet. Herausgefordert war jedoch auch das Unternehmen Bosch. Ähnlich wie bei den neuen Dieselsystemen verlief der Innovationsprozess in seiner kritischen Phase sozusagen antizyklisch, er musste also ungeachtet der wirtschaftlichen Probleme des Unternehmens 1992/1993 zu Ende gebracht werden.

Wie gelegentlich bei Innovationen von Bosch war der Serienstart der Fahrdynamikregelung, die in ihrem technischen Rang durchaus mit dem Serienanlauf des ABS 2 verglichen werden kann, in wirtschaftlicher Hinsicht etwas enttäuschend. 1995 war die elektronische Fahrdynamikregelung unter der heute gängigen (von Bosch seit 1997 ebenfalls benutzten) Bezeichnung Elektronisches Stabilitäts-Programm (Electronic Stability Program, ESP) als Sonderausstattung für die Mercedes S-Klasse (Baureihe W 140) erhältlich. Bei Fahrzeugen mit 12-Zylinder-Motoren gehörte ESP bereits zur Serienausstattung. Beim Typ E 420 der »neuen« E-Klasse (Baureihe W 210) war ESP als Sonderausstattung ebenfalls lieferbar. Eineinhalb beziehungsweise zwei Jahre später zogen BMW und Audi/VW bei ihren Oberklasse-Modellen nach. Bis Ende 1997 lag aber die Zahl der bei Bosch gefertigten Systeme noch unter 90 000. Die im Oktober 1997 von dem für die schwedi-

sche Fachzeitschrift Teknikens Värld arbeitenden Robert Collin aufgedeckten Fahrdynamikprobleme der neuen Mercedes A-Klasse, also
das mögliche Kippen des Fahrzeugs bei sehr heftigen und wiederholten Lenkeinschlägen nach
beiden Seiten, brachten dann die Wende. Nachdem auch die Tester deutscher Automobil-
zeitschriften feststellen mussten, dass die
A-Klasse dem »Elchtest« nicht immer gewachsen
ist, reagierte Daimler-Benz mit dem Angebot,
bereits ausgelieferte Fahrzeuge mit einer Bosch-
Fahrdynamikregelung kostenlos nachzurüsten
und Neufahrzeuge ohne Aufpreis serienmäßig
mit ESP auszustatten. Um diese Maßnahmen,
einschließlich einer neuen Abstimmung des
Fahrwerks, durchführen zu können, wurde Ende
November 1997 die Auslieferung der A-Klasse
für 12 Wochen unterbrochen. Diese für Daimler-
Benz durchaus kritische Situation war für Bosch
umgekehrt das Signal für eine dramatische Auf-
wärtsentwicklung des Marktes für die elektronische Fahrdynamikregelung.

Bosch musste nun unter allen Umständen
den Beweis erbringen, dass man in der Lage
war, mit den erforderlichen Stückzahlen auf die
Krise zu antworten. Das erforderliche Crash-
Programm zur raschen Nachrüstung der Mercedes A-Klasse schuf jedoch beachtliche innerbe-
triebliche Probleme; die schnelle Ausweitung
der Fertigungskapazitäten kollidierte zum Beispiel mit der Umstellung in der Technologie
des Drehratensensors. Bosch hatte geplant, ab
Mitte des Jahres 1998 vom seither eingebauten
mechanischen Drehratensensor, einem schwierig zu fertigenden schwingenden Becher (oder
Zylinder), zum kostengünstig herzustellenden
mikromechanischen Drehratensensor überzugehen. Es musste also in eine an sich auslau-
fende Fertigung in Nürnberg noch einmal kräftig investiert werden. Trotz dieser Turbulenzen
konnte inzwischen die Fertigung des mikromechanischen Drehratensensors planmäßig im
Halbleiterwerk in Reutlingen anlaufen.

*1998 brachte Bosch den erheblich kleineren und
leichteren mikromechanischen Drehratensensor auf
den Markt.*

Da Daimler-Benz im Oktober 1997 eine
starke Erhöhung der Liefermengen noch im
ersten Quartal 1998 forderte, mussten auch die
Fertigungskapazitäten für die anderen Aggregate der Fahrdynamikregelung rasch erhöht
werden. Zunächst sah man bei Bosch keine
Chance, vor August 1998 die Lieferungen zu

*Mit ausgetüftelten Ätztechniken lassen sich kom-
plexe, schwingfähige Strukturen für Drehratensensoren auf Siliziumwafer herstellen (2002).*

steigern. Die Geschäftsführung veranlasste jedoch die Mobilisierung des gesamten Unternehmens, mit dem Ziel, ab April 1998 die von Daimler-Benz benötigten Mengen zu liefern. Gleichzeitig wurden die Freigabeprozeduren in engster Zusammenarbeit zwischen der Geschäftsführung und den zuständigen Daimler-Benz-Vorständen unter Inkaufnahme von Risiken so gestrafft, dass tatsächlich die erforderlichen Liefermengen ab April 1998 erbracht werden konnten. So wurden 1998 rund 250 000 statt der ursprünglich geplanten 60 000 Einheiten an Daimler-Benz geliefert. Der Vorstand von Daimler-Benz hat es sich allerdings auch nicht nehmen lassen – in der Öffentlichkeit –, immer wieder die Flexibilität von Bosch und den Kraftakt des Unternehmens anzuerkennen.

Von der enorm gestiegenen Publizität der elektronischen Fahrdynamikregelung profitierten in der Folge auch die Wettbewerber. Nachdem das Frankfurter Unternehmen Teves, damals offiziell noch als ITT Automotive Europe firmierend, die Markteinführung bereits für den Herbst 1997 angekündigt hatte, musste der Termin auf das Frühjahr 1998 verschoben werden. Als erstes Fahrzeug konnte nach sechsjähriger Entwicklungsarbeit der parallel entstandene neue Dreier-BMW 328i aus der Baureihe E 46 mit einem elektronischen Stabilitätsprogramm von Teves ausgerüstet werden.

Da aus Kostengründen nicht alle Fahrzeughersteller, insbesondere im unteren Preissegment, die Fahrdynamikregelung zum Einsatz bringen konnten, wuchs der Wunsch, auch die Grundfunktionen von ABS und ASR durch zusätzliche Funktionen aufzuwerten. So wurde die einfache Select-Low-Regelung zu einer Giermomentenbegrenzung ausgebaut. Auch konnte das Bremsverhalten bei Kurvenfahrten bereits bei Teilbremsung dadurch verbessert werden, dass die Bremskräfte der kurveninneren Räder begrenzt wurden. Durch die elektronische Bremskraftverteilung konnten die me-

chanischen Bremskraftminderer oder Bremskraftbegrenzer ersetzt werden. Aufbauend auf der Druckversorgung der ASR wurden zusätzliche Funktionen mit aktivem Druckaufbau entwickelt. So wurde zusammen mit BMW der bei Daimler-Benz eingeführte Bremsassistent auf Basis eines elektronisch steuerbaren Vakuumverstärkers hydraulisch realisiert. Funktionen wie »Hilldescent« zur Einregelung einer Kriechgeschwindigkeit bei geländegängigen Fahrzeugen oder ein automatisches Festbremsen als Anfahrhilfe am Berg sowie die Verzögerungsregelung einer adaptiven Fahrgeschwindigkeitsregelung (Adaptive Cruise Control, ACC) beruhen auf der Bremsdruckerzeugung des ASR. Alle diese Funktionen sind natürlich auch Bestandteil von ESP.

Mittlerweile hat sich der Wettbewerb auf dem Gebiet ABS, Fahrdynamikregelung und Bremsen deutlich verschärft. Ein besonders wichtiger Wettbewerber – nicht zuletzt unter dem Gesichtspunkt der Systemfähigkeit bei Bremsen und ABS – ist das amerikanische Unternehmen Kelsey-Hayes, das seit 1996 als Light Vehicle Braking Systems (LVBS) der neu entstandenen LucasVarity firmierte und schließlich 1999 unter das Dach von TRW kam. Unter Einbeziehung der einfacheren Zweiradregelungen erreichte LVBS im Januar 1999 eine Gesamtproduktion von 50 Millionen ABS-Systemen; als Jahresproduktion wurde die Zahl von 5 Millionen überschritten. Kompetenz für das Gesamtsystem und heute eine vergleichbare Produktionskapazität besitzt zudem die seit 1998 zur deutschen Continental AG gehörende Frankfurter Firma Teves («Continental Teves»). Eine bedeutende Position nimmt schließlich auch die von General Motors mittlerweile ausgegründete und insofern am Weltmarkt beweglichere Delphi Automotive Systems Corporation ein.

Weltweit schätzt Bosch seinen Marktanteil bei ABS jedoch auf etwa 35 Prozent. Im

Im Vergleich deutlich kompakter: Hydraulikaggregat und Steuergerät des ABS 2 von 1978 und das ABS 8 von 2001 (rechts).

Jahr 2000 hatte die Gesamtproduktion bei Bosch fast 66 Millionen ABS-Einheiten erreicht, die Jahresproduktion stieg seit 1992 von mehr als 2,5 Millionen Einheiten auf 10 Millionen Einheiten im Jahr 2000. Im Jahr 2003 wurde eine Gesamtproduktion von 100 Millionen Einheiten erreicht. Auch stiegen die Zahlen bei der Antriebsschlupfregelung (ASR, beziehungsweise TCS, von Traction Control System) stark an: die kumulierten Zahlen für 2003 betrugen fast 16 Millionen. Gleichzeitig erreichte Bosch bei der elektronischen Fahrdynamikregelung ESP (Electronic Stability Program) und der elektrohydraulischen Bremse SBC (Sensotronic Brake Control) insgesamt mehr als 11 Millionen Einheiten. ABS, einschließlich der Zusatzsysteme TCS, ESP sowie SBC erbrachten 2003 nahezu 2,5 Milliarden Euro Umsatz; der Umsatz bei den klassischen hydraulischen Bremsen lag nur geringfügig

darunter. In der Summe belief sich also im Jahr 2003 der Umsatz in diesem Gebiet auf nahezu 5 Milliarden Euro. Dabei entstand das enorme Geschäftsvolumen beim ABS nicht durch bloße Ausweitung eines traditionellen Gebiets, sondern durch die in besonderem Maße innovativen Beiträge des Unternehmens.

Bereits die Einführung und Durchsetzung des ABS hatten gezeigt, dass entscheidend für den dauerhaften Erfolg eines Unternehmens der Zeitpunkt des Markteintritts war sowie das Erreichen einer hohen, in der Größenordnung mehrerer hunderttausend Systeme liegenden, jährlichen Produktionsziffer. Da Technik, Fertigung und Markt des ESP mit dem ABS-Gebiet durchaus vergleichbar sind, lässt sich dieses Kriterium sicher auf die elektronische Fahrdynamikregelung übertragen. Nachdem Bosch als erster Hersteller auf dem Markt war und im Herbst 1999 eine Million und im Frühjahr 2001

Das Entwicklungszentrum für Kraftfahrzeugtechnik von Bosch in Abstatt (2004).

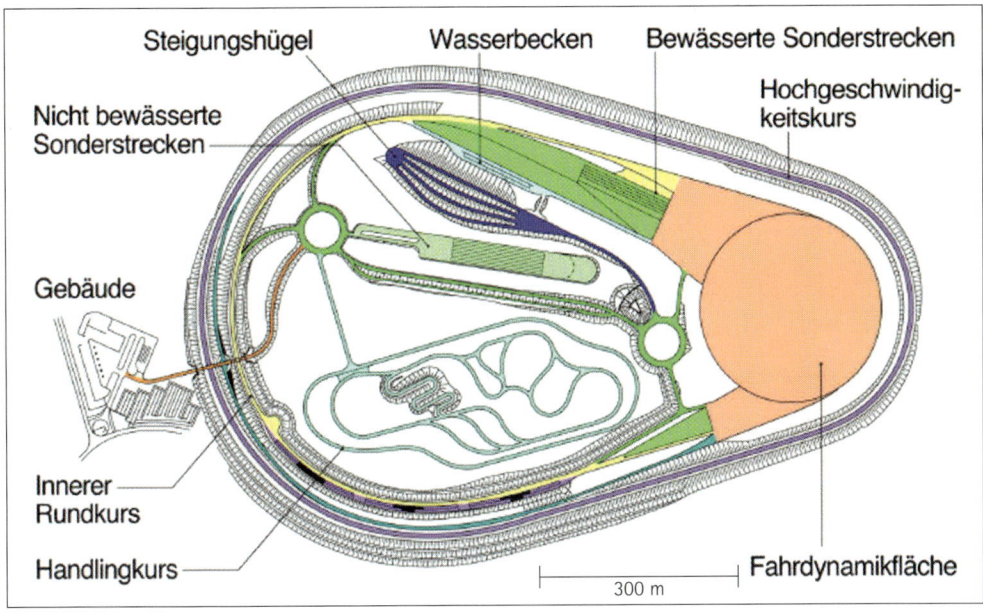

Das Bosch-Prüfzentrum Boxberg bietet vielfältige Prüfmöglichkeiten für Chassissysteme (2002).

bereits drei Millionen ESP-Systeme produziert hatte, ist die Prognose für einen dauerhaften Erfolg auch auf diesem Gebiet außerordentlich gut. Allein im Jahr 2003 lieferte Bosch mehr als 3 Millionen ESP-Systeme an die Automobilhersteller; insgesamt wurde im Sommer 2003 mit dem in Blaichach hergestellten Jubiläumsexemplar bereits die Zehn-Millionen-Schwelle überschritten. Im Jahr 2001 wurde zudem mit der Michelin-Gruppe eine langfristig angelegte strategische Partnerschaft vereinbart. Im Rahmen einer Entwicklungskooperation soll bei Fahrzeugen, die mit Notlaufreifen von Michelin ausgestattet sind, die Fahrstabilität weiter verbessert werden. Während ESP auf dem Weg zur Standardausstattung ist, führte Bosch als technisch anspruchsvollste Produktneuheit des Jahres 2001 die elektrohydraulische Bremse ein. Sie wurde gemeinsam mit DaimlerChrysler entwickelt und als Sensotronic Brake Control (SBC) im Sportwagen SL und dann in der neuen E-Klasse von Mercedes eingeführt.

Ähnlich wie auf den Gebieten Benzineinspritzung und Dieselausrüstung ist zu erwarten, dass Bosch nach der vorläufigen Abrundung der Gebiete Antiblockiersysteme, Fahrdynamikregelungen und Bremsen das dem Unternehmen nun zur Verfügung stehende geschlossene Gesamtsystem in technischer und wirtschaftlicher Hinsicht weiter ausbauen wird. Nachdrücklich unterstrichen wurde diese Strategie bereits durch die Eröffnung des Bosch-eigenen Prüfzentrums Boxberg im Jahre 1998. 2004 wurde das neue Forschungs- und Entwicklungszentrum in Abstatt bei Heilbronn eingeweiht. Neben der Bosch-Tochter Bosch Engineering (früher Asset) wurden dort vor allem die in und um Schwieberdingen räumlich stark verstreuten Entwicklungs-Kapazitäten des mit ABS, ASR, ESP und Bremsen befassten Geschäftsbereiches Chassissysteme (CS) zusammengeführt.

VI Blaupunkt und Mobile Kommunikation

Vom Autoradio zum Navigationsgerät

Die planvolle Diversifikation des Unternehmens begann Anfang der dreißiger Jahre: Nach dem Einstieg in die »moderne« Fernsehtechnik griff Bosch auch die historisch ältere Technik, nämlich die Radiotechnik, auf. Dies führte aufgrund des bereits voll entwickelten Mediums Rundfunk und wegen der bestehenden ausgedehnten Geräteindustrie rasch zu handfesten Ergebnissen. Da Bosch im Zusammenhang mit der Entstörung von Zündanlagen in Flugzeugen begonnen hatte, Wissen in der Hochfrequenztechnik anzusammeln, war man bereits 1930 in der Lage, im Rahmen eines Fabrikationsvertrags Radioteile an die Berliner Ideal-Werke für drahtlose Telephonie AG zu liefern. Noch im selben Jahr erwarb Bosch eine Mehrheitsbeteiligung am Aktienkapital der Ideal-Werke. Nachdem Bosch 1932 durch einen eigenen Stand auf der Berliner Funkausstellung auch in der Öffentlichkeit seinen Markteintritt angekündigt hatte, übernahm man 1933 die restlichen Anteile der Ideal-Werke. 1935 fasste man die Produktion in einem neuen Gebäude in Berlin-Wilmersdorf zusammen und wandelte das Unternehmen 1938 unter Nutzung seines in der Rundfunkwelt geläufigen Markennamens in die Blaupunkt-Werke GmbH um.

Schon lange vor dem Krieg wurden die ersten Blaupunkt-Autoradios hergestellt. Dabei handelte es sich etwa bei dem ersten, bereits 1932 vorgestellten Blaupunkt Autosuper AS 5 nicht um einen einfachen »Geradeausempfänger« – wie übrigens später der Volksempfänger –, sondern um einen hochwertigen, sich durch besondere Trennschärfe und automatischen Schwundausgleich auszeichnenden »Superhet« (aufgrund der Zwischenfrequenzbildung und der nachträglichen Verstärkung eigentlich: Superheterodyn-Empfänger). Mit seinen fünf Röhren und einem Volumen von mehr als zehn Litern war er allerdings nur mit Mühe im Fahrzeug unterzubringen, ganz abgesehen davon, dass er mit 465 Reichsmark etwa ein Drittel eines einfachen Automobils kostete. Obwohl 1937 die Einbaumaße, der Stromverbrauch und auch die Preise so weit gesenkt werden konnten, dass die Geräte wirklich attraktiv wurden und auch die Verkaufsziffern deutlich nach oben gingen, kam der eigentliche Durchbruch erst nach 1945. Selbst Anfang der fünfziger Jahre betrug aber das Volumen der Geräte noch mehr als fünf Liter. Wiederum war es die Halbleitertechnik, die hier für den Umschwung sorgte: 1957 wurden im Modell Bremen TR zum ersten Mal in einem Blaupunkt-Autoradio Halbleiterbauelemente in der Endstufe eingebaut, 1961 kam mit dem Modell Bremen das erste volltransistorierte Gerät auf den Markt, seit 1963 war schließlich die Vakuumröhre aus dem Bau von Autoradios verschwunden. In den Geräten Wiesbaden von 1968 (für den UKW-Bereich) und vollends im Autoradio Coburg von 1971 (für UKW, Mittel- und Langwelle) wurde die voluminöse Abstimm-Mechanik durch Halbleiterbauelemente mit variabler Kapazität ersetzt, durch die so genannten Varicap-Dioden. Beide Geräte besaßen einen Sendersuchlauf, der ebenfalls völlig ohne mechanische Bauteile arbeitete. Die führende Rolle in der Konsumelektronik zeigt sich auch darin, dass Blaupunkt

Erster in Serie gefertigter Auto-Empfänger Europas: der AS 5 von Blaupunkt (1932).

»Musik im Auto – Musik wie zu Hause. Verliebt in Blaupunkt-Autoradio« – so die Autoradiowerbung Ende der fünfziger Jahre (1959).

eine der ersten Firmen in Deutschland war, die im Autoradio gedruckte Schaltungen einsetzte. Immer mit dem Bestreben, Schaltungen weiter zu miniaturisieren, begründete man zudem eine leistungsfähige Fertigung von damals neuartigen Dickschichthybrid-Schaltungen auf Keramik-Substraten, einer Kombination von gedruckter Schaltung, passiven Miniaturbauelementen und Halbleitern.

Die nach dem Krieg zunächst notdürftig auf verschiedene Standorte verteilte Fertigung von Radiogeräten wurde 1951 in Hildesheim zusammengeführt. In Hildesheim, das nun formell Sitz der Blaupunkt-Werke GmbH wurde, begann im Herbst 1952 auch die Herstellung der ersten Fernsehgeräte. Ab der Mitte der

fünfziger Jahre hatte sich der Absatz von Rundfunkgeräten, Musiktruhen, Fernsehempfängern und Autoradios so belebt, dass die Hildesheimer Tochter mit deutlichen Gewinnen abschloss. Da die Gewinne in der Gesellschaft »belassen« wurden, konnte Blaupunkt stetig in Bauten und Fertigungseinrichtungen investieren. Dabei wurden nicht nur die Fertigungsbauten in Hildesheim erweitert, 1959 kam mit Salzgitter auch ein neuer Blaupunkt-Fertigungsstandort hinzu (später sollten Herne und eine Fertigungsstätte der Tochter Akkord in Herxheim folgen). In den sechziger Jahren war der Geschäftsverlauf eher uneinheitlich. Mit dem 1967 beginnenden Geschäft mit Farbfernsehgeräten konnte man aber die durch die Kon-

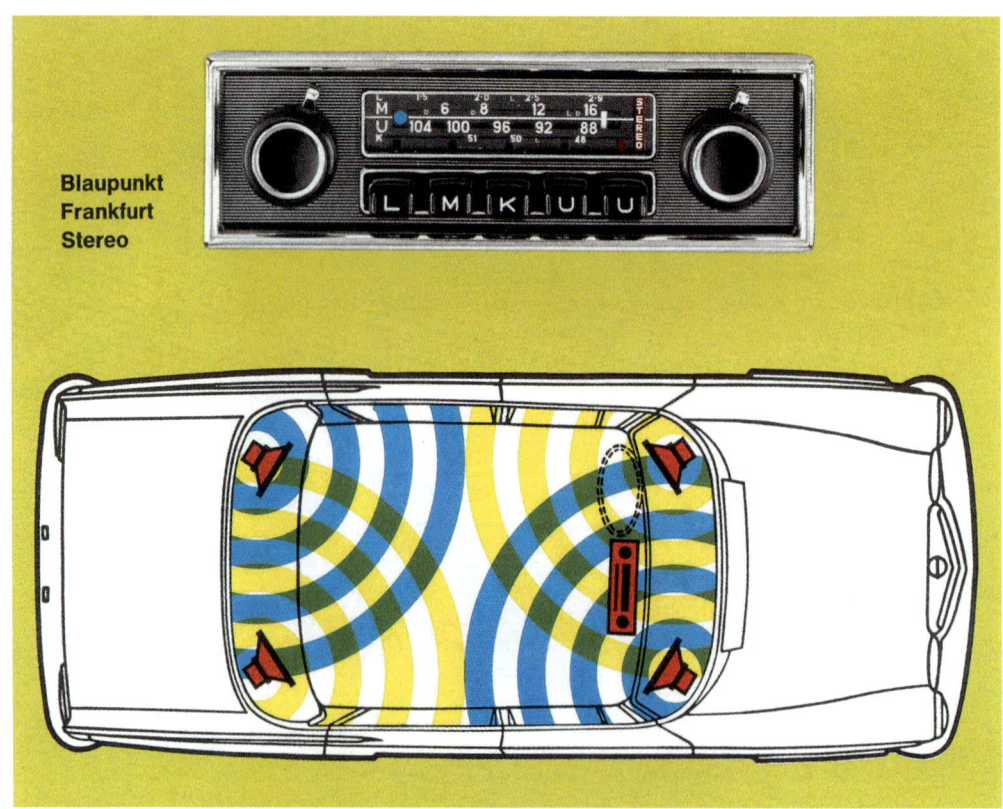

Erstes Stereo-Autoradio der Welt, Blaupunkt Frankfurt (1969).

Erster Verkehrsfunk-Decoder von Blaupunkt für das System Autofahrer-Rundfunk-Information ARI (1974).

junkturkrise von 1966 ausgelöste Stagnation rasch überwinden; zwischen 1967 und 1970 wurden die Umsätze nahezu verdoppelt. Nachdem man schon in den frühen sechziger Jahren begonnen hatte, eine Vorentwicklung aufzubauen, schuf man durch den 1970/1971 bezogenen Bau eines eigenen Forschungs- und Entwicklungszentrums in Hildesheim die geeigneten Rahmenbedingungen zur weiteren Verbesserung der technischen Kompetenz. Gleichzeitig wurde dies die Keimzelle eines Vorentwicklungsbereichs Kommunikationstechnik neben der Kraftfahrzeugtechnik bei Bosch.

In mehrjähriger Arbeit entwickelte Blaupunkt in Zusammenarbeit mit den deutschen Rundfunkanstalten und dem ADAC das 1974 eingeführte und später auf einen Teil der Nachbarländer ausgedehnte Verkehrssicherheitssystem ARI (Autofahrer-Rundfunk-Information). In dem vor allem von Peter Brägas und seinen Mitarbeitern vorangetriebenen System machte ein neu entwickelter Verkehrsfunkdecoder UKW-Sendungen mit regelmäßigen Verkehrsdurchsagen im Autoradio kenntlich. Die Decoder konnten so geschaltet werden, dass aufgrund einer Senderkennung der Suchlauf nur auf Sendern mit Verkehrsnachrichten stehen blieb. Zur erweiterten Funktionalität gehörten Decoder, mit denen eine Verkehrsdurchsage trotz Stummschaltung des Radios oder bei Cassettenbetrieb laut und bevorrechtigt wiedergegeben wurde. Als Durchsagekennung wurde der nach dem damaligen technischen Direktor des Deutschlandfunks, Werner Hintz, benannte »Hintzentriller« gewählt, der auch vor dem Hintergrund einer Musiksendung sicher zu detektieren war. Die regelmäßige Ausstrahlung von Verkehrsinformationen trug dann umgekehrt dazu bei, dass Autoradios mit ARI heute praktisch zur Grundausstattung von Fahrzeugen zählen.

Seit Anfang der siebziger Jahre wurde zusammen mit dem Aachener Institut für Nachrichtengeräte und Datenverarbeitung das Autofahrer-Leit- und Informationssystem (ALI) entwickelt. Das ALI-System bestand im Fahrzeug aus einer kombinierten Sende-, Empfangs- und Zielcodeeinheit, die es ermöglichte, über im Fahrbahnbelag eingelassene Induktionsschleifen drahtlos Informationen zu tauschen. Die Induktionsschleifen waren mit lokalen Straßengeräten – mit Zieladress- und Richtungsangaben-Speicher – und einem entfernten zentralen Prozessrechner verbunden. Aus den eingehenden »Zielwünschen« individueller Fahrzeuge und aufgrund von passiven Messungen der Verkehrsströme verfügte dieser Zentralrechner über Daten zur Verkehrsdichte und zum Straßenzustand; die daraus errechneten Anweisungen, die zu bestimmten Zielorten gehör-

Elektronisches System zur Verkehrs-Zielführung – das Autofahrer-Leit- und Informations-System ALI (1978).

ten, verteilte er wiederum an die lokalen Straßengeräte. Die Arbeitsweise von ALI war so, dass in das Zielcodegerät am Armaturenbrett des Fahrzeugs der Zielort in codierter Form eingegeben und die codierte Zieladresse in einem Rechner gespeichert wurden. Wenn der Wagen eine der Induktionsschleifen überfuhr, wurde er vom lokalen Straßengerät »angesprochen«, er ging auf Sendung und übermittelte seine Zieladresse. Das lokale Straßengerät sendete daraufhin seine zum Zielort vorliegenden Anweisungen an das Fahrzeug zurück. Aufgrund der kollektiv ermittelten Verkehrsdaten war das System zum Beispiel in der Lage, bei Staus über das individuelle ALI-Gerät durch Richtungsempfehlungen Umleitungsstrecken vorzuschlagen oder vor Glätte und Nebel zu warnen. 1979 bis 1981 wurde das System ALI in einem Großversuch im östlichen Ruhrgebiet bereits erprobt. Die öffentlichen Hände waren jedoch nicht bereit, die für den Aufbau der erforderlichen Infrastruktur nötigen umfangreichen Investitionen zu tätigen.

Parallel zu ALI gelang es Blaupunkt fortlaufend weitere Verbesserungen der Autoradiofunktionen und weitere neue Dienste im Markt einzuführen: So wurden ab 1974 Autoradiogeräte mit Cassettenteil, Stereowiedergabe und Sendersuchlauf eingeführt, 1980 kamen Vollstereo-Cassetten-Autoradiokombinationen mit Mikroprozessor, digitaler Abstimmung und Frequenzanzeige, 1983 das erste Autoradio mit Senderidentifikation oder 1988 das erste Kombinationsgerät von Autoradio und CD-Spieler für den Autoradioschacht. Seit 1986 entwickelte Blaupunkt zudem elektronische Baugruppen zur Auswertung der im System RDS (Radio Data System) über UKW-Sender in digitaler und codierter Form ausgestrahlten erweiterten Verkehrsinformationen. Anders als beim ARI-System, das zum Beispiel von Frankreich nicht übernommen worden war, stellt das maßgeblich auch von Bosch beeinflusste RDS einen wirklich paneuropäischen Standard dar. Einer dieser RDS-Dienste, der Traffic Message Channel TMC, nahm erst 1997 im öffentlichen Verkehrsrundfunk den Regelbetrieb auf. Damit konnte erstmals ein automatisierter Verkehrswarndienst von den Rundfunkanstalten ausgestrahlt werden, der zu jeder Zeit empfangen und in Verbindung mit der gewählten Fahrtroute im Navigationsgerät ausgewertet werden konnte.

Aus wirtschaftlicher Sicht war die auf die Ölkrise von 1973 folgende Flaute rasch überwunden. Nachdem sich schon die Münchner Olympiade von 1972 in den Verkaufsziffern für Farbfernsehgeräte deutlich abgezeichnet hatte, lösten vor allem die Olympischen Spiele von Montreal 1976 eine besonders starke Nachfrage nach Farbfernsehgeräten aus. Zudem wurden die Geräte durch energiesparende Technologien, durch Integrierte Schaltkreise, welche die Zuverlässigkeit der Geräte erhöhten, sowie durch Programmspeicher mit Mikroprozessoren weiter aufgewertet. Allerdings waren es neben dem HiFi-Bereich gerade die Fernsehgeräte, die seit 1980 unter dem raschen Verfall der Preise in der Konsumelektronik litten. Blaupunkt gab deshalb 1986 seine eigene Fertigung auf und bezog im Rahmen eines Fertigungsverbunds von Grundig Fernsehgeräte, im Gegenzug lieferte Blaupunkt an Grundig einen Teil seines Bedarfs an Autoradios. Für einen gewissen Ausgleich der Verluste im Geschäft mit Fernsehgeräten sorgte der zunächst steigende Absatz mit Videorecordern und -kameras, aber auch hier begann das Geschäft bereits ab 1983 wieder schwieriger zu werden. Die Bosch-Beteiligung an der 1982 gegründeten MB Video GmbH, einer Kooperation zwischen Bosch und Matsushita zur Montage von Videorecordern in Peine/Niedersachsen, die 1986 sogar ihre Fertigungstiefe gesteigert hatte, wurde 1993/1994 wieder aufgegeben.

Obwohl der Bereich der Autoradios um 1980 ebenfalls durch die neuen Wettbewerber

aus Fernost erheblich bedrängt wurde, konnte er seine führende Position in Europa halten. Allerdings forderte der anhaltende Druck auf die Preise letztlich doch seinen Tribut: In den Jahren 1988 bis 1990 wurden lohnintensive Teile der Fertigung nach Malaysia ausgelagert, die Produktion von Erstausrüstungsgeräten ging nach Portugal. In Deutschland wurde die Produktion aus Salzgitter abgezogen und in Hildesheim konzentriert, wo gleichzeitig eine neue, hochautomatisierte Produktionsanlage zur Großserienfertigung in Betrieb genommen wurde. Der Erhalt der Führungsposition bei Autoradios konnte aber nicht verhindern, dass Blaupunkt insgesamt seit 1985 aus den roten Zahlen kaum mehr herauskam. Das Scheitern von ALI, die Aufgabe der Produktion von Fernsehgeräten, die Konzentration der deutschen Fertigung von Autoradios in Hildesheim sowie andere Umstrukturierungsmaßnahmen führten notwendigerweise zu einer Belastung des Ergebnisses.

Weitere Umstrukturierungen betrafen Blaupunkt als Ganzes: Die seit 1973 bestehende 25 %ige Beteiligung der Bosch-Siemens-Hausgeräte GmbH wurde von Bosch übernommen. Blaupunkt blieb zwar Tochtergesellschaft, wurde aber 1988 im Rahmen der Straffung der Aktivitäten in der Nachrichtentechnik mit dem Geschäftsbereich Elektronik sowie dem Produktbereich Anzeigeinstrumente für Kraftfahrzeuge in einem neuen Geschäftsbereich »Mobile Kommunikation« zusammengelegt. 1989 wurde dieser Geschäftsbereich »Mobile Kommunikation« Teil des umfassenden Unternehmensbereichs Kommunikationstechnik, mit den weiteren Geschäftsbereichen »Private Kommunikationstechnik« und »Öffentliche Kommunikationstechnik«. Schon 1993 wurde Blaupunkt jedoch als neuer Geschäftsbereich K7 in den zentralen Unternehmensbereich Kraftfahrzeugtechnik transferiert. Wie in den zuletzt genannten Umstrukturierungen deutlich zum Ausdruck kommt, konnte Bosch keinesfalls auf das bei Blaupunkt

Erstes Ortungs- und Navigationssystem für den Straßenverkehr in Europa – Blaupunkt Travelpilot IDS (1989).

angesammelte technische Wissen verzichten. Allerdings versuchte man nun den Austausch mit dem Unternehmensbereich Kraftfahrzeugtechnik immer enger zu gestalten. Die neuen Produkte, die seit Ende der achtziger Jahre ein-

geführt wurden, nahmen dann auch unverkennbar die Annäherung an das Kerngeschäft des Gesamtunternehmens vorweg.

Zu den wichtigsten Innovationen der achtziger und neunziger Jahre gehört die Entwicklung von fahrzeugautonomen Navigationssystemen. In vieler Hinsicht war dieses Projekt eine Reaktion auf das Scheitern des Verkehrsleitsystems ALI. Nachdem die öffentlichen Geldgeber sich nicht in der Lage gesehen hatten, die notwendige Infrastruktur aufzubauen, ging man in der Blaupunkt-Entwicklung daran, ein solches Leitsystem gegen ein autarkes Ortungs- und Navigationssystem zu tauschen. Die ersten Patente zur Fahrzeug-Navigation wurden bereits 1978 angemeldet. Fünf Jahre später zeigte das Unternehmen dann mit EVA, dem »Elektronischen Verkehrslotsen für Autofahrer«, den weltweit ersten Navigator für den Straßenverkehr. Die EVA-Prototypen ermöglichten damals bereits eine Routenführung mit symbolischen und gesprochenen Richtungsangaben.

Zunächst griff man zu dem aus der See- und Luftfahrt bekannten Prinzip der Koppelnavigation. Während der Fahrt wurde mit Radsensoren an den nicht angetriebenen Rädern die zurückgelegte Strecke ermittelt. Außerdem wurde mit einem elektronischen Kompass (dem um 90 Grad versetzten Spulenpaar einer Erdmagnetfeldsonde) die Fahrtrichtung bezüglich des Erdmagnetfeldes gemessen. Durch vektorielle Addition von kleinen Teilstrecken mit ihren jeweiligen Richtungen konnte der Navigationsrechner die aktuelle Position bestimmen. Das System verglich den aus Fahrtrichtung und gefahrener Entfernung zu errechnenden Standort mit einer gespeicherten Straßenkarte. Im Juli 1989 wurde die erste Generation des Navigationssystems »Travelpilot IDS« in den Markt eingeführt. Es informierte den Autofahrer mit einer Bildschirmkarte stets über Fahrzeugposition und Ziel. Die erfolgreiche Vermarktung dieser ersten Geräte war einmal durch das Fehlen umfassender digitaler Straßenkarten behindert, zum anderen aber auch durch den noch geringen Bekanntheitsgrad dieser neuen Systeme.

Beim Datenträger war man allerdings durch die in der eigenen Vorentwicklung angestellten Überlegungen zur Nutzung der Compact Disc von Anfang an auf dem richtigen Weg. Schon 1983, also im Jahr der Markteinführung der CD, war durch die gemeinsame Entwicklung von Philips und Sony ein Standard festgelegt worden, der die CD grundsätzlich für beliebige Speicheranwendungen öffnete. In der Tat wurden als Datenbasis digitalisierte Karten verwendet, die auf einer CD-ROM mit bis zu 680 MByte Kapazität gespeichert waren. Bosch beteiligte sich in diesem Zusammenhang auch an dem innerhalb der European Research Agency »EUREKA« angesiedelten Projekt DEMETER, also am »Digital Electronic Mapping of European Territory«.

Die reine Koppelnavigation hatte den Nachteil, dass bei einem Navigationsfehler der Standort neu bestimmt und das System erneut gestartet werden musste. Trotz der anfänglich utopisch erscheinenden Kosten ergänzte man deshalb das System um eine primäre Positionsbestimmung mit Hilfe des damals neu eingeführten satellitengestützten GPS (Global Positioning System), was heute in der Tat als kleine und kostengünstige Baugruppe integriert ist. Erforderlich ist es aber, die Position noch genauer zu bestimmen. Dazu werden zusätzliche Sensordaten benötigt: Mit einem speziellen Wegsensor wird der zurückgelegte Weg errechnet. Kleinste Richtungsänderungen misst das System über einen im Gerät integrierten und nach dem Trägheitsprinzip funktionierenden Drehwinkelsensor (Gyroskop). Ausgehend von der Anfangsposition wird – wiederum durch Koppelortung – immer die aktuelle Fahrzeugposition anhand der zurückgelegten Wegstrecke und aller Richtungsänderungen berechnet. Die Navigationssoftware vergleicht nun GPS-Positionen, Weg- und Richtungssignale mit den Daten der sehr genauen digitalen Karte. Die konkrete Zielführung sieht dann so aus, dass

Die Digitalisierung des Straßennetzes – gestützt durch eigene Feldrecherchen – durch Feldbegeher des Hildesheimer Entwicklungs-Zentrums; verkehrsrelevante Straßenattribute wie Abbiegevorschriften, Einbahnstraßen oder Durchfahrt-Beschränkungen werden erfasst (1997).

nach der Zieleingabe zunächst die Route von der aktuellen Fahrzeugposition zum Zielpunkt berechnet wird. Während der Fahrt zum Ziel bestimmt das Navigationssystem ständig durch Koppelortung und Vergleich mit der digitalen Karte die genaue, jeweilige Fahrzeugposition. Wird vom vorgegebenen Weg abgewichen, berechnet das System automatisch eine neue optimale Route zum Ziel.

Neben dem Navigationsgerät samt Sensorik und Software war also der Bestand an digitalisierten Karten entscheidend. Blaupunkt begann daher selbst mit der Digitalisierung von Karten, wobei von der amerikanischen Firma Etak Inc., Menlo Park eine Lizenz genommen wurde. Um Kosten zu sparen, wurde die Idee eines Gemeinschaftsunternehmens zwischen

NAVTECH, Etak, TeleAtlas International BV und Blaupunkt verfolgt, jedoch ohne Erfolg. Zustande kam lediglich ein Gemeinschaftsunternehmen zwischen Blaupunkt und TeleAtlas, das dann wegen des auf diesem Gebiet hohen Bekanntheitsgrades von TeleAtlas ebenfalls den Namen TeleAtlas erhielt. Diese Firma sollte zunächst in Westeuropa die Digitalisierung von Straßenkarten nach einheitlichen Normen durchführen und aktualisieren. Die in Gent angesiedelte TeleAtlas hat mittlerweile Etak übernommen, um dadurch auch auf dem amerikanischen Markt Fuß zu fassen.

Als Ausgabemedien für die Zielführung entwickelte man bei Blaupunkt zunächst die Sprachausgabe sowie einen kleinen Monitor mit Richtungspfeilen, wenig später konnte auch eine Karte eingeblendet werden. Nach langjährigen und aufwändigen Entwicklungsarbeiten, die zu den Verlusten bei Blaupunkt wesentlich beitrugen, konnte Blaupunkt die zweite und nun erfolgreiche Generation seines Navigationssystems 1994/1995 auf den Markt bringen. Gleichzeitig war die Digitalisierung der Deutschen Generalkarte und des gesamten Straßennetzes von zwölf Wirtschaftsräumen sowie aller Städte mit mehr als 100 000 Einwohnern abgeschlossen worden.

1999 brachte Bosch als erster Hersteller ein dynamisches Navigationssystem in Serie, das bei der Routenberechnung aktuelle, digitale Verkehrsmeldungen im UKW-Rundfunk nach dem TMC-Verfahren berücksichtigt: Bei Staus auf Autobahnen bietet das Gerät dann automatisch eine Umwegempfehlung an. Nach einer langen Anlaufphase stellte sich nun auch der Markterfolg ein: Im Jahr 2000 wurden in Europa insgesamt 780 000 Navigationssysteme abgesetzt, im Jahr 2001 waren es 1,015 Millionen, 1,210 Millionen im Jahr 2002 und 1,445 Millionen in 2003. Davon gingen zwei Drittel in die Erstausrüstung. Trotz Verlust eines wichtigen Projekts bei DaimlerChrysler hatte Blaupunkt maßgeblichen Anteil an dieser Entwicklung.

Ein gelungenes Beispiel für die Hochintegration verschiedener kommunikationstechnischer Teilsysteme im Autoradio war das 1996 eingeführte Radiophone. Mehr als alles, was Blaupunkt bisher an neuen Produkten auf den Markt gebracht hatte, entsprach es den Inten-

Erstes System zur Routenempfehlung mit grafischen und gesprochenen Fahrhinweisen – Blaupunkt Travelpilot RGS 05 (1995).

Kombination von Autoradio und Mobiltelefon im Radiophone Antares T 60 von Blaupunkt (2000).

Autoradio Woodstock DAB 52 für den Empfang von Digital Audio Broadcast (2003).

tionen, die in der inhaltlichen Ausrichtung des 1993 geschaffenen Geschäftsbereichs Kraftfahrzeugausrüstung 7 (K7) angedeutet sind, nämlich »Mobile Kommunikation«. Beim Radiophone handelte es sich um ein Kombigerät, bestehend aus einem Autoradio und einem GSM-Mobiltelefon, das in den genormten Autoradioschacht passte und zusätzlich nur noch ein Freisprechmikrofon und eine Kombiantenne erforderte. Abgesehen davon, dass das Radiophone verkehrssicheres Telefonieren im Fahrzeug erlaubte, bildete es die Grundlage für den Empfang zukünftiger mobilfunkgestützter Verkehrsinformationen. In der neuesten Version bietet es eine mit getrennten Autotelefonen vergleichbare hohe Sendeleistung von 8 Watt. Da es sich optional auch mit Hilfe von Sprach-

befehlen steuern lässt, wurde die Sicherheit beim Telefonieren im Auto noch einmal verbessert.

Die jüngste Erfolgsserie begann für Blaupunkt mit dem Autoradio Woodstock DAB 52, das auf Anhieb zum meistverkauften Radio der Oberklasse ab 400 Euro wurde: Es war das weltweit erste kompakte Autoradio aus Serienproduktion für das neue, international standardisierte und auch in Deutschland fast schon flächendeckend eingeführte digitale Rundfunkverfahren DigitalRadio; in einigen Ländern auch DAB genannt (von Digital Audio Broadcasting). Weitere Funktionen steigerten seine Attraktivität – neben UKW-, MW- und LW-Empfang vor allem auch Wiedergabe nach dem MP3-Standard, entweder mit dem integrierten MP3-

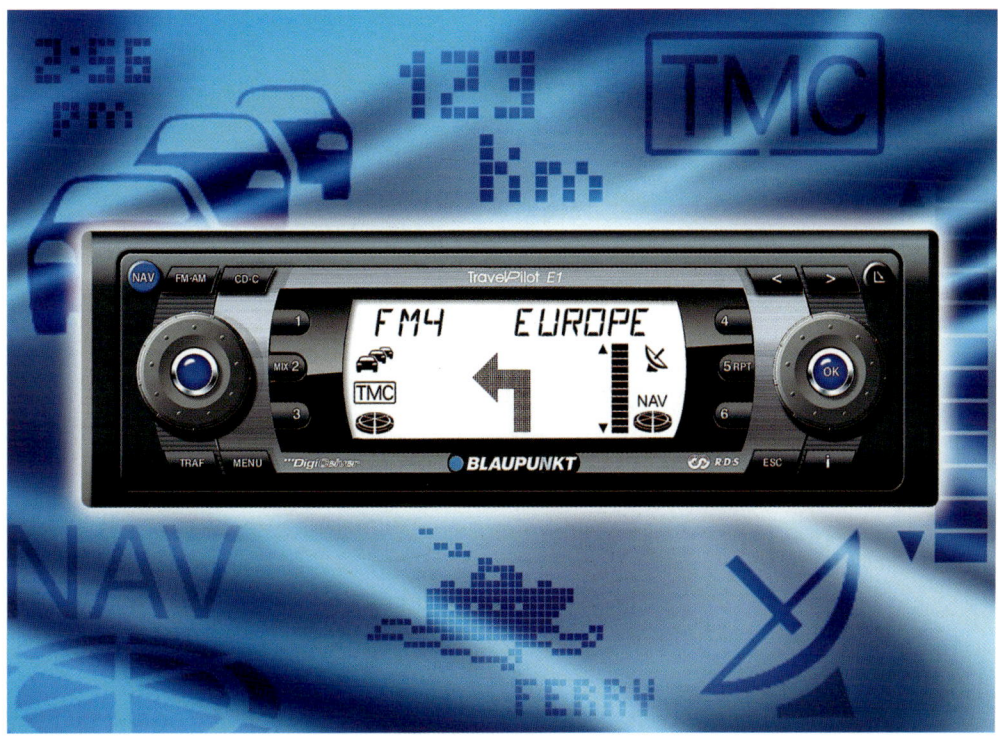

Mit dem Travelpilot E1 bietet Blaupunkt ein Radio-Navigationssystem bei besonders günstigem Preis-Leistungsverhältnis und der bekannten Güte der Routenführung (2004).

Radio-Navigation von Blaupunkt für die Erstausrüstung – hier im Volkswagen Golf (2004).

Mit der von Blaupunkt entwickelten TwinCeiver-Empfangstechnik baut Blaupunkt seine seit Jahrzehnten führende Stellung auf diesem Gebiet weiter aus (2003).

Player für CD-ROM´s oder den MMC/SD Multimedia-Karten, Lesen von Audio-CD/CD-ROM sowie Zugang zum Traffic Message Channel (TMC).

Mit dem neu konzipierten Radio-Navigationssystem TravelPilot E1 hat Blaupunkt nun auch ein besonders preiswürdiges Navigations-Einsteigermodell auf den Markt gebracht. Der TravelPilot E1 kommt mit einem einzigen Mikroprozessor für die Navigationsfunktionen, die Fahrzeugortung über GPS sowie die grafische Darstellung aus. Trotz drastisch gesenkter Zahl von Bauteilen ist es mit seiner einfachen Bedienbarkeit, den präzisen Fahrempfehlungen, mit hochwertigem Autoradioempfänger sowie

gut ausgerüstetem CD-Laufwerk technisch besonders leistungsfähig. Blaupunkt reagiert mit einem solchen Einsteigergerät auf den immer noch geringen Ausrüstungsgrad in der unteren Mittelklasse. Seit Jahresbeginn 2004 wird das Gerät in der Erstausrüstung eingesetzt. Um auch in der Zukunft den insbesondere bei Multimedia-Systemen rasch wachsenden Entwicklungsaufwand wirtschaftlich darzustellen, hat Blaupunkt ein Gemeinschaftsunternehmen mit der japanischen Denso Corporation gegründet. Die Zusammenarbeit hat das Ziel, Hard- und Software für hochintegrierte und zugleich weltweit einsetzbare Navigationsgeräte zu entwickeln.

VII Wie das Neue in das Unternehmen kommt

Technischer Fortschritt und äußere Einflüsse

Die bei Bosch abgelaufenen Innovationsprozesse lassen sich im Sinne einer ersten technikhistorischen Annäherung und im Sinne einer Würdigung der Leistung des Unternehmens kaum anders als in einer der Produktlogik folgenden Beschreibung analysieren und darstellen. Immer wieder wurde jedoch deutlich, dass die technischen Gegenstände vielfach auch von nichttechnischen Faktoren abhängen oder zumindest von solchen Faktoren beeinflusst werden. Schon eingangs wurde darauf verwiesen, wie sehr in der Automobiltechnik gesellschaftlich-politische Rahmenbedingungen und ökologische Forderungen wirksam sind. Tatsächlich hat man es bei Bosch immer wieder unternommen, als Klammer der unterschiedlichen technischen Systeme diese Faktoren in den Vordergrund zu stellen und damit die Blickrichtung umzukehren, also von den externen Einflüssen und Rahmenbedingungen ausgehend nach innen, in Richtung bestehender und zukünftiger Produkte zu blicken. Im Zusammenhang mit der Frage, wie das Neue in das Unternehmen kam, soll es also zunächst um einige wichtige soziale Komponenten der Innovationsprozesse gehen.

Oberflächlich im wahrsten Sinn des Wortes war der Einfluss des Automobildesigns auf die Gestaltung von Produkten. Dabei darf nicht übersehen werden, dass die Ausgaben der Automobilfirmen für Design zeitweise die für innertechnische Verbesserungen weit überstiegen. Trotzdem entfaltete der Einfluss der Automobilmode ein bedeutsames innovatives Element: Der Zwang sich schneller und flexibel an gewünschte Karosserieformen anzupassen war außerordentlich wirksam bei der Einführung von CAD-Verfahren zur Formgebung von Scheinwerfern, samt der Ausstrahlung dieser CAD-Verfahren auf die Gestaltung von Scheibenwischern. Zu den Forderungen, die wenigstens zum Teil von der Gestaltung der Karosserie herrührten, zählten auch Wünsche nach flexiblen Einbaumöglichkeiten für die Einspritzausrüstung und nach kompakten Abmessungen bei Generatoren und Startern.

Die für die Innovationsprozesse bei Bosch gravierenden externen Faktoren waren aber ohne Frage die Sicherheitsdebatte und die in gesetzlichen Regelungen formulierten ökologischen Forderungen an die Automobiltechnik. Schon ab 1960 – spätestens aber seit der ersten Ölkrise 1973/74 – kann man von einer ausgeprägten Reglementierungs- und Limitierungsphase in der Automobiltechnik sprechen. Reglementierung heißt dabei, dass der Staat in Gestalt von sicherheitstechnischen Vorschriften sowie durch Abgas- und Verbrauchsauflagen Einfluss auf die Automobiltechnik nahm. Die Antwort von Bosch war das erwähnte 3-S-Programm: Mit dem von Hans L. Merkle in den frühen siebziger Jahren formulierten und zum ersten Mal im Geschäftsbericht von 1973 publizierten Motto »Sicher – Sauber – Sparsam« versuchte man, die kooperative Rolle von Bosch auf den Punkt zu bringen. Mehr noch: die wachsende Reglementierung wurde vielfach deckungsgleich mit den eigenen technisch-wirtschaftlichen Interessen. Dabei versuchte Bosch aber nie – weder in der Sicherheitsdis-

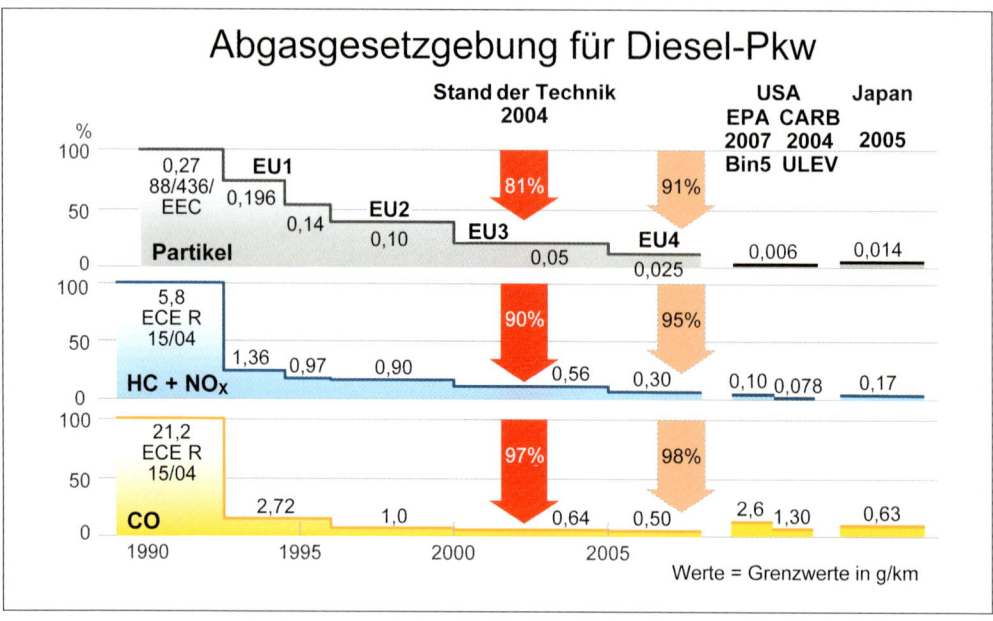

Auf Limitierungen und Reglementierungen zu Abgasemissionen und sicherheitstechnischen Vorschriften reagierte Bosch mit seinem noch heute gültigen »3-S-Programm – sicher, sauber, sparsam«.

kussion noch bei Umweltfragen –, seine Informationspolitik gegenüber staatlichen Institutionen zur Förderung des eigenen Geschäfts einzusetzen. Man hätte damit zwar kurzfristig Erfolge erzielen können, jedoch mittel- und langfristig eine Belastung der Beziehungen zu den Automobilherstellern in Kauf nehmen müssen. Bosch hielt sich deshalb auch bei Hearings betont zurück und verwies auf die Automobilhersteller, die das Endprodukt fertigten und somit für die Technik insgesamt verantwortlich waren.

Was den Aspekt der Sicherheit angeht, so wurde in den USA seit den vierziger und fünfziger Jahren eine intensive Unfallforschung in der Luftfahrt und im Straßenverkehr durchgeführt. Dies führte schon Mitte der fünfziger Jahre zu »freiwilligen« Maßnahmen zur Verbesserung der passiven Sicherheit bei einer Reihe von Herstellern. Seit 1965 waren Öffentlichkeit und Automobilindustrie durch den jungen Rechtsanwalt Ralph Nader drastisch auf die inhären-

ten Sicherheitsprobleme von Automobilen hingewiesen worden. Mit seinem Buch »Unsafe at any Speed: The Designed-in Dangers of the American Automobile« hatte er vor allem den »Compact Car« Chevrolet Corvair von General Motors attackiert. Mit dem an den VW »Käfer« erinnernden Konzept, nämlich Heckmotor und Pendelachse hinten, neigte der relativ stark motorisierte Corvair zu plötzlich eintretendem Übersteuern und Ausbrechen und zu »Corvairtypischen« Überschlägen. Als Folge der heftigen Kontroversen um Ralph Nader kam es in den USA rasch zu gesetzlichen Regelungen, die sich in den 1967 erarbeiteten und ab 1968 gültigen Federal Motor Vehicle Safety Standards äußerten. Außerdem wurde 1970 die National Highway Traffic Safety Administration gegründet.

Nachdem in der Bundesrepublik die Zahl der Verkehrstoten in den fünfziger und sechziger Jahren steil anstieg (von 13 000 im Jahr 1957 auf nahezu 20 000 im Jahr 1970), hatten Sicherheitsüberlegungen auch hier hohe Prio-

UNSAFE AT ANY SPEED

○○ **The designed-in dangers of the American automobile**

Ralph Nader

Grossman Publishers

NEW YORK ●● 1965

Mit seinem Buch »Unsafe at any Speed« initiierte der Rechtsanwalt gesetzliche Regelungen zur Fahrzeugsicherheit.

rität. Im deutschen Automobilbau erwarb sich Daimler-Benz durch die Umsetzung der Patente von Béla Barényi besondere Verdienste, etwa durch Einführung der Sicherheitszelle mit deformierbaren Front- und Heckpartien und durch das Sicherheitslenkrad mit Prallplatte. Die gesetzlichen Regelungen in den USA blieben aber vielfach Motor der Entwicklung: Einer der ersten ab 1968 gültigen Federal Motor Vehicle Safety Standards verlangte den Einbau von Sicherheitsgurten für alle Wageninsassen. Seit Mitte 1973 und gültig ab dem Modelljahr 1974 verlangte die amerikanische Gesetzgebung den Einbau von Gurtsystemen mit – einer auch von Bosch gefertigten – Warneinrichtung und Startsperre oder den Einbau eines Airbags. Die Startsperre bei nicht angelegtem Gurt wurde von der amerikanischen Öffentlichkeit jedoch nicht akzeptiert und sogar scharf attackiert. Die Vorschrift wurde daher nach zwei Jahren wieder aufgehoben. Die Folge für Bosch war, dass im Werk Ansbach die entsprechenden Fertigungseinrichtungen nutzlos wurden. In der

Bundesrepublik war man von vornherein etwas zurückhaltender: Seit Anfang 1974 mussten alle neu in den Verkehr kommenden Pkw sowie leichte Lkw serienmäßig mit Dreipunkt-Sicherheitsgurten für die Vordersitze ausgerüstet werden, im Dezember 1978 folgte die Einbaupflicht für den Rücksitz.

Ausschlaggebend war die Frage der Sicherheit des Straßenverkehrs bei der jahrzehntelangen Entwicklungsarbeit am ABS. Die Pionierrolle, welche die britische Fahrzeugtechnik bei der Einführung erster mechanischer Systeme spielte, hat damit zu tun, dass in Großbritannien schon seit den dreißiger Jahren Schleudervorgänge bei Fahrzeugen intensiv erforscht wurden. Seit 1946 war diese Forschung im staatlichen Road Research Laboratory, einer Abteilung des National Physical Laboratory, institutionalisiert worden. Anders als in den USA und der Bundesrepublik wurden in Großbritannien auf nationaler Ebene Unfallstatistiken erhoben. So wurde zwischen 1951 und 1957, also mit wachsender Motorleistung und Höchstgeschwindigkeit, eine deutliche Zunahme der mit Schleudervorgängen verbundenen Unfälle beobachtet. Bei einer Gesamtzahl von etwas mehr als 200 000 Unfällen mit Verletzten hatten im selben Jahr 1957 über 30 000 Unfälle mit Schleudervorgängen zu tun. Mit gewissen Einschränkungen, die mit dem gemäßigten britischen Klima zu tun haben, ließen sich die britischen Befunde auf andere Industrienationen übertragen. Auf der ersten großen Fachtagung an der University of Virginia in Charlottesville, der First International Skid Prevention Conference 1957, wurden die britischen Statistiken, aber auch eingeschränkte Daten, die für den US-Bundesstaat Virginia oder für das deutsche Bundesland Schleswig-Holstein zur Verfügung standen, der Öffentlichkeit vorgestellt. Die für die ABS-Entwicklung wichtige Einschätzung war, dass unter den verschiedenen Unfallursachen dem Phänomen Schleudern am ehesten mit technischen Maßnahmen, etwa bei der Konstruktion der Bremsen, zu begegnen sein müsste. Es wurde deshalb versucht, das Verhalten der Fahrzeuge beim Bremsen so zu verbessern, dass sie auch bei Panikbremsungen vom Fahrer beherrschbar blieben.

Allerdings war dieser Aspekt der aktiven Sicherheit bald so selbstverständlich, dass er in die Gestaltung des Systems ABS nur insofern eingriff, als einfache Systeme mit einer bloßen Regelung der Hinterachse rasch wieder verworfen wurden. Denn damit war allenfalls das Schleudern des Fahrzeuges zu verhindern. Keinesfalls konnte hier wegen der möglicherweise blockierten Vorderräder die Lenkbarkeit garantiert werden. Die ABS-Entwicklung war also durchaus getrieben von der Debatte um die Sicherheit der Fahrzeuge, geformt wurde das System aber letztlich von regelungstechnischen Fragen sowie von den Problemen der technischen Realisierbarkeit und der Zuverlässigkeit früher elektronischer Steuerungen. Die Abhängigkeit von externen Faktoren zeigte sich paradoxerweise in einer anfänglichen Hemmung der ABS-Entwicklung: Typisch ist die selbstkritische Beurteilung des Entwicklungsstands bei General Motors, der das Unternehmen Mitte der sechziger Jahre vor einer schnellen Einführung zurückschrecken ließ. Ähnlich wirkte – wie bereits erwähnt – die überstürzte Einführung ungenügend erprobter Systeme, welche durch den strengen Federal Motor Vehicle Standard No. 121 für pneumatisch gebremste Nutzfahrzeuge in den USA erzwungen wurde. Außerdem erhielt in der kritischen Phase der Serienentwicklung des ABS, die in die Zeit unmittelbar nach der ersten Ölkrise fiel, der Kraftstoffverbrauch höchste Priorität in der Automobiltechnik.

Das am stärksten durch externe Einflüsse geformte kraftfahrzeugtechnische System war die Benzineinspritzung, wobei diese Tendenz durch die verschiedenen Generationen hindurch eher noch zunahm. Am Anfang dominierte sicher noch die Technik: Bereits in ihren mechanischen Versionen hatte die Benzineinspritztechnik deutliche Vorteile gegenüber der Gemischbildung durch den Vergaser. Die damit zu erzielende Leistungssteigerung war für den Bau hochwertiger Fahrzeuge ein gewichtiges Argument. Aus rein technischer Sicht konnte die elektronische Benzineinspritzung die Motorenentwicklung durch eine Reihe von Verbesserungen weiter voranbringen: Steigerung der Leistung, Minderung des Verbrauchs, flexible Reaktion auf unterschiedliche Motor- und Umgebungsparameter sowie Erhöhung des Fahrkomforts. Dabei profitierte die elektronische Benzineinspritzung enorm von dem sich innerhalb der Technik aufbauenden Wissen, etwa in der Mikroelektronik, der Digitaltechnik, der Regelungstechnik oder der Thermodynamik der Verbrennungsmotoren. Es waren dies sogar eindeutig notwendige Voraussetzungen. Hinreichend – um in der Sprache der Mathematik zu bleiben – waren sie allerdings nicht. Wie kaum eine andere Entwicklung der Technik wurde sie zunehmend von externen Einflüssen und von den härteren administrativen Maßnahmen abhängig.

Ohne einen besonders potenten Erstkunden, der sich wie das Volkswagenwerk den administrativen Forderungen stellte, wäre die elektronische Benzineinspritzung von Bosch zunächst eine Nischentechnik geblieben. Entscheidend für die gelungene Innovation der elektronischen Benzineinspritzung war das kooperative Verhalten von Volkswagen in seiner Reaktion auf die amerikanischen Umweltauflagen. Angesichts des außerordentlich bedeutenden USA-Geschäfts war – wie erwähnt – die Motivation zur Einführung der elektronischen Benzineinspritzung von den verschärften Gesetzen zur Luftreinhaltung in den USA bestimmt und hier wiederum von den ab 1967 (bzw. dem Modelljahr 1968) erstmals verbindlich vorgeschriebenen Abgasgrenzwerten im Bundesstaat Kalifornien. Mit seinem positiven Ansatz, also mit der Anerkennung der Regelungen, verhielt sich Volkswagen anders als die amerikanische Automobilindustrie, die am Anfang versuchte, die Verschärfung der Abgasbestimmungen zu verhindern.

Der politische Druck in den USA nahm jedoch weiter zu: Konkret verlangte die vom amerikanischen Kongress 1970 verabschiedete Novellierung (»Amendment«) der Clean Air Act, dass bei allen ab dem Modelljahr 1975 gebauten Automobilen die Emissionen bei Kohlenwasserstoffen und Kohlenmonoxid gegenüber den 1970 bestehenden Vorschriften um 90 Prozent gesenkt werden, zusätzlich wurde gefordert, dass ab dem Modelljahr 1976 auch die Stickoxidemissionen um 90 Prozent gesenkt werden. Namenspatron dieser Standards war der Senator Edmund S. Muskie, der in den sechziger und siebziger Jahren zu einem der bedeutendsten Umweltpolitiker in den USA avancierte.

Ungeachtet der Leitfunktion der USA war die Gesetzgebung in verschiedenen Ländern in der Folge so unterschiedlich, dass die Automobilindustrie sich individuell solchen Forderungen anpassen musste. Während die Automobilhersteller die Verschärfung der Abgasgesetze und vor allem den Wirrwarr der unterschiedlichen Regelungen vorwiegend als Behinderung empfanden, sah Bosch in dieser Situation von Anfang an eine Chance, um über Innovationen und neue Produkte den Unternehmensbereich Kraftfahrzeugtechnik zu stärken. In dem Maße, wie die Benzineinspritzung zur Schlüsseltechnologie bei der Einhaltung von Emissions-Grenzwerten und der Einsparung von Kraftstoff avancierte, wurde dieses aktive Eingehen auf die gesetzlichen Vorgaben geradezu lebenswichtig für das Unternehmen. So war etwa Bosch in einem Unterausschuss für Schadstoffe im Rahmen des Verbands der Automobilindustrie (VDA) vertreten. Auch weltweit verfolgte

man den Fortgang der Gesetzgebung mit größter Aufmerksamkeit. Der Blick über die Grenzen zeigte vor allem, dass die im Zulieferbereich ebenfalls aufstrebende Automobilnation Japan ihre strengen Abgasnormen, die zeitweise die amerikanischen Auflagen noch übertrafen, eindeutig als technische Herausforderung begriffen hatte. Bei Bosch erwartete man als Folge geradezu Innovationsschübe und langfristige Wettbewerbsvorteile bei den japanischen Herstellern. Insofern war es besonders wichtig, dass man sich durch Lizenzbeziehungen und Joint-Ventures den Zugang zum japanischen Markt gesichert hatte.

Die als Druckmittel gedachte amerikanische Gesetzgebung entfaltete paradoxerweise ihre Wirkung auf die technische Entwicklung nicht im eigenen Land. Während in der deutschen Industrie eindeutig eine Politik der Hochtechnik verfolgt wurde, reagierten die amerikanischen Automobilhersteller trotz Silicon Valley und Clean Air Act immer noch zurückhaltend. Dies war umso weniger verständlich, als mit Beginn der siebziger Jahre eine wirkungsvolle wissenschafts- und umweltpolitische Struktur zur Durchsetzung der ökologischen Ziele der USA entstanden war: Die National Academy of Sciences erhielt die Aufgabe, die Einführung der Normen bei Autoabgas-Schadstoffen für 1975/ 1976 wissenschaftlich zu überwachen. Die Environmental Protection Agency (EPA) übte die Exekutivgewalt über die Clean Air Act aus und finanzierte zum Beispiel Forschungspojekte über schadstoffarme Motoren. Trotzdem stießen die administrativen Maßnahmen zur Luftreinhaltung in der amerikanischen Automobilindustrie auf Widerstand.

Einer der Gründe für das Verhalten der amerikanischen Automobilbranche war, dass es in den USA keine starken unabhängigen Zulieferer gab. Da alle »In House«-Ausrüster der amerikanischen Automobilhersteller eigene Vergaserproduktionen besaßen, hätte ein rasches Umsteigen auf die Einspritztechnik diese Investitionen obsolet gemacht. Die Einspritztechnik war nur mit geringem Aufwand und lückenhaft entwickelt worden, so dass in den USA die Bosch-Lambda-Technik zunächst sogar mit elektronisch geregeltem Vergaser eingeführt werden musste, also in einem System, das wenig Aussicht hatte, in Zukunft zu bestehen. Nachdem die zwischen 1966 und 1976 in den USA erlassenen gesetzlichen Vorschriften für Abgaswerte, die das Ziel hatten, die Emission von Stickoxiden (NO_x), von Kohlenmonoxid (CO) und von unverbrannten Kohlenwasserstoffen (HC) zu reduzieren, 1978 noch mit Auflagen bezüglich des maximalen Kraftstoffverbrauchs verknüpft worden waren, musste man allerdings Ende der siebziger Jahre erkennen, dass die daraus folgenden technischen Anforderungen an die Gemischbildung nur noch mit Benzineinspritzung erfüllt werden können.

Einen Versuch, diese zurückhaltende Politik der amerikanischen Automobilhersteller zu durchbrechen, machte im übrigen Ford mit seinem in den siebziger Jahren entwickelten Konzept eines Schichtlademotors. Bei dem als »PROCO Engine« (von Programmed Combustion Process) bezeichneten Motor wurde durch Benzineinspritzung in der Nähe der Zündkerze lokal ein fettes Gemisch erzeugt, das sicher entflammt werden konnte. Die Flammenfront wanderte dann in zunehmend mageres Gemisch. Das im Durchschnitt magere Gemisch sollte in erster Linie eine bessere Ausnutzung des Kraftstoffs bewirken. Gleichzeitig sollte die Ladungsschichtung durch absinkende Verbrennungstemperaturen eine Begrenzung der Stickoxid-Bildung erlauben. Bosch investierte in die besonders komplizierte Einspritztechnik des Ford-Schichtlademotors, obwohl klar war, dass die verwandte Direkteinspritzung nicht ausgereift war. Tatsächlich wurde das Projekt der »PROCO Engine« Anfang der achtziger Jahre wieder eingestellt. Das Engagement von Bosch

wurde aber dadurch belohnt, dass es gelang, mit Magnetventilen für die einfache Saugrohreinspritzung bei Ford und den beiden anderen großen Herstellern Fuß zu fassen.

Bosch profitierte von der Wende in der amerikanischen Haltung zur Einspritztechnik insofern, als man nun in rasch zunehmenden Stückzahlen schwierig herzustellende mechanische Komponenten, wie Kraftstoffpumpen und Einspritzventile, an die Automobilhersteller liefern konnte. Begünstigt war dieser Erfolg sicher dadurch, dass die amerikanische Automobilindustrie sich langsam aus ihrer schweren – bei Ford und Chrysler bis an die Substanz gehenden – Krise herausarbeitete, in die sie seit 1970 geraten war. Allerdings machte Bosch auch erhebliche Zugeständnisse: Ungeachtet der üblichen Geschäftspolitik, Tendenzen zur Rückwärtsintegration bei den Automobilherstellern entgegenzuwirken, erteilte man an amerikanische Kunden Herstelllizenzen für Magnetventile und sicherte sich dadurch längerfristig Lieferanteile.

Obwohl sich die Rahmenbedingungen seitens der Abgasgesetzgebung in Europa noch nicht einmal verändert hatten, also noch kein akuter administrativer Druck bestand, nahm bereits Anfang der achtziger Jahre der Anteil der Einspritzmotoren auf dem europäischen Automobilmarkt rasch zu. Die Gründe für den Stimmungsumschwung sind im Wesentlichen im besseren Fahrverhalten, in den höheren Motorleistungen und im niedrigeren Verbrauch zu suchen, zumal seit Ende 1979 die Kraftstoffpreise noch einmal kräftig angezogen hatten. In Europa wuchs jedenfalls der Marktanteil von Bosch auf dem Gebiet der Benzineinspritzung auf über neunzig Prozent. Dabei nahmen die Stückzahlen der K-Jetronic immer noch zu; zudem konnten durch die Aufrüstung der K-Jetronic zur elektronisch gesteuerten KE-Jetronic der Produktzyklus des mechanischen Grundsystems verlängert und die Stückzahlen noch einmal gesteigert werden. Diese Steigerungen wurden jedoch nicht mehr auf Kosten der elektronischen Benzineinspritzung erzielt. Da die elektronische Benzineinspritzung mittlerweile ihre Trümpfe in der Anpassung an zusätzliche von den Kunden gewünschte Funktionen immer besser ausspielen konnte, wuchsen auch bei der L-Jetronic die Lieferungen sehr stark an.

Einen zusätzlichen Schub bekam die Benzineinspritzung durch die erwähnte, ab Mitte 1983 angekündigte erheblich verschärfte Abgasgesetzgebung für Europa. Die nach langen und kontroversen Verhandlungen 1984 und 1985 vom Ministerrat der Europäischen Gemeinschaft und von einigen Regierungen außerhalb der EG gefassten Beschlüsse, die sich an den amerikanischen Abgasgrenzwerten von 1983 orientierten, erzeugten dann vor allem bei

Motoren über zwei Liter Hubraum endgültig ein »Gefälle« in Richtung Benzineinspritzung. Allerdings wurden diese Motoren mit Blick auf Leistung und Fahrkomfort bereits bisher zu einem hohen Prozentsatz mit Benzineinspritzung ausgerüstet.

Auf den größer werdenden Markt reagierte Bosch mit einem weiter differenzierten Angebot: 1981 wurde die elektronische LH-Jetronic eingeführt, mit deren Platin-Hitzdraht-Sensor (1991 durch einen Platin-Heißfilm-Sensor ersetzt) nun anstelle der bisherigen Ersatzgrößen Saugrohrdruck und Luftmenge endgültig eine Messung der Luftmasse realisiert war. 1986 wurde die Palette der Einspritzausrüstung durch die einfachere Mono-Jetronic mit Zentraleinspritzung ergänzt, welche die Anwendung der elektronischen Benzineinsprit-

Fertigung von Hitzdraht-Luftmassenmessern (1992).

Komponenten der Mono-Jetronic: zentrale Einspritzeinheit, elektronisches Steuergerät und Lambdasonde (1989).

zung auch bei kleineren Wagen wirtschaftlich machte. Die Technik differenzierte sich also insofern, als bei geringen Ansprüchen die einfachere Zentraleinspritzung und für Fahrzeuge der gehobenen Klasse die gewöhnliche Mehrfach-Einspritzung zum Einsatz kam.

Aufgrund anhaltender politischer und ökologischer Zwänge, den Kraftstoffverbrauch und – damit verknüpft – den CO_2-Ausstoß sowie die eigentlichen Schadstoffemissionen weiter zu vermindern, ist das Gebiet Ende der neunziger Jahre in technischer Hinsicht noch einmal deutlich in Bewegung geraten: Seit Einführung von Grenzwerten in den siebziger Jahren konnten zwar die wichtigsten Schadstoffemissionen bei Neufahrzeugen bereits um etwa 90 Prozent gesenkt werden, durch den weiter zunehmenden Kraftfahrzeugverkehr so-

wie durch technische Aufwertung und höhere Fahrzeuggewichte wurden diese Verbesserungen aber wieder weitgehend aufgezehrt. Nachdem die verschärften Grenzwerte der Europäischen Gemeinschaft in den Stufen I bis III bei CO seit 1992 einen Rückgang um etwa ein Fünftel und bei HC sowie NO_x um etwa zwei Drittel erbracht haben, ist in Europa insbesondere beim CO eine weitere Halbierung der Grenzwerte EU III bis zum Jahr 2005 geplant (EU IV). Entsprechend seiner alten Rolle als Vorreiter bei der Einführung strengster Umweltstandards wird der amerikanische Bundesstaat Kalifornien zeitgleich »Super-Low-Emission-Vehicle (SULEV)«-Grenzwerte einführen, die zum Teil mehr als 50 Prozent unter den EU IV-Grenzwerten liegen. In diesem Zusammenhang gehören die im Dezember 1997 auf der Klimakonferenz von Kyoto verabschiedeten klimapolitischen Verpflichtungen der einzelnen Staaten und die von der europäischen Automobilindustrie eingegangene Selbstverpflichtung gegenüber der Europäischen Kommission, bei neu zugelassenen Personenwagen die durchschnittliche Emission von Kohlendioxid von 186 Gramm pro Kilometer auf 140 Gramm zu senken und insgesamt den Flottenverbrauch bis zum Jahr 2008 im Vergleich zu 1995 um 25 Prozent zu mindern. Für den Otto-Motor bedeutet dies, dass er 2008 im Mittel maximal 5,8

Liter auf einhundert Kilometer verbrauchen darf. In Richtung einer weiteren deutlichen Senkung des Verbrauchs weisen Unsicherheiten bei der Entwicklung des Ölpreises und – etwa in der Bundesrepublik – eine wachsende steuerliche Belastung des Kraftstoffs.

Ein wichtiger Schritt auf dem Weg zur weiteren Senkung des Verbrauchs ist die Abkehr von der Saugrohreinspritzung und die erneute Hinwendung zur Direkteinspritzung. Bosch hatte schon Mitte der achtziger Jahre in der Vorentwicklung an solchen Systemen gearbeitet. Pro-

Die Benzin-Direkteinspritzung erfordert aufwändige Entwicklungsarbeiten auf dem Motorprüfstand (2003).

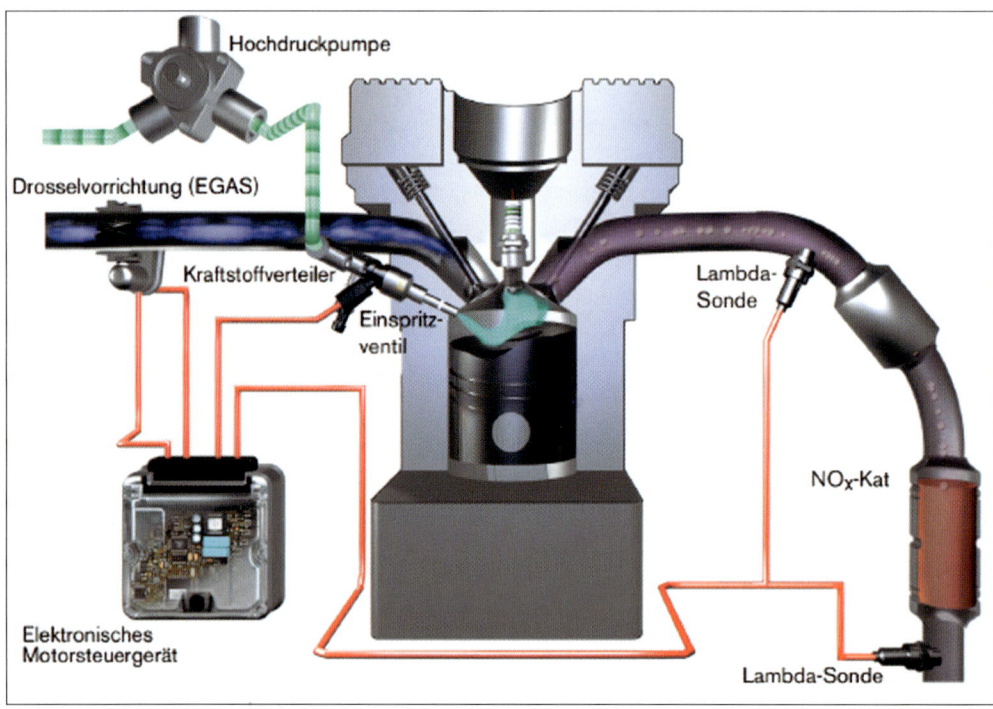

Konzept der Benzin-Direkteinspritzung DI-Motronic von Bosch (2001).

bleme bereiteten die Emissionen (vor allem die Stickoxide), die erforderlichen Einspritzdrücke, die notwendige Ladungsschichtung im Brennraum sowie die Gefährdung des Ölfilms durch eine Benetzung der Zylinderwand (im Gegensatz zu Dieselkraftstoff hat Benzin praktisch keine Schmierwirkung). Außerdem war noch nicht abzusehen, wann für diese Technik passende Katalysatoren verfügbar sein würden. Vor allem fehlte zu dieser Zeit ein ausreichendes Engagement potenzieller Kunden. Ähnlich wie in der Dieseleinspritztechnik ist aber die Benzin-Direkteinspritzung unmittelbar abhängig von der Motorenentwicklung, insbesondere bei der Gestaltung des Brennraums und der Anpassung der Gaswechselvorgänge. Nachdem Mitsubishi Ende 1997 eine Benzin-Direkteinspritzung auf den Markt brachte, zogen Bosch und Volkswagen nach – beim Serienfahrzeug Lupo FSI Ende 2000. Es folgten 2002 der 2,0-Liter-Vierzylindermotor

von Alfa-Romeo, weitere Fahrzeuge im VW-Konzern (Golf, Polo, Touran, A2, A3, A4) und erstmalig ein Benzin-Direkteinspritzer bei BMW, der 6-Liter-Zwölfzylindermotor im 7er. 2003 hat Ford mit dem Mondeo 1,8-Liter seinen ersten Benzin-Direkteinspritzer – ebenfalls mit Bosch-Technik – erfolgreich am Markt eingeführt.

Das Einsparpotenzial der Benzin-Direkteinspritzung von bis etwa 15 Prozent wird hier insofern ausgeschöpft, als ähnlich wie beim Dieselmotor die Drosselverluste bei Teillast vermieden und ein Betrieb mit Luftüberschuss angestrebt wird. Da die Verbrennung also nicht mehr stöchiometrisch (wie bei den mit herkömmlichen Katalysatoren ausgerüsteten Otto-Motoren), sondern teilweise bei Magerbetrieb erfolgt, war die Entwicklung geeigneter Schichtladungstechniken erforderlich. In der Tat rührt das Kürzel FSI von Fuel Stratified Injection her. Im Brennraum musste also – wie bereits bei der

»PROCO Engine« von Ford ausgeführt – ein räumliches Gefälle von fettem, gut zündungsfähigem Gemisch hin zu magerem Gemisch erzeugt werden. Außerdem wurde eine spezielle Katalysatortechnik benötigt, da bei Magerbetrieb mit dem verfügbaren Dreiwegekatalysator die Reduktion der Stickoxide (NO_x) nicht funktioniert. Die Lösung sieht so aus, dass die Stickoxide in einem Speicherkatalysator aufgefangen werden und der Speicherkatalysator regelmäßig durch fettes Gemisch von den Stickoxiden befreit wird. (Katalysatoren, welche auch bei magerem Gemisch die Stickoxide reduzieren können, sind noch nicht serienreif.) Entscheidend für die Realisierung einer komplexen Benzin-Direkteinspritzung und für den Erhalt des Fahrkomforts ist die Fähigkeit der speziell für Benzin-Direkteinspritzer entwickelten Motorsteuerung Motronic MED 7, Kraftstoffmenge, Drosselklappenstellung und Zündwinkel so zu steuern, dass das Drehmoment stets dem Wunsch des Fahrers entspricht und die Übergänge zwischen Schichtlade- und Homogenbetrieb (bei Volllast) sowie bei Magerbetrieb und angefettetem Gemisch ruckfrei und insofern unmerklich vonstatten gehen.

Gefördert durch massive externe Einflüsse entstand so als grundlegende Innovation der vergangenen vierzig Jahre das neue Gebiet der elektronischen Benzineinspritzung und – unter Integration der Zündung – die ebenfalls wesentlich durch ökologische Argumente getriebene Motronic. Gleichzeitig war die seit den siebziger Jahren in die Automobiltechnik eingeführte Elektronik zur Steuerung von Einspritz- und Zündanlagen die entscheidende Voraussetzung für die Durchsetzung der Lambda-Sonde und für die erfolgreiche Verwendung des geregelten Dreiwegekatalysators.

Obwohl der mit Hilfe einer Lambda-Sonde »geregelte« Dreiwegekatalysator auch für sich genommen zu den bedeutendsten Neuerungen der Fahrzeugtechnik nach 1945 zählt, kann er im Grunde nicht isoliert betrachtet werden. Seit Mitte der siebziger Jahre lassen sich schon die Entwicklungen von elektronischer Benzineinspritzung, von Lambda-Sonde und von geregeltem Dreiwegekatalysator kaum mehr voneinander trennen. Bedeutsam an der Innovation des geregelten Dreiwegekatalysators ist also nicht so sehr der technische Fortschritt im Einzelnen, sondern die Bündelung von Einflüssen aus Wissenschaft und Technik, von Politik und Ökologie.

Die gleichzeitige Beseitigung von NO_x, CO und HC bedeutete einen bemerkenswerten physikalisch-chemischen Zielkonflikt. Man musste nämlich Katalysatormaterialien finden, die unter genau festzulegenden Temperatur- und Gemischverhältnissen sowohl die Reduktion von NO_x zu Stickstoff (N_2) fördern als auch gleichzeitig die Oxidation von CO zu CO_2 sowie von Kohlenwasserstoffen (HC) zu CO_2 und Wasser. Als geeignetes multifunktionelles Katalysatormaterial konnte die Kombination der Edelmetalle Platin und Rhodium ermittelt werden. Die gleichzeitige und nahezu vollständige Umsetzung aller schädlichen Abgasbestandteile läuft jedoch nur innerhalb eines sehr schmalen »Lambda-Fensters« ab. Das heißt, dass nur in einem engen Bereich des Verhältnisses von Luft und Kraftstoff bei Lambda = 1 der Katalysator als Dreiwegekatalysator arbeitet. Bei Lambda = 1 liegt das so genannte stöchiometrische Gemisch vor. Es ist dasjenige Verhältnis von Luft und Kraftstoff, bei dem die vollständige Verbrennung erfolgen kann. Ist Lambda größer als 1, spricht man von »magerem« Gemisch, ist Lambda kleiner als 1, liegt »fettes« Gemisch vor, wobei hier unverbrannte Kraftstoffkomponenten nicht zu vermeiden sind. Entscheidend neben der Wahl der Katalysatormaterialen war also die regelungstechnische Beherrschung einer genauen Einstellung des stöchiometrischen Verhältnisses von Luft und Kraftstoff. Wenn hier wie üblich vom »geregelten Dreiwegekatalysator« gesprochen wird, so ist das offensichtlich insofern irreführend, als nicht der Katalysator, sondern die Zusammensetzung des Luft-Kraftstoff-Gemisches geregelt wird. Jedenfalls musste ein Sensor gefunden werden, der das Luft-Kraftstoff-Verhältnis im Bereich Lambda = 1 hinreichend genau messen kann.

1976 gelang es Bosch, nach jahrelanger Entwicklungsarbeit einen solchen Sensor, die Lambda-Sonde, in Serie zu bringen und damit die Grundlage für die Lambda-Regelung zu schaffen. Dabei ist die lange Geschichte der Lambda-Sonde gleichzeitig ein Hinweis auf die äußerst komplexe Struktur von Innovationsprozessen. Der Ausgangspunkt lag nämlich tief in der Grundlagenforschung zum Thema Festkörperelektrolyte. Auf dem Gebiet der physikalischen Chemie untersuchte man so in den fünfziger Jahren die Beweglichkeit von Sauerstoff-Ionen in festem Zirkondioxid. Als Anwendung solcher oxidischer Festkörperelektrolyte zeichnete sich zu dieser Zeit vor allem die Festelektrolyt-Brennstoffzelle und damit die Schaffung einer neuen Stromquelle ab. Mitte der sechziger Jahre erfuhren diese Ergebnisse der physikalischen Chemie jedoch eine ganz unerwartete Verwendung. Bei der industriellen Entwicklung des gasgekühlten Hochtemperatur-

reaktors durch BBC und Krupp nutzte man die oxidischen Festkörperelektrolyte zum ersten Mal zur Messung bestimmter Sauerstoffkonzentrationen. Zur Messung der Sauerstoffkonzentration wurde der Festkörperelektrolyt Zirkondioxid 1968 auch bei Bosch im Rahmen der Produktion von Bleiakkumulatoren in Hildesheim eingesetzt. Es ging hier darum, in einem mit überhitztem Wasserdampf betriebenen Batterieplatten-Trockenofen mit einem kontinuierlichen Messverfahren den Restsauerstoffgehalt zu bestimmen.

Im Einzelnen beruht die Lambda-Sonde auf der genannten Zirkondioxid-Keramik, die eine gewisse Leitfähigkeit für Sauerstoff-Ionen besitzt. Zum Aufbau einer galvanischen Festkörperkette wird die Zirkondioxid-Keramik auf beiden Seiten mit gasdurchlässigen Platinelektroden beschichtet. Die Platinbeschichtung liefert die elektrische Kontaktierung, zudem stellt sie durch ihre katalytische Wirkung sicher, dass die Gaskomponenten an der Grenzschicht des Festkörperelektrolyten sich im thermodynamischen Gleichgewicht befinden. Die im heißen Abgasstrom platzierte und aufgrund einer Verbindung zur Umgebungsluft als elektrochemische Konzentrationszelle arbeitende Sauerstoff-Sonde zeigt exakt beim stöchiometrischen Gemisch

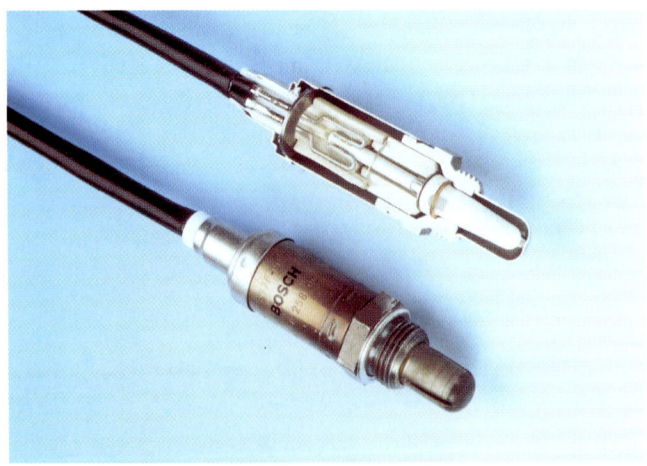

Die Lambdasonde misst die Sauerstoffkonzentration in Pkw-Abgasen (1989).

von Luft und Kraftstoff einen Spannungssprung. Dieses Signal ermöglicht es, mit der Sonde in einem geschlossenen Regelkreis die Benzineinspritzung auf den Wert Lambda = 1 zu regeln. Unter Einbeziehung eines Dreiwegekatalysators, der zur vollständigen Umsetzung der Schadstoffe genau das stöchiometrische Gemisch verlangt, erlaubt dieses System eine nahezu perfekte Reinigung der Abgase beim Ottomotor.

Da Mitte der sechziger Jahre in der Motorentechnik magere Gemische, also Luft-Kraftstoff-Gemische mit Luftüberschuss im Vordergrund des Interesses standen, spielte das Thema der Sauerstoffkonzentration in den Abgasen zunächst nur eine untergeordnete Rolle. Um 1970 wurde dann in den Forschungsabteilungen von Philips und Bosch die Idee entwickelt, mit Blick auf die Regelung des Gemisches beim Ottomotor Festkörperlektrolyte zur Sauerstoffpartialdruck-Messung heranzuziehen. Von dieser Idee bis zur Beherrschung der Technologie und zum Serieneinsatz der Lambda-Sonde im Jahr 1976 war jedoch ein schwieriger Weg zurückzulegen.

Die Entwicklung der Lambda-Sonde bei Bosch kann geradezu als Paradebeispiel interdisziplinärer Zusammenarbeit gelten. Zahlreiche Fachbereiche der Zentralen Forschung, der Vorentwicklung Kraftfahrzeugtechnik, der Systementwicklung und Serienentwicklung arbeiteten eng zusammen, um zunächst den »Existenzbeweis« in Form von Funktionsmustern zu erbringen und, darauf aufbauend, die Serienentwicklung zu starten, die im Stil eines Simultaneous Engineering-Projekts bereits in der Frühphase Spezialisten der Fertigungstechnik einbezog.

Man kann drei Entwicklungsphasen bis zur Großserienfertigung unterscheiden: In der ersten Phase ging es um den Beweis, dass der gedankliche Ansatz technisch tragfähig war. Nachdem erste Funktionsmuster in den Jahren 1970 und 1971, noch mit kommerziell verfüg-

baren Zirkondioxid-Rohren ausgestattet, ermutigende Anfangsergebnisse brachten, wurde auf Anregung der Vorentwicklung ein systematisch angelegtes Projekt der Zentralen Forschung gestartet. Projektleiter war Horst Neidhard. Es gelang in der Folge zwar, reproduzierbare Messergebnisse zu erhalten, die Sonden waren jedoch noch nicht ausreichend dauerstandsfest. Erst Anfang 1972 war man so weit vorangekommen, dass man Sonden-Muster an Kunden ausliefern und die Funktionsfähigkeit des Gesamtsystems demonstrieren konnte. Zum Gesamtsystem gehörte eine Regelschaltung, die von der Vorentwicklung und der Serienentwicklung des Geschäftsbereichs K5 – Entwicklungsverantwortlicher war hier Otto Glöckler – realisiert wurde. 1972 ging, im Hinblick auf die bereits ins Auge gefasste Serienentwicklung, die Entwicklungsverantwortung von der Vorentwicklung auf die Serienentwicklung des Geschäftsbereichs K1 über.

Die zweite Entwicklungsphase begann Ende 1972. Man hatte nämlich feststellen müssen, dass die bis dahin vorliegenden Sondenmuster den Anforderungen an Funktion, Dauerstandsfestigkeit und Eignung für eine Serienfertigung bei weitem nicht genügten. Die Zentrale Forschung wurde deshalb beauftragt, mit einer Reihe von Projekten die technologische Basis für eine funktionsgerechte, kostengünstige und serientaugliche Lambda-Sonde zu erarbeiten. Dies geschah unter Bildung eines bereichsübergreifenden Netzwerks, wobei die Gesamtleitung der Projekte in der Forschung bei Wolf-Dieter Haecker lag. Das Netzwerk umfasste über die Forschung hinaus vor allem die für das Produkt verantwortlichen Auftraggeber des Geschäftsbereichs K1, außerdem Leo Steinke als Leiter der Entwicklungsabteilung für Zündkerzen und letztlich Hermann Scholl als Entwicklungsleiter des Geschäftsbereichs K1.

Innerhalb von drei Jahren gelang es, die Technologiebasis für eine Sonde zu entwickeln, die für die Serienproduktion geeignet war. Wesentliche Merkmale waren die thermoschockfeste, mit Yttriumoxid stabilisierte Zirkondioxid-Keramik, die dauerstandsfesten, elektrochemisch aktiven Dickschichtelektroden in Kombination mit einer Platin-Dünnschicht-Außenelektrode, die im Plasmaspritzverfahren aufgebrachte äußere Schutzschicht sowie die mechanisch und thermodynamisch optimierte Gehäuse- und Schutzrohr-Konstruktion. Bereits 1975 wurden vorläufige Bestell-, Fertigungs- und Prüfvorschriften für Werkstoff- und Material-Kombinationen und Fertigungsverfahren an die Serienentwicklung und das verantwortliche Fertigungswerk Bamberg gegeben. Im Werk war zunächst eine Pilotfertigung vorgesehen. Entsprechend einer Vorgabe von K1 wurden fast alle erforderlichen Fertigungseinrichtungen in der Forschung entwickelt, konstruiert, gebaut und zusammen mit den verantwortlichen Mitarbeitern der Fertigungsvorbereitung und -ausführung in Betrieb genommen. Deutlich erkennbar ist, wie hier Forschung und Fertigung sich aufeinander zubewegten. Aufgrund der guten Ergebnisse größerer Fertigungsversuche Anfang 1976 konnte im April 1976 die Erzeugnis-Fertigungs-Freigabe erreicht werden – dies war die Voraussetzung für den Start der Produktion in den Folgemonaten.

Der erfolgreiche Beginn der Produktion, zunächst ausgelegt für monatlich rund 2000 Sonden, markierte den Auftakt zur dritten Phase der Lambda-Sonden-Entwicklung. Zunächst wurde unter Transfer von Mitarbeitern aus der Forschung in der zuständigen Entwicklungsabteilung im Geschäftsbereich K1 eine Entwicklungsgruppe aufgebaut; geleitet wurde sie von Hans-Ulrich Gruber. Ziel war es, die Technologie zu optimieren, die Rohstoffbasis abzusichern, Ansätze für Kostenreduzierung zu finden und umzusetzen und die Großserienfertigung im dafür vorgesehenen Werk Rutesheim vorzubereiten. Mit dem Start der Großserie

1978 konnte die dritte Entwicklungsphase erfolgreich abgeschlossen werden.

Ihr Debüt im Fahrzeug erlebte die Lambda-Sonde 1976 in den für den US-amerikanischen Markt bestimmten 240er- und 260er-Modellreihen von Volvo. Ausgehend von der ursprünglichen Version durchlief die Sonde eine enorme Entwicklung, bei der die Zuverlässigkeit und Langzeitstabilität erheblich verbessert wurde. Zehn Jahre nach Beginn der Serienfertigung lieferte Bosch die zehnmillionste Lambda-Sonde aus. 25 Jahre später betrug die jährliche Produktion 33 Millionen Stück. Bis Anfang 2002 wurden 250 Millionen Lambda-Sonden produziert, davon allein 100 Millionen im amerikanischen Werk Anderson.

In der Tat verwandten auch nach relativ kurzer Übergangzeit fast alle von Europa in die USA exportierten Fahrzeuge Benzineinspritzausrüstung und Lambda-Regelung von Bosch. Allerdings musste man bei einer bestmöglichen Funktion des Dreiwegekatalysators, also für die Optimierung der Emissionswerte, eine gewisse Einbuße bei der Optimierung der Verbrauchswerte in Kauf nehmen. Für die Eindämmung der Luftverschmutzung bedeutete es trotzdem einen enormen Fortschritt, dass seit 1978 in den USA durch gesetzliche Bestimmungen und seit 1985 in der Europäischen Gemeinschaft über gesetzliche Regelungen und vorausgehende steuerliche Anreize die Einführung des Katalysators für Otto-Motoren in die Wege geleitet wurde. Jedenfalls sieht es die amerikanische Environmental Protection Agency (EPA) als einen ihrer größten Erfolge an, dass die Einigung mit den Automobilherstellern über den Einbau von Katalysatoren in den USA zu einer Reduktion der unverbrannten Kohlenwasserstoffe um 85 Prozent geführt hat. Weil die bisher zur Verbesserung der Klopffestigkeit eingesetzten Blei-Additive im Benzin als Katalysatorgift wirkten, war es aber entscheidend, dass gleichzeitig an den Tankstellen unverbleites

Aufbau zur Prüfung von Lambda-Sonden (1986).

Benzin bereitgestellt wurde. Da in Europa unverbleite Ottokraftstoffe nicht überall zur Verfügung standen, setzte die Ausrüstung mit Katalysatoren hier nur zögerlich ein. In der Bundesrepublik begannen die Mineralölgesellschaften zunächst im Herbst 1984 mit der systematischen Ausrüstung des Tankstellennetzes mit bleifreiem Normalkraftstoff, ein Jahr später wurde auch die Versorgung mit unverbleitem Superkraftstoff in Angriff genommen. Nach enttäuschendem Anlauf hatte der unverbleite Kraftstoff dann Anfang 1988 etwa 40 Prozent des Gesamtumsatzes mit Kraftstoffen erreicht.

Während der ökologische »Gehalt« von elektronischer Benzineinspritzung und Motronic in der Minderung toxischer Emissionen und der Senkung des Kraftstoffverbrauchs lag, dominierte auf dem Gebiet der Dieselausrüstung zunächst die Senkung des Verbrauchs. Entscheidender externer Faktor war das Ende der Ölschwemme der fünfziger und sechziger Jahre. Der weltweit ausstrahlende Konflikt zwischen Israel und seinen arabischen Nachbarn, die Spannungen zwischen den Mineralölkonzernen und der 1960 gegründeten Organisation erdölexportierender Länder (OPEC) und – vor allem in Saudi-Arabien – ernsthafte Bestrebungen zur Schonung der begrenzten Ölvorräte, führten 1973/1974 zur ersten Ölkrise mit einer Verknappung des Ölangebots und mit steigenden Preisen. Während 1972 in der Bundesrepublik Deutschland der Liter Normalbenzin 62 Pfennige kostete, waren es 1974 bereits 83 Pfennige; der Dieselkraftstoff stieg von 64 auf 87 Pfennige an. In der Bundesrepublik wurden vorübergehend Geschwindigkeitsbegrenzungen erlassen und

Autofreier Sonntag: Wegen der Ölkrise wurde am 2. Dezember 1973 in der Bundesrepublik zum zweiten Mal ein sonntägliches Fahrverbot verhängt.

sogar Fahrverbote, die »autofreien« Sonntage, angeordnet. Während 1971 in der Bundesrepublik etwa 3 700 000 Pkws und Kombis gebaut worden waren, sank die Zahl 1974 auf 2 840 000. Ausgehend vom Rückgang der Automobilproduktion und der Bauinvestitionen bahnte sich eine schwere Konjunkturkrise an.

Zunächst trafen die massiv verschlechterten Rahmendaten mit der enormen Verteuerung des Kraftstoffs, mit den Verkehrseinschränkungen und mit der sich rasch ausbildenden allgemeinen Konjunkturkrise die Automobilindustrie außerordentlich hart. Erst nach einigen Jahren konnte sie sich wieder von diesem Schlag erholen. Da nun die hohen Kraftstoffkosten im Zentrum der Entwicklungsanstrengungen in der Kraftfahrzeugtechnik standen, erlebte aber der Diesel-Sektor bei Bosch eine ausgeprägte Sonderkonjunktur. Deutlich wurde dies bei der schnellen Durchsetzung der bereits geschilderten Verteilereinspritzpumpe VE Mitte der siebziger Jahre. Zum technischen Fortschritt, den die neue VE bedeutete, war der enorme Schub aus dem seit der Ölkrise drastisch veränderten wirtschaftlichen Umfeld gekommen. Geradezu Signalwirkung hatte hier die Einführung der mit der Bosch Verteilerpumpe VE ausgerüsteten Dieselvariante des VW Golfs. Das gelungene Beispiel des Diesel-Golfs löste bei allen Herstellern in Europa eine Nachfragewelle aus, die Bosch nur noch mit enormen Investitionsanstrengungen bewältigen konnte. Trotz der sonst üblichen Zurückhaltung wird im Geschäftsbericht von 1978 berichtet, dass die höchsten Zuwachsraten mit Verteilereinspritzpumpen für kleinere, schnell laufende Dieselmotoren erzielt worden seien. Ungeachtet des Ausbaus der Fertigungskapazitäten hätte man den Anforderungen der Automobilindustrie nur mit Mühe und unter Inkaufnahme von Verzögerungen nachkommen können. Auch im Berichtsjahr 1978 seien alle in der Bundesrepublik Deutschland hergestellten Diesel-Personenwagen mit Bosch-Einspritzanlagen ausgerüstet worden.

Diese Sonderkonjunktur, die auch an der Tatsache abzulesen war, dass nun praktisch alle Automobilhersteller Diesel-Pkw in ihr Programm aufnahmen, war für die Förderung der Innovationsbereitschaft im entsprechenden Erzeugnisgebiet bei Bosch von ausschlaggebender Bedeutung. Die von den Wirtschaftswissenschaften ausgelöste Renaissance der Theorien Joseph Schumpeters, wonach der Unternehmer sich vor allem mit innovativen Produkten für neue Märkte aus der Wirtschaftskrise befreien kann, mag das ihre dazu beigetragen haben. Jedenfalls muss man den bei Bosch 1976 gefassten Beschluss, die Entwicklung einer elektronischen Dieselregelung anzugehen, ebenfalls mit den Folgen der Ölkrise und dem wachsenden Anteil von Dieselfahrzeugen in Verbindung bringen. Die Prognosen gingen dahin, dass die Nachfrage nach den sparsamen Dieselmotoren, insbesondere bei Personenwagen, weiter ansteigen wird. Von 1970 bis 1975 war die jährliche Produktion von Mehrzylinder-Dieselmotoren weltweit (ohne Staatshandelsländer) immerhin von 3 Millionen auf 4 Millionen angewachsen, 1978 lag die Zahl bereits bei 5 Millionen. Dieser Trend blieb ungebrochen, da es 1979/1980 zu einer zweiten Ölkrise und einem weiteren kräftigen Anstieg der Kraftstoffpreise kam. Der Liter Normalbenzin verteuerte sich in Deutschland von DM 0,89 im Jahr 1978 auf DM 1,38 im Jahr 1981, Dieselkraftstoff von DM 0,88 auf DM 1,30.

Zwar zielte die Entwicklung der elektronischen Dieselsteuerung darauf, auch beim Dieselmotor die Emission von Schadstoffen zu senken und den Fahrkomfort zu verbessern. Bei der Entwicklung der neuen direkteinspritzenden Dieselsysteme stand aber die weitere Senkung des Kraftstoffverbrauchs im Zentrum der Bemühungen. Nachdem bei Nutzfahrzeugen längst die Direkteinspritzung verwendet wurde und damit der Verbrauch deutlich gesenkt werden konnte, musste man versuchen, auch beim Pkw dieses Einsparpotenzial zu nutzen. Es waren zwar erhebliche Hürden zu überwinden, wie etwa die preistreibende Verwendung von Turboladern, die deutliche Anhebung des Einspritzdruckes der Verteilereinspritzpumpe, die lärmmindernde Gestaltung des Einspritzverlaufs und die verstärkte Emission von Stickoxiden. Trotzdem wurde 1989 mit dem sparsamen und doch leistungsfähigen Audi 100 TDI eine vorläufige Lösung der Zielkonflikte der Dieselentwicklung erreicht. Mit dem von Bosch 1997 eingeführten Common Rail System und mit dem seit 1998 gefertigten Unit-Injector-System wird in der neuen Generation direkteinspritzender Dieselmotoren trotz beachtlicher Leistung die Einhaltung besonders günstiger Verbrauchs- und Emissionswerte garantiert. Angetrieben von direkteinspritzenden Common Rail Dieselmotoren warten heute selbst große Wagen mit hohem Prestige mit Verbrauchswerten auf, die lange Kleinwagen vorbehalten waren. Auch die Weiterentwicklung der Speichereinspritzung Common Rail, also das schrittweise Anheben der Einspritzdrücke auf 1600 und 1800 bar, die Verkürzung des zeitlichen Abstandes zwischen Vor- und Haupteinspritzung sowie die Einführung einer oder mehrerer Nacheinspritzungen sollen Dieselmotoren trotz höherer Leistung wirtschaftlicher, abgasärmer und leiser machen.

Forschung und Entwicklung bei Bosch – technischer Fortschritt »von innen«

Bedeutsam für die Förderung von Innovationen ist zunächst das Vorhandensein eines dicht besetzten industriellen Umfeldes. Betrachtet man Bosch einmal vorwiegend als Unternehmen der Elektrotechnik, so hatte Bosch den enormen Vorteil, dass sich in Deutschland längst eine vielfältige elektrotechnische Industrie entwickelt hatte. Entscheidend für den Zustrom an Systemwissen im Kraftfahrzeugbereich war die seit der frühen Erfindungsphase stetig gewachsene Kompetenz in der deutschen Automobiltechnik. Hinzu kam ein hoch differenzierter Maschinenbau, vor allem auf dem Gebiet der Werkzeugmaschinen. Alle drei Sektoren konnten sich – für Bosch gilt dies insbesondere in der Nachkriegszeit – auf die intensive Wechsel-wirkung mit den entsprechenden Fakultäten und Abteilungen an den Technischen Hochschulen und auf die an diesen Hochschulen ausgebildeten Ingenieure und Naturwissenschaftler stützen. Der Transfer über »die Köpfe« war jedoch vielschichtig: Von den Maschinenbau- und Ingenieurschulen, den heutigen Fachhochschulen für Technik, kamen zudem Absolventen mit ausgeprägtem Praxisbezug. Der vielzitierten Verkürzung der »Halbwertszeit« des Wissens wirkte Bosch mit einer eigenen hochrangigen Ausbildungsstätte entgegen: Zur internen Weiterbildung von Mitarbeitern mit Hochschul- oder Fachhochschulabschluss wurde 1980 das Robert-Bosch-Kolleg gegründet. Als Dozenten fungierten fachlich herausragende Professoren. Die typischen zwölfwöchigen Lehrzyklen der Anfangszeit umfassten zum Beispiel »Elektronik in der Prozessautomatisie-

Seminar am Robert-Bosch-Kolleg zur Weiterbildung von Mitarbeitern, deren Studium einige Jahre zurückliegt (1983).

rung« oder »Grundlagen der Regelungstechnik, der Digitaltechnik und des Einsatzes von Rechnern«. Eine besonders wichtige Quelle für die Erweiterung des technischen Horizonts bei Bosch war schließlich der gleichbleibend enge Austausch mit führenden Technikern der Kunden. Der direkte Zugang zum Geschehen in der Automobiltechnik hatte den Vorzug, Wissen aus erster Hand aufzunehmen und dieses schnell im eigenen Unternehmen wirksam werden zu lassen. Die insgesamt günstigen Rahmenbedingungen erlaubten es der Forschung und Entwicklung bei Bosch, ständig Neues hervorzubringen oder es von außen heranzuholen und zu verarbeiten.

Bosch änderte zwar immer wieder die organisatorische Struktur seiner Forschung, erlebte aber weder die forschungspolitischen Höhenflüge, noch die Kulturrevolutionen, welche die Forschung in manchen anderen Unternehmen über sich ergehen lassen mussten. Neues Wissen bedeutete bei Bosch immer Wissen, das nahe an der Anwendung ist. Typisch für die Bodenhaftung der Bosch-Forschung ist die Einleitung in den ersten Band der seit 1964 erscheinenden (und 1998 abgelösten) Zeitschrift »Bosch Technische Berichte«. Indem man den damaligen Bundesminister für wissenschaftliche Forschung Hans Lenz zitierte, bekannte man sich zu dem gleichermaßen einprägsamen wie einfachen Motto »Wissenschaft und Forschung von heute sind das Brot von morgen«. Immer noch als Blickfang und Einführung in die neue »technisch-wissenschaftliche« Hauszeitschrift folgte aber unmittelbar die Abbildung von Lichtmaschinenankern mit unterschiedlichen Wicklungsarten und damit ein deutlicher Hinweis darauf, dass dieses Brot in der industriellen Wirklichkeit auch sehr hart sein kann.

Der Zeitpunkt für das Erscheinen der neuen Zeitschrift war mit Sicherheit nicht zufällig. Zwischen 1962 und 1965 hatte Bosch seine Aufwendungen für Forschung und Entwicklung er-

heblich gesteigert, gleichzeitig drohten die verschiedenen Forschungsvorhaben inhaltlich wie organisatorisch auseinander zu laufen, zumal sich auch das Gesamtunternehmen in Richtung einer dezentralen Organisation bewegte. 1965 begann man deshalb, sich auf thematische Schwerpunkte und Projekte zu konzentrieren und zugleich die Organisation zu straffen. Zu diesem Zweck wurde der Zentralbereich FSV (»Zentralbereich Forschung, Stoffe, Verfahren«), bestehend aus den Teilbereichen »Zentralabteilung Forschung« und »Zentralabteilung Verfahrenstechnik«, gebildet. Im neuen Bereich wurden vor allem solche Themenfelder zusammengefasst, die zentral mit deutlich größeren Erfolgsaussichten als dezentral bearbeitet werden konnten. Das Spektrum der Aktivitäten umfasste beispielsweise die Forschung an elektrochemischen Energiequellen, die Entwicklung neuer Werkstoffe und Materialien, die Bewertung und Adaption der neuesten Halbleiter-Technologien, Arbeiten zur elektrischen Aufbau- und Verbindungstechnik sowie die Entwicklung neuer Ansätze der Verfahrens- und Fertigungstechnik.

Eine gewisse Parallele zur Forschung von Philips – und den letztlich dahinter stehenden großen Vorbildern der amerikanischen General Electric und der Bell Laboratories – ist unverkennbar, nämlich die Schlüsselrolle, die man den Fachdisziplinen der Physik und Chemie für die Entwicklung neuer Ansätze der Energieumwandlung, der Elektronik, der Werkstoffe und der Verfahren für die Fertigungstechnik zuwies. Mit Blick auf die Nutzung in der Kraftfahrzeugelektronik begann man sich intensiv mit der Festkörperphysik auseinander zu setzen. Dabei konnte man davon profitieren, dass nach 1945 im deutschsprachigen Raum gerade die Festkörperphysik in den Vordergrund getreten war und die Physik damit eine gewisse Anwendungsnähe erhalten hatte. Überhaupt wurden neue Ergebnisse und Methoden der Physik rasch adaptiert. So nutzte man Laserstrahlen

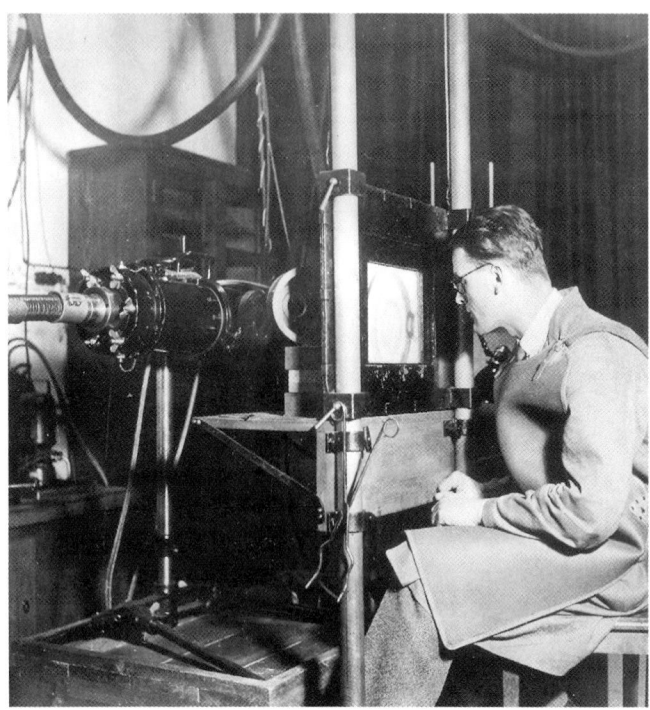

Werkstoff-Forschung an der Röntgeneinrichtung (1936).

zum Aufschmelzen dünner Schichten und als Werkzeug der Fertigung, das Plasmaspritzen zur Herstellung verschleißfester Oberflächen oder die Mößbauer-Spektroskopie zur Untersuchung keramischer Magnetwerkstoffe.

Seit 1968 erhielt die Zentralabteilung Forschung durch die Fertigstellung des neben der neuen Zentrale auf der Schillerhöhe gebauten Technischen Zentrums Forschung auch den passenden räumlichen Rahmen; erst in den neunziger Jahren musste es durch zwei neue Bauten ergänzt werden. Dabei spiegelte der flexibel angelegte räumliche Zuschnitt die sehr unterschiedlichen und auch häufig wechselnden Projekte aus den Gebieten der angewandten Mathematik und Physik, der Akustik, der allgemeinen Chemie und Elektrochemie sowie der Werkstoffwissenschaften und Elektronik. In Reinräumen durchgeführte Gasphasen-Epitaxie in der Halbleitertechnik, Emissions-Spektralanalyse und Massenspektrometrie in

Forschungsarbeit am Elektronenmikroskop (1950).

Materialbearbeitung mit Laserstrahlen (1985).

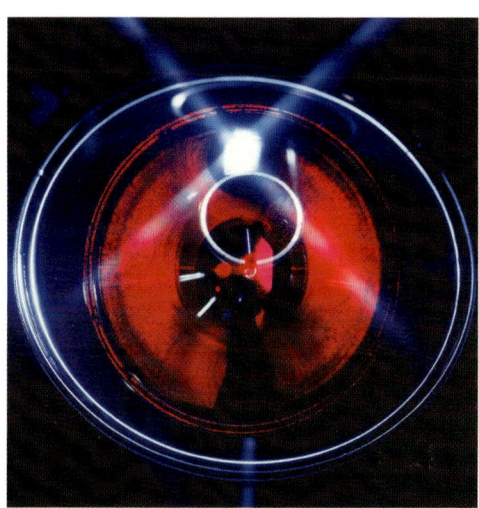

Vermessung eines Scheinwerfer-Reflektors mittels Laserstrahlen (1994).

der Chemie sowie Elektronenmikroskopie, Röntgenfeinstrukturanalyse und die genannte Mößbauer-Spektrometrie als zentrale physi-kalische und physikalisch-chemische Mess-methoden verweisen auf die von Anfang an hochwertige Ausstattung des Technischen Zen-trums Forschung.

Im Jahr 1968 eröffnete Bosch zudem das Technische Zentrum Autoelektrik in Schwieber-dingen im Kreis Ludwigsburg. Neben Leitung, Verkauf und Produktentwicklung der für elek-trische und elektronische Fahrzeugausrüstung zuständigen Geschäftsbereiche wurde hier ins-besondere die zentrale Vorentwicklung des Un-ternehmensbereichs Kraftfahrzeugtechnik an-gesiedelt. Der Schwerpunkt lag bei den eindeu-tig ingenieurwissenschaftlich geprägten und auch verstärkt mit Hilfe von Rechnern bearbei-teten Gebieten der elektronischen Steuerungs-und Regelungstechnik. Mit dem Technischen Zentrum sollte so etwas wie die Systemfähig-keit des Unternehmens in der Kraftfahrzeug-technik erreicht werden. Was die übergeord-nete »Forschungspolitik« angeht, so spiegelt die

223

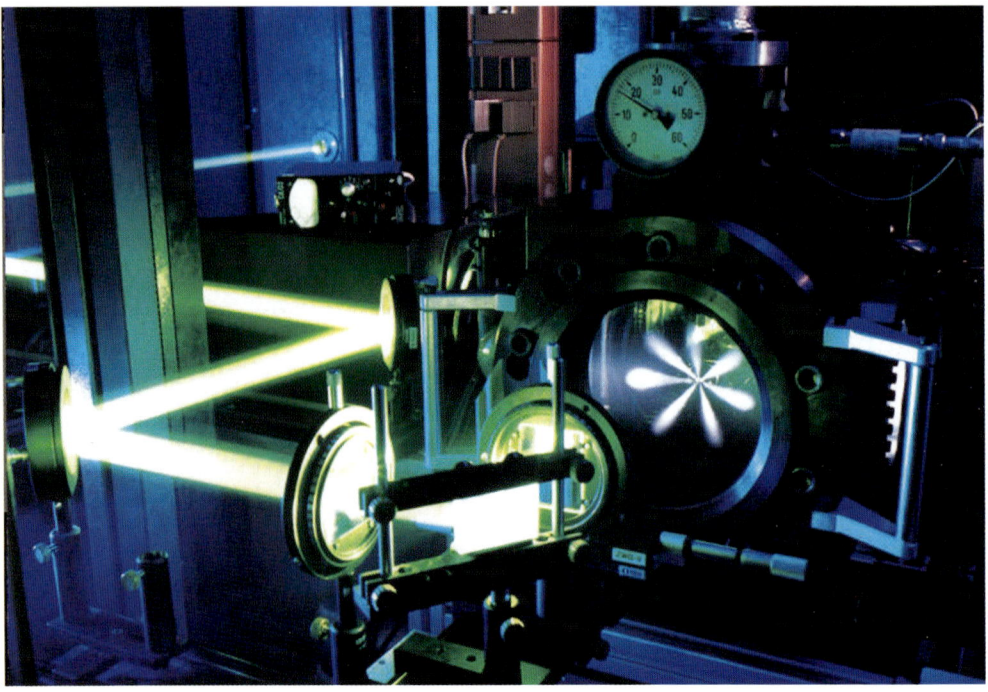

Prüfung eines Einspritzstrahls mit Hilfe von Laserlicht (1986).

Technisches Zentrum Forschung kurz nach der Errichtung auf der Gerlinger Schillerhöhe (1969).

in Schwieberdingen eingerichtete zentrale Vorentwicklung den Willen des Unternehmens, »planmäßig Innovationen« auf dem Gebiet der Kraftfahrzeugtechnik hervorzubringen. Ab den siebziger und verstärkt in den neunziger Jahren wurden, auf Drängen der Geschäftsführung, Teile der Produktentwicklung in die Werke verlagert – soweit diese Nachbarschaft nicht schon bestand. 1972 wurde der Zentralbereich FSV, der vor allem als Klammer für die Teilbereiche »Forschung« und »Verfahrenstechnik« gedient hatte, wieder aufgelöst. Die beiden Bereiche erhielten dadurch größere Eigenständigkeit. In den siebziger Jahren bildete sich dann der grundsätzliche, dreistufige Aufbau der Organisation von Forschung und Entwicklung heraus: An der Spitze standen die für die gesamte Bosch-Gruppe arbeitenden Zentralabteilungen »Forschung« und »Verfahrenstechnik«, es folgte eine in Kraftfahrzeugtechnik und übrige Arbeitsgebiete aufgeteilte Vorentwicklung (ab 1994 in Vorausentwicklung umbenannt) und schließlich, als zahlenmäßig weitaus stärkste Stufe, die den Geschäftsbereichen zugeordnete Produktentwicklung.

Der Schwerpunkt der Forschungs- und Entwicklungsaktivitäten lag damals – und liegt auch heute noch – im Stuttgarter Raum. Es gab jedoch bereits zu Beginn der siebziger Jahre erhebliche Kapazitäten auch in anderen Regionen. Dazu gehörten – im Rahmen der oben genannten Vorentwicklungsaktivitäten außerhalb der Kraftfahrzeugtechnik – das Forschungsinstitut Berlin (FIB) sowie für die Nachrichtentechnik ein eigenes, 1970/1971 gegründetes Forschungs- und Entwicklungszentrum in Hildesheim. Kleinere Forschungsstandorte waren Karlsruhe und Saint-Ouen bei Paris sowie das in Lonay bei Lausanne gelegene Institut de Recherches. Im Jahr 1999 wurde von dem 1994 gegründeten Zentralbereich Forschung und Vorausentwicklung, auf den später noch eingegangen wird, das Robert Bosch Research and Technology Center North America (RTC) mit Abteilungen in Palo Alto und Pittsburgh eingerichtet.

Über die schon in den siebziger Jahren vielgestaltige Forschungslandschaft wurde 1976/1977 eine neue organisatorische Struktur gelegt: Die 1965 aus der Konzentration der FuE-Aktivitäten entstandenen Zentralabteilungen Forschung und Verfahrenstechnik sowie die zentrale Vorentwicklung wurden nun in einem »Zentralbereich Technik« zusammengefasst. Nach wie vor sollte aus diesem Bereich heraus den Geschäftsbereichen naturwissenschaftliches Spezialwissen und im Sinne einer Dienstleistung besonders aufwändiges Gerät zur Verfügung gestellt werden. Die eigentliche Aufgabe dieser »Zentralen Technik« war aber das systematische Erzeugen von Innovationen. Der neue Zentralbereich sollte als Mittler im Innovationsprozess die unabhängige Entwicklung der verschiedenen Geschäftsbereiche verklammern. Gleichzeitig musste er sicherstellen, dass Forschung und Vorentwicklung einerseits ihren Praxisbezug nicht verlieren und andererseits das in der Vorentwicklung erarbeitete Wissen tatsächlich genutzt wird. Forschung und Entwicklung durften also weder »akademische Spielwiese« noch Elfenbeinturm der Wissenschaft sein.

Ende der siebziger und Anfang der achtziger Jahre wurde in den Wirtschaftswissenschaften die Frage der zentralen oder dezentralen Organisation der FuE-Aktivitäten in divisional organisierten Unternehmen durchaus kontrovers diskutiert. Für die Zentralisierung sprachen, dass sie dem Unternehmen die Kontrolle des FuE-Prozesses erleichtert, dass sie den Technologietransfer im Unternehmen begünstigt, dass sie attraktiv für Hochschulabsolventen ist und dass sie eine gewisse Unabhängigkeit vom Tagesgeschäft sicherstellt. Diese Argumente hatte auch Hans Bacher, der Techniker in der von Hans L. Merkle geleiteten Geschäftsführung, vertreten. Für die dezentrale Struktur

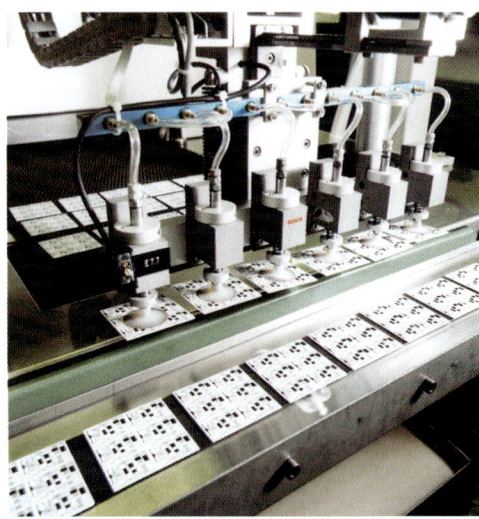

Dickschichtschaltungen – hier nach Verlassen des Brennofens – dienen zum Aufbau robuster elektronischer Schaltungen (1989).

Inbetriebnahme eines Lasers für den Abgleich elektronischer Dickschichtschaltungen (1989).

sprachen die größere Marktnähe und leichteres Eingehen auf Kundenwünsche. Offenbar neigte sich nach dem plötzlichen Tod von Hans Bacher auch bei Bosch die Waage zugunsten einer eher dezentralen Organisation. Ohne dass dies ein besonders einschneidender Eingriff gewesen wäre, jedenfalls ohne Erwähnung in den Geschäftsberichten, wurde der Zentralbereich Technik zum Januar 1983 wieder aufgelöst.

Was die Inhalte von Forschung und Vorentwicklung angeht, so hat Bosch in umfangreichen Projekten immer wieder zentrale Themen aufgegriffen und sie bis zur Anwendungsreife bearbeitet. Zu den wichtigsten Forschungsvorhaben, die zum Beispiel bei der Durchsetzung der elektronischen Benzineinspritzung enorme Bedeutung für das Unternehmen bekamen, gehörte in den sechziger Jahren die intensive Auseinandersetzung mit der Technik der Integrierten Schaltkreise. Das Paradebeispiel für eine unter der Ägide des »Zentralbereich Technik« entwickelten Technologie war die Dickschichthybrid-Schaltung, also eine besonders robuste Kombination von gedruckter

Schaltung, Miniaturbauelementen und Integrierten Schaltkreisen. Sie fand später in einer Vielzahl von Serienprodukten Verwendung – und zwar von der Benzineinspritzung über das Autoradio bis zum Funkgerät. Weitere Schwerpunkte waren Sensoren und Magnetventile. Auch der Piezo-Effekt wurde als Antrieb für schnelle Ventile untersucht.

Auf das Engste mit der Entwicklung der Mikroelektronik verbunden war der Übergang

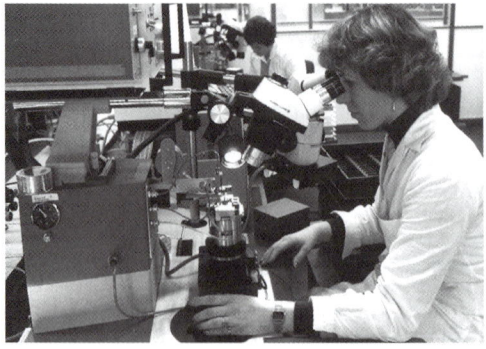

Fertigungsprüfung von Dickschichthybrid-Schaltungen (1983)

Prüfung der Kraftstoffzerstäubung eines Einspritzventils (1991).

von der Analogtechnik zur Digitaltechnik. Seit Ende der siebziger Jahre setzte sich bei Bosch in Serienprodukten, etwa bei der digitalen L-Jetronic, in der mikroprozessorgesteuerten Motronic, im digitalen Antiblockiersystem ABS 2, in der elektronischen Dieselsteuerung und im CAN-Bus die Digitaltechnik durch. Dies war natürlich wiederum nur aufgrund eines jahrelangen Zuwachses an Wissen in der Vorentwicklung möglich.

Seit 1969, also parallel zur Einrichtung des Technischen Zentrums Autoelektrik, wurde in Schwieberdingen in der Vorentwicklung Kraftfahrzeugtechnik unter der Leitung von Kurt Binder ein neues Team für die Entwicklung von Systemen aufgebaut. Bosch wollte damit zunächst Systemforschung in dem Sinne initiieren, dass unter Betrachtung des Kraftfahrzeugs als Gesamtsystem so etwas wie eine Technologie-Früherkennung im Bereich Kraftfahrzeugtechnik in Gang gesetzt wird. Das kon-

krete Projekt dieser Gruppe war die bereits genannte Zentralelektronik, also die Idee, alle sich im Kraftfahrzeug entwickelnden elektronischen Systeme, nämlich Benzineinspritzung, Zündung, Antiblockiersystem und Getriebesteuerung, in einem einzigen, zentralen Informationsverarbeitungssystem zusammenzufassen. Schon Anfang 1970 verknüpfte man dieses Konzept der Zentralelektronik mit der weitergehenden Idee, die in analoger Technik realisierten (oder konzipierten) elektronischen Systeme in digitale Systeme zu überführen.

Hier waren durchaus interne Widerstände zu überwinden. Immerhin stiegen bei einer bestimmten Aufgabe beim Übergang von der analogen zur digitalen Informationsverarbeitung die Bauelementzahlen um das Zehn- bis Hundertfache an. Außerdem war unklar, ob die Digitaltechnik den grundlegenden Vorteil der Analogtechnik, nämlich Schnelligkeit und Eignung für Echtzeitanwendungen, überspielen könnte. Die Stärken der Digitaltechnik musste man zu dieser Zeit noch offensiv vertreten. Wirtschaftliche Realisierung durch Schaltkreis-Großintegration (Large Scale Integration, LSI), dadurch erhöhte Zuverlässigkeit und Lebensdauer, wählbare hohe Rechengenauigkeit, Realisierung komplexer Funktionen sowie Flexibilität durch Speicherung von Parametern und Programmen in – ebenfalls digital arbeitenden – Halbleiterspeichern waren Argumente, die noch keinesfalls zum Allgemeingut der Technik zählten.

Zur Verbreiterung des Wissensstands musste man zunächst eine firmeninterne Weiterbildung zum Thema Digitaltechnik organisieren. Vielfältige Kontakte zur amerikanischen Automobil- und Zulieferindustrie im Umkreis von Detroit sowie zu den amerikanischen Halbleiterherstellern im Silicon Valley lieferten die notwendigen externen Maßstäbe und Anregungen. Schließlich band man eine große Zahl von deutschen Hochschulinstituten in die eige-

WERNER SOBOLA
Sales Manager
Privat: Geyerspergerstr. 69
8000 München 21
Tel.: (089) 5 80 49 66

AMI Microsystems GmbH
8000 München 80
Rosenheimer Straße 30, Suite 237
Tel. (089) 48 30 81
Twx: 522 743 (amigh d)

MICRO COMPUTER SYSTEMS

Kenneth D. Boyce
Product Marketing Engineer

INTEL CORPORATION
(408) 246-7501
3065 Bowers Avenue, Santa Clara, California 95051

Gert Griese
Product Marketing

INTEL CORPORATION
(408) 246-7501
3065 Bowers Avenue, Santa Clara, California 95051

ANDREW T. THOMPSON
Director
Custom Products Division

AMI
American Microsystems, Inc.
3800 Homestead Road
Santa Clara, California 95051
Phone: (408) 246-0330

RCA | Solid State Division
Route 202 | Somerville NJ 08876 | Tel (201) 685-7142
G K Beckmann Director, MOS Logic Products

RCA

Jerry Rivard

Assistant Chief Engineer
Electronics Engineering
Product Engineering Office
Electrical & Electronics Division

P.O. Box 2053
Dearborn, Michigan 48121
Telephone: 313/322-5920

Federico Faggin
President

Zilog

10460 Bubb Road
Cupertino, California 95014
Telephone (408) 446-4666

D. F. Hagen

Chief Engineer
Advanced Engine Engineering
Product Engineering Office

Engine Division
17200 Southfield Road
Allen Park, Michigan 48101
Telephone: 33-75070

Robert R. Sumbs
Marketing and Sales
Director

Zilog

10460 Bubb Road
Cupertino, California 95014
Telephone (408) 446-4666

Vic Yates
European Marketing Manager

Zilog

Nicholson House
High Street
Maidenhead, Berkshire, United Kingdom
Telephone (0628)36131/2/3, Telex 848-609

Visitenkartenalbum von Kurt Binder – Vertreter amerikanischer Halbleiter- und Automobilfirmen.

ne Entwicklungsarbeit ein. Ein besonders enger Kontakt bestand hier zu Werner Leonhard am Institut für Regelungstechnik der TU Braunschweig. Bei den Hochschulkontakten ging es aber nicht nur um konkrete, an Produkten orientierten Kooperationen. Ein bedeutende Rolle bei diesem ausgeprägten Wechsel des technischen Paradigmas spielte der planvolle Transfer von universitärem Wissen über Absolventen der Partner-Hochschulen, die von den betreuenden Professoren zu Bosch vermittelt wurden. Auf diesem Weg gelang es Kurt Binder, eine große Zahl von qualifizierten und in der Digital- und Regelungstechnik ausgebildeten Hochschulabsolventen für Bosch zu gewinnen.

Im Rahmen der Vorentwicklung konzentrierte man sich in den siebziger Jahren voll auf die Entwicklung digitaler Systeme der Kraftfahrzeugelektronik. Neben grundsätzlichen Problemen der Funktionsdarstellung mit digitalen Schaltungen wurden Digital-Analog-Wandler und zunehmend Digitalrechner untersucht. Dabei ging der Weg aber nicht ganz in die Richtung der ursprünglich anvisierten Zentralelektronik, mit ihrer Zusammenfassung sämtlicher elektronischer Funktionen im Kraftfahrzeug in einem einzigen Digitalrechner. Vielmehr zeichnete sich allenfalls eine Zusammenfassung von Einspritzung, Zündung und Getriebe zum Triebstrang ab, während das Antiblockiersystem und auch eigene Informationssysteme davon getrennt realisiert wurden.

Die forcierte Informationsverarbeitung in der Kraftfahrzeugelektronik schuf wiederum neue Probleme. Tatsächlich führte die Vielzahl elektronischer Systeme bei Fahrzeugen der gehobenen Klasse und auch bei Mittelklassefahrzeugen Mitte der achtziger Jahre zu beachtlichen Schwierigkeiten bei der Unterbringung unterschiedlicher Steuergeräte und Kabelbäume. Schon Mitte der siebziger Jahre wurde deshalb bei Bosch in der Außenstelle der zentralen Vorentwicklung für Kraftfahrzeugtechnik

in Karlsruhe unter Leitung von Frieder Heintz über die Beherrschung der vielfältigen Steuer- und Informationssignale nachgedacht. Für nicht sicherheitsrelevante Systeme wurde vorgeschlagen, den Kabelbaum durch eine Ringleitung zu ersetzen und ein Code-Multiplexsystem zu verwenden, bei dem im Unterschied zu den Zeitmultiplexverfahren die Datenblöcke nicht durch ihre Zeitlage, sondern durch einen digitalen Adresscode, einer Art Teilnehmerkennung, selektiert werden. Beim damaligen Stand der Technik war der Vorschlag aber zu teuer.

Aufgrund der unterschiedlichen Ausstattung der Fahrzeuge, der unterschiedlichen Produktzyklen der Teilsysteme und wegen des Zusammenwirkens von Automobilherstellern und verschiedenen Zulieferern schien mittelfristig nur ein modularer Aufbau der Kraftfahrzeugelektronik, einschließlich eines Datenaustauschs, die Lösung zu bringen. Datenaustausch war nicht nur erforderlich, weil dadurch zum Beispiel Sensoren und die zugehörige Aufbereitung von Informationen mehrfach genutzt werden konnten, sondern weil – wie bei ASR und Motorsteuerung – eine funktionelle Abhängigkeit besteht.

Diese gegenseitige Abhängigkeit der Systeme ließ nicht nur den Kabelbaum anwachsen, sondern erschwerte die unabhängige Entwicklung von Systemen. Es drohten unerwünschte Nebenwirkungen und eine Vergrößerung der Typenvielfalt. Um diesen Tendenzen nach Möglichkeit entgegenzuwirken, initiierte Otto Holzinger als Leiter der Vorentwicklung zwei Projekte, nämlich den CAN-Bus und Cartronic.

Das Bus-System CAN (Controller Area Network) wurde seit 1983 bei Bosch entwickelt. Mit dem neuen Bus-System werden Daten über eine Datensammelschiene seriell zwischen den Teilnehmern, den digitalen Systemen, in Echtzeit ausgetauscht. Der CAN-Bus kann nicht nur die Kopplung der Steuergeräte übernehmen, sondern zudem den Datenverkehr von Karosserie-

und Komfortelektronik und von Kommunikationsgeräten. Um eine schnelle Datenübertragung sicherzustellen, sind nur kurze Botschaften zugelassen, das heißt keine Sprache oder Musik.

Aufgebaut ist der CAN-Bus nach dem »Multi-Master« Prinzip, bei dem durch eine lineare Busstruktur mehrere gleichwertige Steuereinheiten verbunden sind. Der Ausfall eines Teilnehmers führt hier – anders als bei Ringstrukturen – nicht zum Gesamtausfall der Datenübertragung. Entscheidend ist nun, dass das Bus-System CAN Informationen nicht nach Stationsadressen adressiert, sondern entsprechend ihrem Inhalt. Jeder Botschaft wird ein fester, elf Bit langer »Identifier« zugeordnet, der den Inhalt und auch die Priorität der Botschaft kennzeichnet, zum Beispiel die Motordrehzahl oder das Motordrehmoment. Eine Station ver-

wertet dann nur solche Botschaften, deren »Identifier« sie in einer Liste entgegenzunehmender Botschaften gespeichert hat. Wenn sich verschiedene Stationen um die Übertragung streiten, kommt beim CAN-Bus ein Arbitrierungsverfahren zum Zuge: Nur die Botschaft mit der jeweils höchsten Priorität setzt sich ungestört durch. Obwohl Übertragungsfehler nur ganz selten auftreten, ist neben der zuverlässigen Datenübertragung gerade die Erkennung solcher Übertragungsfehler wichtig. Es sind daher in CAN besondere Fehlererkennungsmechanismen vorgesehen, die eine fehlerhafte Botschaft sicher erkennen und diese dann zerstören, wobei sowohl das sendende System wie auch alle anderen Systeme eine Rückmeldung erhalten. Die Botschaft wird dann automatisch erneut gesendet.

Halbleiterwafer mit CAN-Chips für den digitalen Datenbus in Kraftfahrzeugen (1989).

1985 gelang es Bosch, die Intel Corporation, die bisher in der Automobilelektronik etwas im Schatten von Motorola stand, für den CAN-Bus zu interessieren. Im Herbst 1985, als das CAN-Protokoll bereits spezifiziert war, konnte ein Lizenzvertrag mit Intel abgeschlossen werden. 1987 wurde in einer gemeinschaftlichen Anstrengung von Bosch und Intel der erste Chip für den CAN-Bus realisiert; 1991 konnten in einem Fahrzeug der Spitzenklasse zum ersten Mal fünf Steuergeräte gekoppelt werden.

Mit der Entwicklung des CAN-Bus durch Uwe Kiencke, Siegfried Dais (der dafür mit einem Preis ausgezeichnet wurde) und ihre Mitarbeiter gelangte Bosch erneut weltweit in eine Führungsposition. Entscheidend dafür, dass dieses System schließlich zum Industriestandard wurde, war eine öffentliche Mitteilung 1986, dass man diesen Standard der gesamten Automobilindustrie zur Verfügung stelle. Wichtig war außerdem, dass die Hardware bereitstand, also die entsprechenden ICs lieferbar waren. CAN ist für die Anwender lizenzfrei; nur die Hersteller der Schaltkreise müssen eine geringe Stücklizenz bezahlen.

Während der von Bosch entwickelte digitale Datenbus CAN auf den Informationsaustausch zwischen den elektronischen Systemen im Kraftfahrzeug zielt, definiert Cartronic eine hierarchische Systemstruktur zur Beherrschung der mit der Vernetzung elektronischer Systeme einhergehenden Komplexität. Bosch stellte das neue Konzept zur Ordnung der unterschiedlichen Systeme auf der IAA '91 erstmals detailliert vor. Mit der neuen Struktur werden vernetzte Systeme – abgesehen vom notwendigen Datenaustausch – weitgehend entkoppelt. Die einzelnen Systeme und möglichst auch die einzelnen Funktionen in den Systemen werden so konzipiert, dass sie sich, abgesehen vom Datenaustausch, nicht beeinflussen. Dies gilt vor allem für die Implementierung der Software.

Mit Cartronic wurde eine Neugestaltung des gesamten Befehlsflusses vorgenommen. Die logische Struktur der Fahrzeugelektronik ist konsequent hierarchisch aufgebaut und orientiert sich an den Aufgaben der zu steuernden mechanischen Systeme. So ist zum Beispiel dem übergeordneten System »Fahrdynamik« das System »Lenkung und Antriebsstrang« untergeordnet, und dem System »Antriebsstrang« wiederum die Systeme »Motor«, »Getriebe« und »Bremsen«. Befehle gehen dabei nur von oben nach unten und Informationen von unten nach oben. Gleichrangige Funktionen haben keine direkte Verbindung. Wenn zum Beispiel eine Antriebsschlupfregelung eine Verringerung des Drehmoments in einem Antriebsrad verlangt, kann sie dafür nicht mehr wie bisher direkt in die Funktionen der Motorsteuerung eingreifen und Zündung oder Drosselklappenstellung ändern. Vielmehr gibt sie einen Wunsch nach weniger Drehmoment an das System »Antriebsstrang«, und dieses gibt den Auftrag an den Steuerblock »Motormanagement« weiter. Typisch für »Cartronic« ist, dass die Leistung des Motors von der Antriebsschlupfregelung nicht über systemspezifische Größen, wie Drosselklappenwinkel oder Einspritzmenge, angesprochen wird, sondern über eine »universelle« physikalische Größe, wie das Drehmoment.

Die neue Software-Architektur der Cartronic wurde 1997 bei der erwähnten Motorsteuerung Motronic ME 7 erstmals verwirklicht. Wie berichtet, wurden hier die Steuerungsfunktionen am Drehmoment des Motors ausgerichtet. Ausgangspunkt bei der Motorsteuerung ME 7 bleibt zwar der Fahrerwunsch, hinzu kommen aber weitere Momentenanforderungen von anderen Systemen wie etwa Antriebsschlupfregelung oder Getriebesteuerung. Das Steuergerät gewichtet dann alle eingehenden Drehmoment-Forderungen nach Dringlichkeit und wandelt diese in ein Basisdrehmoment um. Nach diesem Solldrehmoment werden schließlich die einzelnen Stellgrößen und Funktionen für Zündung, Einspritzung und Drosselklappenöffnung eingestellt. Ein weiteres Beispiel ist die Anpassung eines neuen, 2001 vorgestellten Motor-Thermomanagements. Cartronic stellt hier sicher, dass das Motormanagement-System und das elektronische Motor-Thermomanagement optimal zueinander passen. Die Software des elektronischen Motor-Thermomanagements wird wie in einem Baukastensystem flexibel als »Plug-In« in künftige Motorsteuergeräte eingebracht. Cartronic-Elemente wurden auch in dem 2002 präsentierten Diesel-Steuergerät EDC 16 realisiert.

Die Architektur der Cartronic bietet neue Möglichkeiten für die zukünftige Kraftfahrzeugentwicklung über Firmengrenzen hinweg. Da sie die Anzahl der erforderlichen Schnittstellen reduziert, kann in den nachgeordneten Teilsystemen – solange die Schnittstellenvereinbarungen eingehalten werden – weitgehend frei entwickelt werden. Ist die Art des Datenaustausches mit dem in der Hierarchie übergeordneten Partner festgelegt, können alle darunterliegenden Funktionen beliebig geändert werden, ohne dass andere Systeme im Fahrzeug ungewollt beeinflusst werden. Durch dieses System ist es wieder möglich, parallel und relativ unabhängig voneinander zu entwickeln und die Typenvielfalt der Einzelsysteme zu begrenzen. Cartronic zielt auf eine konfliktfreie Integration aller Teilsysteme auf Basis einer offenen, modularen Systemarchitektur. Sie erlaubt die flexible Einbindung kundenspezifischer Funktionen und erschließt Synergien aus dem Verbund der verschiedenen elektronischen Fahrzeugsysteme.

Mittlerweile hatten sich Schwerpunkt und Methodik der Forschung deutlich gewandelt. Seit Mitte der siebziger Jahre waren die eher ingenieurwissenschaftlichen Aspekte der Technikentwicklung wie Konstruktion, Rechnernutzung, Fertigungstechnik und arbeitswissenschaftliche Untersuchungen zunehmend in den Vordergrund getreten, während umgekehrt die naturwissenschaftlichen Grundlagen an Bedeutung verloren hatten. Gefördert vom Bundesministerium für Forschung und Technologie (BMFT) konzipierte man zum Beispiel Arbeitsplätze, an denen die Mitarbeiter durch eine flexible Verkettung von manuellen und automatischen Arbeitsgängen von der starren Bindung an einen Maschinentakt befreit wurden. Innerhalb eines ebenfalls vom BMFT geförderten Konsortiums »Neue Handhabungssysteme« entwickelte man optoelektronische Sensoren und Bildverarbeitungssysteme, die Lage und Zustand von Werkstücken und Bauelementen erkennen konnten und dadurch ein automatisches, rationelles und fehlerfreies Montieren ermöglichten.

Nachdem in der Variantenkonstruktion im Dieselbereich sowie bei der Entwicklung von Schaltkreisen und Leiterplatten seit Anfang der siebziger Jahre rechnergestützte Verfahren erprobt worden waren, begann man Ende der siebziger Jahre, die Nutzung von Rechnern immer weiter voranzutreiben, etwa in der Konstruktion und Fertigung von Scheinwerfern und Scheibenwischern. Über die rasche Durchsetzung von CAD/CAM-Verfahren hinaus wurden Rechner zur Steuerung von Messeinrichtungen herangezogen, wie überhaupt Prozessrechner zunehmend in die Fertigung eingeführt wurden. Seit Anfang der achtziger Jahre nutzte man auch das heute typische Werkzeug ingenieurwissenschaftlicher Arbeit, nämlich die Reduktion komplexer Vorgänge auf vereinfachte mathematische Modelle und die Simulation solcher Vorgänge mit dem Rechner. Mit dem Eindringen des Rechners in alle Bereiche der Entwicklung und Fertigung nahm die Bedeutung der Software stetig zu. In einer Mischung aus Kauf und Eigenentwicklung wurden »Software-Werkzeuge« geschaffen, um Programme zu erstellen und zu pflegen. Die Erweiterung des Technischen Zentrums Mikroelektronik be-

Einsatz des Simulationssystems »Asket« zur Optimierung von Komponenten und Reglern (1991).

deutete nicht nur Vergrößerung der Rechner-kapazität und Vermehrung der Zahl der CAD-Arbeitsplätze, sondern auch Erweiterung der Bibliothek der Entwurfs-, Simulations- und Prüfprogramme. Seit Ende der achtziger Jahre wurden zudem wissensbasierte Systeme für Aufgaben der Produktion herangezogen; indem Wissen über Erzeugnisstrukturen und Ferti-gungstechnologien »intelligent« verknüpft wur-den, konnten zum Beispiel Arbeitspläne für Erzeugnisvarianten automatisch generiert wer-den.

Forschung und Entwicklung gehörte zu den Aktivitäten, in die Bosch besonders kräftig inves-tierte. Der finanzielle Aufwand wuchs langsam, aber stetig an. 1963 betrugen die Ausgaben des Stammhauses für Forschung und Entwicklung etwa 4 Prozent des Umsatzes, im Jahr 1971 wa-ren es 5,5 Prozent, und 1974 war ein Anteil von 6 Prozent erreicht. 1978 kam man bereits an die 7 Prozent heran, und 1996 und 1997 machten die Aufwendungen für FuE mit insgesamt rund

3 Milliarden DM jeweils 7 Prozent des Umsatzes aus. Im Jahr 2003 schließlich betrug der Anteil von FuE 6,7 Prozent. Der Anteil der staatlichen Forschungsförderung an den Aufwendungen für FuE bei Bosch war stets gering und sank auf-

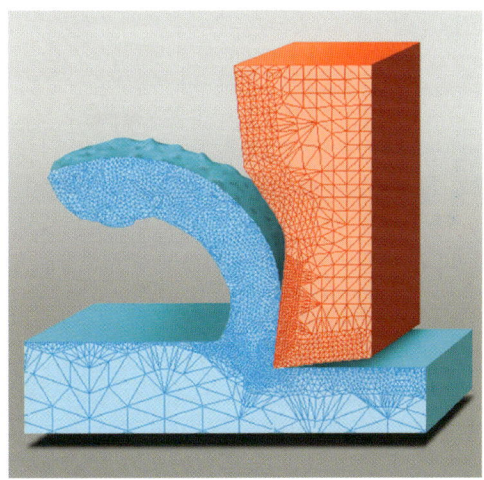

Computer-Simulation des Fräsprozesses – Bestim-mung von Form und Verhalten des Werkstücks (2003).

233

grund der früher besonders zurückhaltenden Bearbeitung öffentlich geförderter Projekte in den
achtziger Jahren sogar auf ein knappes Prozent.
In den letzten Jahren verstärkte sich die Zusammenarbeit zwischen Hochschulen, außeruni-
versitären Forschungsinstituten und Industrie,
bei gleichzeitig rascherer Umsetzung von For-
schungsergebnissen. So stieg der Förderanteil
bei Bosch in der zweiten Hälfte der neunziger
Jahre infolge einer offensiveren, aber stets kontrollierten Handhabung wieder deutlich an. Be-
vorzugte Zielsetzungen bei öffentlich geförderten Projekten waren (und sind) für Bosch die
Möglichkeiten, mit Instituten und anderen Unternehmen im Frühstadium neuer technischer
Entwicklungen rationell zusammenzuarbeiten
sowie die Chancen, im Rahmen von Standar-
disierungsaktivitäten auf die Schaffung neuer
Märkte hinzuwirken.

Eine wichtige Phase, weil sie mit forschungspolitischen und organisatorischen Aktivitäten verknüpft war, erreichte man Ende der
achtziger Jahre. Ganz allgemein war hier in der
deutschen Industrie ein deutlicher Abwärtstrend
bei den Aufwendungen für Forschung und Entwicklung zu beobachten. Die deutsche Industrie
folgt mit diesem Rückbau der Ausgaben für FuE
wiederum einem Trend in den großen OECD-
Ländern. In dieses allgemeine Bild fügen sich die
Vorgänge bei Bosch nur tendenziell ein: Man
übte bei Bosch Ende der achtziger Jahre im Umgang mit FuE-Mitteln ebenfalls deutliche Zurückhaltung, wobei die Aufwendungen in absoluten Zahlen aber immerhin etwa 2 Milliarden
DM erreichten. Im Hintergrund stand nicht nur
der Wunsch, die Kosten zu begrenzen, sondern
auch die Erkenntnis, dass die Effizienz großer
Forschungs- und Entwicklungsstrukturen ver-
besserungsfähig ist. Wie einige andere Unternehmen entschied sich auch Bosch, eine externe
Beratungsfirma in Anspruch zu nehmen und
seine Forschungs- und Entwicklungsaktivitäten
von McKinsey & Company evaluieren zu lassen.

In der 1988 vorgelegten McKinsey-Studie
wurden zunächst die veränderten Randbe-
dingungen untersucht: Demnach musste das
Unternehmen damit rechnen, dass aufgrund der
Expansion amerikanischer und japanischer
Anbieter, der zunehmenden Integration elektronischer Systeme bei Antrieb, Fahrwerk und
mobiler Kommunikation sowie aufgrund der
Auseinandersetzung um den Anteil an der
Wertschöpfung die Wettbewerbssituation im
Bereich der Kraftfahrzeugtechnik sich weiter
verschärft. Im Bereich der Telekommunikation
wurde der zunehmend härtere Wettbewerb auf
neue Anbieter, auf die Deregulierung und auf
die Durchsetzung der Digitaltechnik zurückge-
führt. Was den Wandel der Märkte angeht, so
verwies McKinsey auf eine zunehmende Überlappung von Automobil- und Kommunikationstechnik.

Zu den bisherigen Stärken der FuE bei
Bosch zählte McKinsey die Anwendungsorien-
tierung, die Erfahrung bei der Zusammenarbeit
mit Pilotkunden, die Beherrschung der Fertigungstechnik und die Fähigkeit zur Erschließung von Märkten. Verbesserungspotenzial sah
man in einer die Grenzen der Geschäftsbereiche
überschreitenden Systementwicklung, in der
Verkürzung von Entwicklungszeiten und Produktzyklen sowie in der globalen Ausrichtung
von FuE. Als entscheidender Faktor für den
zukünftigen Erfolg wurde das Erarbeiten eines
zeitlichen Entwicklungsvorsprungs genannt.
Angesichts des Risikos, am Standort Deutschland auf kostengünstige und erfolgreiche Mengenfertigung zu hoffen, riet McKinsey zu einer
Verbreiterung der eigenen Technologiebasis,
insbesondere mit Blick auf die Absicherung der
Qualität kritischer Komponenten.

Obwohl bei der notwendigen Verbesserung der Technologiebasis eine Mischform von
Eigenentwicklung und Zukauf vorgeschlagen
wurde, erstaunen die konkreten Folgerungen
für die Neuausrichtung von FuE. Entgegen dem

Trend in der Industrieforschung am Ende der achtziger Jahre wurde die bisher stark von der Anwendungsseite her getriebene (und lange erfolgreiche!) Forschung und Entwicklung bei Bosch für die Zukunft eher als Risiko identifiziert. Ohne Bosch nun eine universitäre Grundlagenforschung zu suggerieren, schlug McKinsey immerhin vor, die Forschung im Sinne von Technologieentwicklung und Technologiebeobachtung zu stärken sowie die Vorentwicklung zur grundsätzlichen Lösung von Anwendungsproblemen heranzuziehen, jedenfalls dem FuE-Bereich zu einer breiten wissenschaftlich-technologischen Basis zu verhelfen und ihn in seinem Selbstverständnis zu stärken. Dies sollte nicht zuletzt dadurch geschehen, dass die zentrale Forschung sich intensiver mit den Hochschulen austauscht und sich insgesamt besser mit der »Scientific Community« vernetzt. Anstelle der meist auf das kurzfristige Erreichen von Ergebnissen ausgerichteten Arbeitsweise bei FuE, wurde eine eher langfristig angelegte, durch größere Autonomie in der Budgetierung gekennzeichnete Planung empfohlen.

Die McKinsey-Studie zur Organisation von Forschung und Entwicklung bei Bosch wirkt in mancher Hinsicht eher affirmativ. Die meisten Aspekte wurden im Unternehmen längst diskutiert. Die langen Entwicklungszeiten waren ein offenkundiger Mangel, ebenso die zu wenig genutzte Möglichkeit, durch Querschnittsprojekte über die Geschäftsbereiche hinweg die zielsichere, rationale Entwicklung neuer Konzepte, Systeme, Subsysteme und Schlüsselkomponenten zu fördern und technische Synergiepotenziale zu nutzen.

Was die Zentrale Forschung anging, so war die McKinsey-Studie Anlass, die Frage nach den zukünftig für Bosch interessantesten Forschungsschwerpunkten zu stellen. Umfangreiche Untersuchungen der Forschungsleitungen führten, nach Abstimmung mit den Geschäftsbereichen und der »Technischen Geschäftsfüh-

rung«, das heißt den mit technischen Aufgaben befassten Geschäftsführern, zu einem neuen Portfolio der Forschungsschwerpunkte. Verstärkt zu bearbeiten waren danach vor allem die Gebiete der Systemtechnik, der Softwaretechnologie und der Halbleitertechnologien, einschließlich der Mikrosystemtechnik, zurückzunehmen waren dagegen die Elektrochemie mit dem Schwerpunkt in der Batterieforschung und die Aktivitäten im Bereich der Sensoren und der Aktuatoren. Diese Planung wurde ab 1990 konsequent umgesetzt. Beim Arbeitsgebiet Sensorik wich man jedoch vom ursprünglichen Beschluss ab: Anfang der neunziger Jahre zeigten sich nämlich besonders interessante neue Ansätze für Sensoren, vor allem aufgrund neuer Technologien der Mikrosystemtechnik und der auf Plasmaverfahren beruhenden Dünnschichttechnik. Mit Hilfe dieser Technologien gelang es der Zentralen Forschung, in Zusammenarbeit mit dem Geschäftsbereich K8, den Grundstock für die heute sehr erfolgreichen Sensor-Generationen zu legen.

Anfang der neunziger Jahre wurde vor allem aufgrund des hohen Aufwands für die Vorbereitung, Durchführung und Umsetzung von bereichsübergreifenden Forschungs- und Entwicklungsprojekten klar, dass nach der Auflösung des Zentralbereichs Technik 1983 eine Klammer für die FuE-Aktivitäten bei Bosch fehlte. Die »FuE-Landschaft« war stark dezentralisiert, die Schnittstellen zwischen den einzelnen Bereichen waren nur schwer zu überwinden, und der Abstimmungsbedarf war hoch. Um die Schlagkraft der am Anfang der Produkt-Wertschöpfungskette stehenden Einzelbereiche zu steigern und das Zusammenwirken mit den Entwicklungsabteilungen der Geschäftsbereiche zu verbessern, war vom Leiter der Zentralen Forschung, Wolf-Dieter Haecker, der Vorschlag gemacht worden, die beiden Zentralabteilungen Forschung und Produktionstechnik (früher: Verfahrenstechnik), dem Muster des vormaligen

Zentralbereichs FSV folgend, in einer ersten Stufe wieder zusammenzuführen und, in einer zweiten Stufe, die Einbeziehung des für den Unternehmensbereich Kommunikationstechnik tätigen Forschungsinstituts C/FOI und eventuell weiterer dezentral tätiger Vorentwicklungsabteilungen folgen zu lassen. Hermann Scholl, von 1992 an direkt für die Zentrale Forschung zuständig, erweiterte den Vorschlag um die Vorentwicklungsabteilung K/EVL im Unternehmensbereich Kraftfahrzeugtechnik und beauftragte Wolf-Dieter Haecker, ein Konzept für den ins Auge gefassten neuen FuE-Bereich vorzulegen. Dieses war die Basis für einen Antrag, den die Geschäftsführung im September 1993 genehmigte.

Unter Führung von Heiner Gutberlet, in der Geschäftsführung von Mitte 1993 an zuständig für die Zentrale Forschung, arbeitete Wolf-Dieter Haecker zusammen mit Otto Holzinger und Gerd Siegle das Gesamtkonzept für den zukünftigen, integrierten Zentralbereich Forschung und Vorausentwicklung FV aus, das nach einer Koordinations- und Übergangsphase am 1. Juli 1994 eingeführt wurde. Die Geschäftsleitung des neuen Bereichs bildeten Wolf-Dieter Haecker (Gesamtleitung, direkt zuständig für die Bereiche Forschung und Produktionstechnik), Otto Holzinger (direkt zuständig für den Bereich Vorausentwicklung Systeme Kraftfahrzeugtechnik und, in Personalunion, für die Entwicklungskoordination Kraftfahrzeugtechnik) und Gerd Siegle (direkt zuständig für den Bereich Vorausentwicklung Kommunikationstechnik).

Bereits in der Konzeptionsphase für den Zentralbereich FV hatte man großen Wert auf eine Bereinigung des Spektrums der Arbeiten, eine Zusammenfassung zu Arbeitsschwerpunkten nach Synergiegesichtspunkten und die Bildung neuer Arbeitsschwerpunkte gelegt. Die Ausbildung der drei Tätigkeitsfelder »FV-Projekte«, »Querschnittsaufgaben auf Basis des FuE-Know-how in FV« und »Dienstleistungen« folgte einer klar umrissenen Strategie: Der Anteil von Dienstleistungen für Geschäftsbereiche war so knapp wie möglich anzusetzen. Kriterien sollten die Notwendigkeit zentraler Bearbeitung und Überlegungen zu »make or buy« sein, also das Abwägen von Eigenleistung und Zukauf. Ähnlich war bei »Querschnittsaufgaben auf Basis des FuE-Know-how« zu verfahren, indem nur Aufgaben, die mit deutlichem Vorteil zentral durch FV zu lösen waren – beispielsweise Expertisen, Studien, Wissensmanagement – aufgenommen wurden. Das Tätigkeitsfeld »FV-Projekte« machte von Beginn an den Hauptanteil der Gesamtaktivitäten aus. Ziel war und ist es, diesen Projektanteil so hoch wie möglich zu halten. Das Spektrum der Projekte umfasst solche, die direkt einzelnen Geschäftsbereichen zugeordnet werden können, Querschnittsprojekte, die für mehrere Geschäftsbereiche wichtig sind, Projekte, die für die (an marktfähigen Produkten orientierten!) Geschäftsbereiche noch zu riskant sind, solche, die noch keinem Bereich zugeordnet werden können und schließlich stark zukunftsorientierte Projekte zur Sondierung neuer Ideen und zur Steigerung des FV-eigenen Wissens.

Auf Veranlassung der Geschäftsführung wurden 1993 die so genannten TOP-Projekte eingeführt. Sie wurden mit einem separaten Budget ausgestattet und waren vom Zentralbereich FV und den Geschäftsbereichen zu bearbeiten. Mit der Regie wurde der Zentralbereich Forschung und Vorausentwicklung betraut. Zielsetzung war und ist, mit strategisch ausgerichteten Projekten neue Produkt- und Geschäftsfelder zu erschließen und die für die Zukunft entscheidenden Kernfähigkeiten für Bosch zu sichern. Ein Beispiel für beide Zielrichtungen ist die erfolgreiche Entwicklung der Technologien der Oberflächenmikromechanik als Basis neuer Produktgenerationen von Drehratensensoren für die Fahrdynamikregelung (ESP).

Obwohl streng anwendungsorientiert und – über eine intensive Kopplung mit der Produktplanung der Geschäftsbereiche – hinreichend marktorientiert arbeitend, werden bei Bedarf auch tiefgreifende Grundlagenarbeiten durchgeführt. Bevorzugter Weg hierzu ist eine gezielte Zusammenarbeit mit Hochschulen und Instituten der öffentlichen FuE-Landschaft. Eine enge, inzwischen weltweit wirksame Vernetzung mit derzeit 105 Instituten ermöglicht sowohl den Zufluss neuesten Wissens als auch die Akquisition hervorragender Hochschulabsolventen. FV bildet hier eine Art »Eingangs-Plattform« für neue Mitarbeiter, die – oft nach einer Tätigkeit als Diplomand, Doktorand oder FuE-Trainee und gründlicher Einarbeitung als Projektleiter – die Chance haben, größere Verantwortung im Zentralbereich FV oder aber eine Aufgabe in einem der Geschäftsbereiche zu übernehmen. Ein gezielter Schritt zur Erweiterung der Vernetzung mit dem wissenschaftlich-technischen Umfeld war 1999 die Gründung des Research and Technolgy Center North America, als FV-Bereich an den technologisch herausragenden Standorten Palo Alto (CA) und Pittsburgh (PA); Themenschwerpunkte waren »Mikro-Technologien«, »IT-Technologien für das Kraftfahrzeug« und »Software-Engineering«.

Bosch gehört sicher nicht zu den Unternehmen, die sich den »Schuh« der vielzitierten Innovationsschwäche der Bundesrepublik »anziehen« müssen. Dies äußert sich nicht zuletzt in der Situation bei Patenten und Lizenzen. Seit 1968 wird bei Bosch systematisch die Situation bei Patenten und Lizenzen beobachtet. Untersuchungen zur Position des Unternehmens zeigten, dass Bosch mit der Anmeldung deutscher wie europäischer Patente im Verhältnis zu anderen Firmen überaus erfolgreich war. Allenfalls in der ersten Hälfte der achtziger Jahre wurde – bezogen auf einen bestimmten Entwicklungsaufwand – ein deutlicher Rückgang bei der Anmeldung von Patenten registriert. Die vermeintliche Schwächephase erwies sich allerdings rasch als Ausweis des technologischen Wandels, nämlich als Reflex der zunehmenden Bedeutung der Software in der Wertschöpfungskette des Unternehmens. Ansonsten konnte die Geschäftsführung immer wieder auf die große Zahl jährlich gewährter Patente und auf die hervorragende Lizenzbilanz verweisen. Nachdem es Anfang der neunziger Jahre bereits deutlich über 1000 Patente im Jahr waren, wurde 2000 die Zahl 2000 deutlich überschritten. 2003 meldete Bosch sogar 2750 Patente an. Einen Vergleich erlaubte eine durch das Ifo-Institut durchgeführte Analyse der 1992 weltweit eingereichten und inzwischen mit Schutzrechten versehenen Patente. Danach belegte Bosch unter allen Unternehmen weltweit den neunten und in Deutschland den zweiten Rang (nach Siemens mit einem fast dreifach höheren Umsatz). Auf den Gebieten Verkehrstechnik und Umwelttechnik hat das Unternehmen sogar weltweit eine Spitzenstellung.

Schlussbemerkungen

Zu den Grundzügen der Entwicklung des Gesamtunternehmens in den letzten fünfzig Jahren zählt eine bemerkenswerte Kontinuität. In vieler Hinsicht schloss Bosch nahtlos an die bisherige Geschichte an. Da Automobiltechnik und Automobilindustrie seit der Erfindungs- und Durchsetzungsphase international waren, konnte Bosch als unabhängiger Zulieferer nur so wachsen, dass er diesem Trend folgte. Das Unternehmen hatte sich deshalb früh und in großem Umfang im Ausland betätigt. Nur durch die beiden Weltkriege war es in diesen Bemühungen heftig zurückgeworfen worden. Internationalisierung bedeutete also für Bosch nach dem Zweiten Weltkrieg die Wiederherstellung seiner alten Beziehungen und weniger eine Neuorientierung der Geschäftspolitik. Ein weiteres Kennzeichen ist die durchaus gewollte Vielfalt in der Produktpalette und spätestens seit Anfang der dreißiger Jahre – als Reaktion auf den offenkundig werdenden Schwerpunkt in der Kraftfahrzeugtechnik – die planmäßige Risikostreuung durch Hinzunahme von Gebrauchsgütern und von Produkten der Nachrichtentechnik. Auch nach dem Zweiten Weltkrieg hat Bosch versucht, mit teilweise enormen Investitionen einer Monokultur entgegenzuwirken. Trotz dieser auf Diversifikation gerichteten Anstrengungen blieb der Schwerpunkt in der Automobiltechnik eine Konstante des Unternehmens.

Kernkompetenz bedeutete aber bei Bosch nicht ein abgegrenztes Erzeugnisgebiet. Es ist die zunehmend vertiefte Fähigkeit, in großer und größter Serie hochpräzise mechanische Teile zu fertigen. Mechanik und Hydraulik wurden zunächst durch eine ebenso hochwertige Elektromechanik und – seit den sechziger Jahren – durch Elektronik komplettiert. Sowohl die ältere Elektromechanik als auch die »moderne« Elektronik stammten nicht aus zweiter Hand, sondern basierten, vor allem an den Schnittstellen zu Mechanik und Hydraulik, auf dem jeweils im Unternehmen selbst geschaffenen Fachwissen auf diesen Gebieten.

Kompetenz erwuchs auch immer aus der hohen Motivation der Arbeiter, der Meister – als wichtige Träger des technischen Wissens in der Fertigung – und zunehmend der akademisch gebildeten Ingenieure, Wissenschaftler und Kaufleute. Vieles deutet darauf hin, dass selbst im Vergleich mit anderen Unternehmen im lange pietistisch geprägten Stuttgarter Raum die Loyalität der Bosch-Mitarbeiter besonders ausgeprägt war – und dass dies auch bis heute so geblieben ist.

Blickt man an dieser Stelle noch einmal zurück und fragt sich, ob und wann im Verlauf der vergangenen fünfzig Jahre eine kritische Phase erreicht war, eine Phase, in der Innovationen nicht mehr nur über das graduelle Wachstum des Unternehmens entschieden, sondern sozusagen existenziellen Charakter annahmen, wird man vor allem das Ende der siebziger und den Anfang der achtziger Jahre nennen müssen. Trotz des leicht hypothetischen Untertons wird man sagen können, dass ohne die herausragenden Produktinnovationen, wie elektronische Benzineinspritzung und Motronic, ohne elektronisches Antiblockiersystem und auch ohne die elektronische Dieselregelung, Bosch nicht zu dem Unternehmen geworden wäre, das es heute ist.

Das Neue, das in diesen Produkten zu erkennen ist, meint eben mehr als die bloße Addition weiterer und nun durch Elektronik verbesserter Geräte zu einer bereits langen Liste von Erzeugnissen der Autoelektrik. Diese Innovationen sind im Grunde Synonyme für komplexe

Systeme, mit denen sich Bosch einen jeweils wachsenden Anteil am Fahrzeug sicherte. Dieser wachsende Anteil bedeutet nicht nur eine größere Teilhabe an der Wertschöpfung im Fahrzeugbau, sondern eine enorme Herausforderung für Entwicklung, Applikation und Fertigung und letztlich zunehmende wirtschaftliche und gesellschaftliche Verantwortung für die Entwicklung unserer Verkehrstechnik. Eine Leistung, die deshalb mit den genannten Produktinnovationen zusammenhängt, ist die Schaffung einer Unternehmenskultur, die es ermöglichte, den Bedrohungen durch die beiden Ölpreiskrisen, den administrativen Forderungen und den Anliegen aus dem ökologischen Bereich durch innovatives Verhalten zu begegnen.

Zur Charakterisierung der kritischen Jahre zählen aber unabdingbar auch die tieferen Schichten der Technikentwicklung: Eine der existenziellen Entscheidungen war es sicher, das »auf der Kippe stehende« Halbleiterwerk in Reutlingen zu erhalten und damit zur Eigenherstellung von Halbleiterbauelementen zu stehen. Hierher gehört generell das Bekenntnis zu einer vergleichsweise großen Fertigungstiefe, insbesondere auch auf dem zur Identität des Unternehmens zählenden Dieselgebiet. Ebenfalls nicht unmittelbar an der Oberfläche der Produkte ablesbar ist der schwierige Prozess, mit dem man sich in der Produktionsweise von der an die Großserienfertigung ideal angepassten klassischen Automatisierung löste und sich den rechnergestützten, flexiblen Fertigungsverfahren öffnete.

Je nach Sichtweise Bürde oder Chance war das Anfang der achtziger Jahre durch die Erweiterung der Kommunikationstechnik gesuchte neue Gleichgewicht der Erzeugnispalette. Der Erfolg schien die Strategie zu bestätigen, zumal die Geschäftsbereiche Elektrowerkzeuge und Thermotechnik ihre Krisen überwinden konnten und auch die Bosch-Siemens Hausgeräte GmbH ihre Chancen nutzte. Der in den letzten Jahren vollzogene Rückzug aus der zunehmend stagnierenden Kommunikationstechnik bedeutete keine Abkehr von dieser Strategie. Durch den Kauf von Rexroth wurde der Verlust des alten Unternehmensbereichs sogar mehr als ausgeglichen. Umgekehrt zeigt sich in der Innovationswelle des Unternehmensbereichs Kraftfahrzeugtechnik seit 1990 mit dem Litronic-Beleuchtungssystem, mit dem Controller Area Network-Datenbus, mit Fahrdynamikregelung und elektrohydraulischer Bremse, Navigationssystem und Radiophone sowie mit den erfolgreichen neuen Dieselsystemen die noch einmal gewachsene Stärke dieses Unternehmensbereichs. Jedenfalls wird sich die zukünftige Gestalt des Unternehmens im Spannungsfeld von Kerngeschäft und Diversifikation immer wieder neu formen. Trotz der beträchtlichen Stärkung der Industrietechnik nach der Integration von Rexroth und der Ergänzung der Thermotechnik durch die Übernahme von Buderus – mit den hier deutlicher zu erkennenden Synergieeffekten – spricht aber vieles dafür, dass es beim vertrauten Bild einer stark durch die Kraftfahrzeugtechnik bestimmten Robert Bosch GmbH bleiben wird.

Quellen und Literatur

I Einleitung –
Das Unternehmen seit 1945

Geschäftsberichte der Robert Bosch GmbH, Geschäftsberichte der Bosch-Siemens Hausgeräte GmbH (BSHG), Geschäftsberichte der Siemens AG.

Bosch Presse-Informationen.

Persönliche Mitteilungen von Marcus Bierich, Konrad Eckert, Ingo Gorille, Heiner Gutberlet, Hans-Peter Ketterling, Wolfgang Lange, Joachim H. Lungershausen, Hans L. Merkle, Manfred Rick, Kurt Schips, Ernst Stickel (BSH), Tilman Todenhöfer, Herbert Wörner (BSH), Richard Zechnall.

Günter Atzler, Fertigungsverbund weltweit, Bosch-Zünder, 60. Jg., 1980, 5, S. 1.

Marcus Bierich, Der wirtschaftliche Erfolg von Auslandsgesellschaften, in: Dess. Beiträge zur Betriebswirtschaftslehre, Stuttgart 1991, S. 391–402.

Marcus Bierich, Kosten- und Erlösaspekte eines internationalen Fertigungs- und Entwicklungsverbundes, in: Dess. Beiträge zur Betriebswirtschaftslehre, Stuttgart 1991, S. 427–446.

Marcus Bierich, Globale und strategische Allianzen, in: Dess. Beiträge zur Betriebswirtschaftslehre, Stuttgart 1991, S. 447–457.

Robert Bosch GmbH (Hrsg.), 75 Jahre Bosch, Bosch-Firmenschrift, Stuttgart 1961.

Robert Bosch GmbH, Zentralabteilung Öffentlichkeitsarbeit (Hrsg.), Datenheft zur Bosch-Geschichte, 1996.

Robert Bosch GmbH (Hrsg.), Bosch heute. Informationen, Stand: Mai 2001.

Robert Bosch Stiftung, Robert Bosch Stiftung im Profil, Stuttgart 1998.

Jens Peter Eichmeier und Karin Heinlein, Jetzt mit vereinten Kräften an die Spitze auf dem Weltmarkt. Mitarbeiter des Geschäftsbereichs Automationstechnik und von Rexroth arbeiten auf Hochtouren an der Zusammenführung zur Bosch Rexroth AG, Bosch-Zünder, 81. Jg., 2001, 1/2, S. 3.

Olaf von Fersen (Hrsg.), Ein Jahrhundert Automobiltechnik. Personenwagen, Düsseldorf 1986.

Peter Frank, im Interview, »Design bedeutet Qualitätsverbesserung«, Designauswahl '87; Industrie Anzeiger Extra: Baden-Württemberg, 109. Jg. (1987), 41, S. 97–106.

Peter Frieß, Peter M. Steiner (Hrsg.), Dieter Bärmann und Wolfgang Lohbeck sprechen über »Werbung gegen Umweltzerstörung?« – die Einführung des ersten FCKW-freien und FKW-freien Kühlschranks, TechnikDialog 8, Deutsches Museum Bonn, Bonn 1997.

Klaus Gressenich, Geschirrspülerwerk Dillingen seiner Bestimmung übergeben. Neue Konzepte für Fertigung und Produkt realisiert, Bosch-Zünder, 57. Jg., 1977, 3, S. 8.

Karin Heinlein, Farmington Hills: mehr als doppelt so viel Platz. Am Standort werden die Aktivitäten in der Kraftfahrzeugausrüstung gebündelt, Bosch-Zünder, 80. Jg., 2000, 12, S. 5.

Klaus-Dieter Heinrich, Meilensteine eines Mediums, Bosch-Zünder, 59. Jg., 1979, 5, S. 3.

Klaus-Dieter Heinrich, Bosch als Partner auf dem größten Markt der Welt. Ein Blick auf die historischen und aktuellen Beziehungen zu den USA, Bosch-Zünder, 63. Jg., 1983, 3, S. 3.

Jürgen Heitmann, Standards für digitale Fernsehstudiosignale, Bosch Technische Berichte, Band 6 (1977–1979), Heft 5/6, 1979, S. 333–339.

Georg Heller, Bosch wächst in neue Dimensionen, Bosch-Zünder, 61. Jg., 1981, 10, S. 5.

Hans Konradin Herdt, Bosch 1886–1986. Porträt eines Unternehmens. Stuttgart 1986.

Theodor Heuss, Robert Bosch. Leben und Leistung, 1. Auflage, 1946; 2. erweiterte Auflage, München 1981.

Kurt H. Keck, Programmierbare Handhabungsautomaten, Bosch-Zünder, 52. Jg., 1972, S. 308.

Hans-Peter Ketterling, S 900 D – ein Schmalband-Zeitmultiplex-Übertragungsverfahren für öffentliche Funktelefoniesysteme, Bosch Technische Berichte, Band 8 (1986–1989), Heft 1/2, 1986, S. 76–82.

Wolfgang Knellessen, Glied eines weltweit tätigen Unternehmens. Fabrikanlage der Robert Bosch Türk in Bursa offiziell eröffnet, Bosch-Zünder, 53. Jg., 1973, S. 149.

Wolfgang Knellessen, Kooperationen in der Nachrichtentechnik, Bosch-Zünder, 61. Jg., 1981, 10, S. 1.

Max Kruk und Gerold Lingnau, 100 Jahre Daimler-Benz. Das Unternehmen, Mainz 1986.

Wolfgang Lange, Funk im Kraftfahrzeug – öbL und nöbL, Bosch Technische Berichte, Band 8 (1986–1989), Heft 1/2, 1986, S. 93–101.

Wolfgang Lange, Autotelefonsysteme, Typoscript Berlin 1995.

Hans L. Merkle, Zu den Auslandsinvestitionen, Bosch-Zünder, 54. Jg., 1974, S. 147.

Kristina Michahelles, 25 Jahre Bosch do Brasil, Bosch-Zünder, 59. Jg., 1979, 9, S. 4.

Gerd Neermann, 25 Jahre Bosch-Hydraulik, Bosch-Zünder, 58. Jg., 1978, 2, S. 7.

N. N., Aus der Geschichte der Fernseh GmbH, Bosch-Zünder, 34. Jg., 1954, S. 163–166.

N. N., Modernste Lackieranlage des Kontinents im neuen Siemens-Hausgerätewerk, Das Eisenhändler-Fachblatt, 1957, Heft 5, S. 48 f.

N. N., Weitgehende Automatisierung der Fertigung. Modernste Produktionsmethoden im Siemens-Hausgerätewerk in Traunreut, Das Eisenhändler-Fachblatt, 1957, Heft 7, S. 15.

N. N., Brücken zum Weltmarkt – Bosch-Gruppe verstärkt ihre Aktivitäten im Ausland, Bosch-Zünder, 49. Jg., 1969, S. 65.

N. N., 75 Jahre Junkers, Bosch-Zünder, 50. Jg., 1970, S. 150–151.

N. N., Gute Form ist ein Qualitätsfaktor. Ein Gespräch mit dem Designer Erich Slany, Bosch-Zünder, 53. Jg., 1973, S. 278–280.

N. N., Indische Bosch-Gesellschaft besteht jetzt 25 Jahre, Bosch-Zünder, 56. Jg., 1976, 10, S. 1–2.

N. N., Bosch baut in Detroit, Bosch-Zünder, 61. Jg., 1981, 10, S. 1.

N. N., Bosch Dieseleinspritzung. Höhepunkte eines Jahrhunderts, Leporello, Firmenschrift Robert Bosch GmbH, Geschäftsbereich Kraftfahrzeugausrüstung 5, Stuttgart 1987.

N. N., Mit neuen Namen näher an die Kunden ran, Bosch-Zünder, 81. Jg., 5/6, S. 1, S. 5.

Susanne Päch, Die D2-Story. Mobilkommunikation. Aufbruch in den Wettbewerb, Düsseldorf, Wien, New York 1994.

Dieter Pohl, Farbfernsehentwicklung im Hause Bosch, Bosch Technische Berichte, Band 6, (1977–1979), Heft 5/6, 1979, S. 286–292.

Hans Pohl, Die Förderung der Wissenschaft durch die unternehmerische Wirtschaft in der BRD, in: Peter Fries und Peter M. Steiner (Hrsg.), Deutsches Museum Bonn: Forschung und Technik in Deutschland nach 1945, München 1995, S. 159–169.

Edzard Reuter, Schein und Wirklichkeit. Erinnerungen, Berlin 1998, S. 239 ff., S. 342–345.

Frithjof Rudert, 50 Jahre »Fernseh«, 1929–1979, Bosch Technische Berichte, Band 6, (1977–1979), Heft 5/6, 1979, S. 236–267. Vgl. auch das gesamte Heft Nr. 1/2.

Hans-Peter Schwarz, Vom Reich zur Bundesrepublik. Deutschland im Widerstreit der außenpolitischen Konzeptionen in den Jahren der Besatzungsherrschaft 1945–1949, Neuwied und Berlin 1966.

Jürgen Serafin, Der Einfluss des EG-Binnenmarktes auf den Wettbewerb in reifen Märkten – dargestellt am Beispiel der europäischen Haushaltsgroßgeräte-Branche, Wirtschaftswiss. Dissertation der Hochschule St. Gallen für Wirtschafts-, Rechts- und Sozialwissenschaften, Bamberg 1991.

Rolf Seutter, Wertvolle Erfahrungen gesammelt. Seit 25 Jahren deutsch-englischer Lehrlingsaustausch, Bosch-Zünder, 61. Jg., 1981, 8, S. 10.

Marianne Waas-Frey, Deutsch-englische Beziehungen. Wieder Lehrlingsaustausch zwischen Bosch und Lucas, BZ 60. Jg., 1980, 8, S. 13.

Marianne Waas-Frey, Die Pioniere von Charleston. Bosch-Qualität vor Ort gefertigt. Rückblick auf ein Jahrzehnt, Bosch-Zünder, 64. Jg., 1984, 6, S. 5.

Hermann Ziems, Vom Rohrbogen bis zum programmierbaren Handhabungsautomaten, Bosch-Zünder, 52. Jg., 1972, S. 306.

II »Klassische« Autoelektrik

Geschäftsberichte der Robert Bosch GmbH.

Bosch-Presse-Informationen.

Persönliche Mitteilungen von Marcus Bierich, Klaus Bolenz, Konrad Eckert, Hermann Eisele, Ingo Gorille, Heiner Gutberlet, Gerhard Henneberger (Bosch, RWTH Aachen), Joachim Koch, Manfred Rick.

Manfred Barthel und Gerold Lingnau, 100 Jahre Daimler-Benz. Die Technik, Mainz 1986.

Herbert Becker, Mikroelektronik, eine Basis technischer Fortschritte, VDI-Zeitschrift, Band 123, 1981, Nr. 14, S. 571–579.

Walter Benedikt, Entwicklungstendenzen bei Zündkerzen, Bosch Technische Berichte, Band 5 (1975–1977), Heft 5/6, 1977, S. 245–249.

Marcus Bierich, Fertigungsstandorte im internationalen Vergleich, in: Dess. Beiträge zur Betriebswirtschaftslehre, Stuttgart 1991, S. 403–426.

Robert Bosch GmbH, Zentralabteilung Öffentlichkeitsarbeit, »Unsere beste Reklame war stets unsere Ware«. Werbung bei Bosch von den Anfängen bis 1960, Bosch-Archiv Schriftenreihe Band 2, Stuttgart 1998.

Peter M. Bode, Sylvia Hamberger und Wolfgang Zängl, Alptraum Auto. Eine hundertjährige Erfindung und ihre Folgen, München 1986.

Helmut Böhme (Hrsg.), Vierter Forschungsbericht der TH Darmstadt 1977/78, Darmstadt 1979.

Robert Bosch GmbH (Hrsg.), Autoelektrik, Autoelektronik am Ottomotor, 1. Aufl., Düsseldorf 1987; 2. Aufl., Düsseldorf 1994.

Der Bundesminister für Verkehr (Hrsg.), Verkehr in Zahlen, 20. Jg., 1991.

Meinolf Dierkes, Jeanette Hofmann und Lutz Marz, Technological Development and Organisational Change: Differing Patterns of Innovation, in: 21st Century Technologies, OECD 1998, S. 97–122.

Meinolf Dierkes, Regina Buhr, Weert Canzler und Andreas Knie, Erosionen des Automobil-Leitbildes, Begründung eines Forschungsvorhabens, Wissenschaftszentrum Berlin für Sozialforschung, Papers, FS II 95–107.

Erik Eckermann, Automobile, Technikgeschichte im Deutschen Museum, München 1989.

Erik Eckermann, Vom Dampfwagen zum Auto, Motorisierung des Verkehrs, Reinbek 1981.

Olaf von Fersen (Hrsg.), Ein Jahrhundert Automobiltechnik. Nutzfahrzeuge, Düsseldorf 1987.

Olaf von Fersen (Hrsg.), Ein Jahrhundert Automobiltechnik. Personenwagen, Düsseldorf 1986.

Dante Giacosa, Vierzig Jahre als Konstrukteur bei Fiat, Mailand und Venedig 1979.

Klaus-Dieter Heinrich, Verschleißarm, langlebig, umweltfreundlich, maßgeschneidert …, Bosch-Zünder, 80. Jg., 2000, 10, S. 10.

Gerhard Henneberger, Elektrische Motorausrüstung, Braunschweig 1990.

Alfons Kifmann, Elektroantriebe für Straßenfahrzeuge, Bosch-Zünder, 59. Jg., 1979, 1, S. 7.

Rüdiger Köhn, Siemens-Tochter Osram auf dem Hightech-Trip, Financial Times Deutschland, 1. 12. 2000.

Max Kruk und Gerold Lignau, 100 Jahre Daimler-Benz. Das Unternehmen, Mainz 1986.

Landesmuseum für Technik und Arbeit in Mannheim (Hrsg.), Räder, Autos und Traktoren, Erfindungen aus Mannheim, Wegbereiter der mobilen Gesellschaft, Mannheim 1986.

Martin Joachim Lattke, In einem Kupferkern steckt das ganze Geheimnis. Bosch präsentiert neue Hochleistungszündkerzen, Bosch-Zünder, 56. Jg., 1976, 6, S. 4.

Rainer Neumann, Scheinwerfersysteme mit hohem Wirkungsgrad: der Reflektor mit variablem Focus, Bosch Technische Berichte, 1990, Heft 52, S. 1–8.

N. N., 50 Jahre »Anker im Kreis«, Bosch-Zünder, 48. Jg., 1968, S. 259.

N. N., Die Kontrolle der Autoabgas-Schadstoffe in den USA, Neue Züricher Zeitung, 7. 8. 1972, S. 13.

N. N., Anzeige: Die Geschichte des Automobils, Bosch-Zünder, 57. Jg., 1977, 6, S. 5.

N. N., Zeichnungen wie von Geisterhand. Rechnerunterstütztes Konstruieren (CAD) beim Geschäftsbereich K4 in Bühlertal, Bosch-Zünder, 61. Jg., 1981, 6, S. 6.

Heinrich Nordhoff, Reden und Aufsätze, Zeugnisse einer Ära, Düsseldorf und Wien 1992.

Franz Pischinger, Verbrennungsmotoren, Vorlesungsumdruck, Bd. I–II, 12. Auflage, RWTH Aachen 1991; 17. Auflage, RWTH Aachen 1996.

H. Pohl (Hrsg.), Die Einflüsse der Motorisierung auf das Verkehrswesen von 1886 bis 1986, Wiesbaden 1988; zugleich Zeitschrift für Unternehmensgeschichte, Beiheft 52.

Wolfgang Reitzle, Das Automobil, Zukunft durch Innovation und Faszination, Geschichte und Zukunft des Automobils. 100 Jahre ATZ, Sonderheft 1998, S. 46–52.

Friedrich Schildberger und Friedrich Trautmann, Bosch und die Zündung, Bosch-Firmenschrift, Stuttgart 1952.

Hans Christoph von Seherr-Thoss, Die deutsche Automobilindustrie. Eine Dokumentation von 1886 bis heute, Stuttgart 1974.

Hans Christoph von Seherr-Thoss, Die Deutsche Automobilindustrie. Eine Dokumentation von 1886 bis 1979, 2. Auflage, Stuttgart 1979.

Norbert Stieniczka, Vom fahrbaren Untersatz zur Chromkarosse mit »innerer Sicherheit« – der Wandel der Nutzeranforderungen an das Automobil in den 50er und 60er Jahren, in: Tagungsband zum wissenschaftlichen Kolloquium »Geschichte und Zukunft von Automobilbau und Mobilität« in Chemnitz, 7. Oktober 2000, hrsg. von Rudolf Boch, Stuttgart 2001, S. 177–200.

Kristina Vaillant, Vom »Ervolkswagen« zum Designer-Schmuckstück, Automobilwerbung in Publikumszeitschriften (1952–1994), Wissenschaftszentrum Berlin für Sozialforschung, Papers, FS II S. 95–106.

D. B. Wise, The Motor Car, London 1977.

Bernhard Wörner und Rainer Neumann, Beleuchtungssysteme mit Gasentladungslampe für Kraftfahrzeuge, Bosch Technische Berichte, 1990, Heft 52, S. 9–14.

III Dieseleinspritzausrüstung, Evolution eines traditionellen Geschäftsbereichs

Geschäftsberichte der Robert Bosch GmbH, Geschäftsberichte der Siemens AG.

Bosch Presse-Informationen, Pressemitt. Lucas Varity.

Persönliche Mitteilungen von Christoph Burckhardt (DaimlerChrysler), Konrad Eckert, Hermann Eisele, Hans L. Merkle, Hermann Scholl, Reinhard Schwartz, Gerhard Stumpp.

Knut Angstenberger, Elektronische Datenverarbeitung im Konstruktionsbereich, Bosch Technische Berichte, Band 3 (1969–1972), Heft 6, Dezember 1971, S. 272–286.

AVL, Grazer Anstalt für Verbrennungskraftmaschinen, Professor Dr. Hans List (Hrsg.), 50 Jahre Vision, 50 Years AVL – Driving the Future, ATZ-MTZ Supplement 1998.

Hans Bacher, auf der Fertigungstagung der Bosch-Gruppe: »Kosten senken, Kosten senken ...« Flexible Fertigung – höhere Qualität – kürzere Durchlaufzeiten, Bosch-Zünder, 62. Jg., 1982, 5, S. 1.

Christian Bartsch, Mit hohem Druck zum niedrigen Verbrauch, FAZ, 9. 5. 2000, S. T 3.

Richard van Basshuysen, Dieter Stock und Richard Bauder, Audi Turbodieselmotor mit Direkteinspritzung, Teil 1: Grundsatzentwicklung der dieselmotorischen Brennverfahren mit direkter Einspritzung, MTZ, Motortechnische Zeitschrift, Jg. 50, 1989, 10, S. 458–465.

Richard van Basshuysen, Johannes Steinwart, Hermann Stähle und Armin Bauder, Audi Turbodieselmotor mit Direkteinspritzung, Teil 2: Konstruktion und Entwicklung der Mechanik des Audi 2,5-Liter-5-Zylinder-Motors, MTZ, Motortechnische Zeitschrift, Jg. 50, 1989, 12, S. 566–573.

Richard van Basshuysen, Dieter Stock und Richard Bauder, Audi Turbodieselmotor mit Direkteinspritzung, Teil 3: Thermodynamikentwicklung und Fahrzeugergebnisse, MTZ, Motortechnische Zeitschrift, Jg. 51, 1990, 1, S. 4–11.

Richard van Basshuysen und Fred Schäfer (Hrsg.), Shell Lexikon Verbrennungsmotor, Verlegerbeilage von ATZ und MTZ, Wiesbaden 1997, hier Folge 7–14: Diesel- und Benzineinspritzung.

Robert Bosch GmbH (Hrsg.), Diesel Report. 50 Jahre Bosch-Einspritztechnik, Bosch-Firmenschrift, Stuttgart 1977.

Robert Bosch GmbH, Zentralabteilung Öffentlichkeitsarbeit (Hrsg.), Magazin zur Bosch-Geschichte, 2002.

Timo von Choltitz, Kontaktlos gesteuert. Gussgehäuse durchlaufen 54 Bearbeitungsstationen. Neue Transferstraße im Pumpenwerk, Bosch-Zünder, 53. Jg., 1973, S. 273.

Harald Ebensperger, Die Verteiler-Einspritzpumpe. Neue Pumpentype im Fertigungsprogramm, Bosch-Zünder, 52. Jg., 1972, S. 284–285.

Ewald Eblen und Gerhard Stumpp, Beitrag des Einspritzsystems zur Verbesserung des Dieselmotors, Bosch Technische Berichte, Band 6 (1977–1979), 2, 1978, S. 70–81.

Elasis, A Springboard of the Future, Firmenschrift Turin 1998.

Olaf von Fersen (Hrsg.), Ein Jahrhundert Automobiltechnik. Personenwagen, Düsseldorf 1986, S. 270–285.

Joachim Funk, Anwendungserfahrungen mit betriebswirtschaftlichen Planungs-, Bewertungs- und Organisationskonzepten ..., in: Dess. Gedanken zur Erfolgsplanung, Rechnungslegung und Besteuerung deutscher Unternehmen, Stuttgart 1994, S. 3–41.

Manfred Graf, Präzisionsmengenfertigung am Beispiel des Pumpenelements der Diesel-Reiheneinspritzpumpe, Bosch Technische Berichte, Band 6 (1977–1979), 2, 1978, S. 82–88.

Ellsworth S. Grant, Stanadyne. A History, Stanadyne, Inc., Windsor, Connecticut 1985.

Franz Frisch, Diesels alter Traum, Die Zeit, Nr. 48, 24. 11. 1989, S. 94.

Karin Heinlein, In Feuerbach zu Ende, aber weltweit ein Dauerläufer. Nach 64 Jahren Abschied von der A-Pumpe, doch großer Bedarf in der Dritten Welt ..., Bosch-Zünder, 78 Jg., 1998, 8/9, S. 6.

Theodor Heuss, Robert Bosch. Leben und Leistung, 1. Auflage, Tübingen, 1946; 2. erweiterte Auflage, München 1981.

Gerald Höfer, Einkolben-Verteilereinspritzpumpe mit hydraulischer Regelung, Bosch Technische Berichte, Band 2, Heft 3, Nov. 1967, S. 117–123.

Andreas Knie, Diesel – Karriere einer Technik, Berlin 1991.

Jean Leblanc, Erf., US Patent 4401082, Fuel injection pump for internal combustion engines, Inh. Bosch, einger. 25. 3. 1981, ausgeg. 30. 8. 1983.

Lucas Varity, Homepage 1999, http://www.lucasvarity.com/lds/history.

Axel Nagel, Stand und Tendenzen der Entwicklung von PKW-Motoren unter besonderer Berücksichtigung von Schadstoffemission und Kraftstoffverbrauch, Referat ... 5. 12. 1985, Ms., DaimlerChrysler-Archiv, 19 Seiten.

N. N., Rationalisierung ist eine Querschnittsaufgabe, Bosch-Zünder, 56. Jg., 1976, 9, S. 1, 3.

N. N., Dieselregelung der Zukunft. Elektronisches System der Fachpresse vorgestellt, Bosch-Zünder, 61. Jg., 1981, 6, S. 8.

Mario Ricco und Gerhard Stumpp, Common Rail – An Attractive Fuel Injection System for Passenger Car DI Diesel Engines, SAE Technical Paper Series, 960870 (1996).

Friedrich Schildberger und Eugen Diesel, Bosch und der Dieselmotor, Bosch-Firmenschrift, Stuttgart 1950.

Shell (Hrsg.), Shell Autobuch: Das Handbuch für den Autofahrer, 2. Auflage, Frankfurt/M., Berlin, Wien 1970.

Stanadyne Inc., Hartford Division (Hrsg.), The American Revolution in Diesel Fuel Injection; Firmenschrift um 1980.

Ludwig Walz, An Approach to the Application of Fuel Injection Equipment for Passenger Car Diesel Engines, Vortragsentwurf 14. 12. 1981, Entwurf für ein SAE-Paper, Detroit, Februar 1982, Robert Bosch-Archiv.

Friedrich H. van Winsen und Ulrich Conrad, Der Mercedes-Benz Personenwagen-Dieselmotor, Automobiltechnische Zeitschrift ATZ, 74, 1972, 3, S. 96–102.

IV Benzineinspritzung und Wandel des Unternehmens

Geschäftsberichte der Robert Bosch GmbH, Geschäftsberichte der Siemens AG.

Bosch Presse-Informationen, Renault Presse.

Persönliche Mitteilungen von Rainer Bauer (BMW), Kurt Binder, Gerhard Conzelmann, Konrad Eckert, Walter Engl (RWTH Aachen), Hermann Eisele, Otto Glöckler, Ingo Gorille, Heiner Gutberlet, Heinrich Knapp, Manfred Knetsch, Hans L. Merkle, Manfred Rick, Kurt Schips, Helmut Schlott (BMW), Hermann Scholl, Josef Wahl, Henning Wallentowitz (RWTH Aachen), Martin Zechnall, Peter Ziermann (BMW). Mitteilungen von Günter Matthäi, Kurt Paule.

Ulrich Anders, Entwicklungsprobleme der Benzin-Einspritzung von Personenwagen, ATZ, Automobiltechnische Zeitschrift, Jg. 63, 1961, 10, 315–321.

Manfred Barthel und Gerold Lingnau, 100 Jahre Daimler-Benz. Die Technik, Mainz 1986.

Günther Baumann, Eine elektronisch gesteuerte Kraftstoffeinspritzung für Ottomotoren, Bosch Technische Berichte, Band 2, 1967, 3, S. 107–116.

The Bendix Corporation, US Patent 2 980 090: Fuel Injection System, Erfinder: Robert Winfield Sutton, Stephen Guild Woodward, Curtis Arnold Hartmann. Eingereicht am 4. 2. 1957, patentiert am 18. 4. 1961.

The Bendix Corporation, Deutsches Patent 1 100 377: Elektrisch gesteuerte Brennstoff-Einspritzvorrichtung, Erfinder: Robert Winfield Sutton, Stephen Guild Woodward, Curtis Arnold Hartmann. Anmeldetag: 23. 2. 1957, Ausgabe der Patentschrift: 24. 8. 1961.

Marcus Bierich, Innovation und Wettbewerbsfähigkeit: Zwei Fallbeispiele aus dem Hause Bosch, in: Dess. Beiträge zur Betriebswirtschaftslehre, Stuttgart 1991, S. 335–348.

Kurt Binder, Die Elektronik im Kraftfahrzeug – ein Beitrag zur Verkehrssicherheit, Bosch Technische Berichte, Band 4, 1973, 3, S. 116–123.

Holger Bingmann, Mensch – Politik – Kultur. Einflüsse auf die technische Entwicklung bei Daimler-Benz. Wirtschaftswiss. Diss. FU Berlin 1989.

Holger Bingmann, Antiblockiersystem und Benzineinspritzung (Anti-Blocking-System and Fuel Injection), Horst Albach (Ed.), Culture and Technical Innovation, Walter de Gruyter Verlag, Berlin, New York 1994, S. 736–821.

BMW Group, Presse- und Öffentlichkeitsarbeit, Stationen einer Entwicklung, BMW Firmenschrift, München 2000.

Ludwig Bölkow (Hrsg.), Ein Jahrhundert Flugzeuge, Düsseldorf 1990.

Wolfgang Borst, Georg Coza, Michael Henn und Martin Zechnall, Motorspezifische Anpassung mikrocomputergesteuerter Systeme mit Hilfe eines digitalen Verstellsystems, Bosch Technische Berichte, Band 7 (1980–1983), 3, 1981, S. 151–158.

Robert Bosch (Hrsg.), 30 Jahre Spannungsregler, 1956–1985, Von der Elektromechanik zur Mikroelektronik, Bosch-Firmenschrift, Reutlingen 1986.

Robert Bosch GmbH (Hrsg.), Autoelektrik, Autoelektronik am Ottomotor, 1. Aufl., Düsseldorf 1987; 2. Aufl., Düsseldorf 1994.

Robert Bosch (Hrsg.), Motormanagement Motronic, Technische Unterrichtung, Ausgabe 94/95.

Robert Bosch GmbH, Zentralabteilung Öffentlichkeitsarbeit (Hrsg.), Datenheft zur Bosch-Geschichte, 1999.

Gerhard Conzelmann und Uwe Kiencke, Mikroelektronik im Kraftfahrzeug, Berlin, Heidelberg, New York ... 1995.

Arne Daniels, Atmende Fabriken – atemlose Belegschaften, Die Zeit, Nr. 33, 9. 8. 1996, S. 19.

Erik Eckermann, Unter Druck, Kleine Geschichte der Kraftstoffeinspritzung, in: Der Markt, Klassische Automobile und Motorräder, 7 (1992), S 44–47.

Olaf von Fersen, Ein Jahrhundert Automobiltechnik, Personenwagen, Düsseldorf 1986, S. 254–270.

Errol J. Gay, Status of Automotive Petrol Injection in the United States of America, The Institution of Mechanical Engineers, Proceedings of the Automobile Division, 1957–58, No. 6, S. 174–184.

Jürgen Goroncy, Ein Microcomputer steuert Einspritzung und Zündung. Bosch-Motronic geht vom August 1979 an in Serienfertigung, Bosch-Zünder, 59. Jg., 1979, 5, S. 1.

Kai Handel, Anfänge der Halbleiterforschung und -entwicklung. Naturwiss. Diss. RWTH Aachen 1999.

Hans Konradin Herdt, Bosch 1886–1986. Porträt eines Unternehmens. Stuttgart 1986.

Ludger Meyer, Wo Silizium wie eine Stimmgabel schwingt. Neu: Mikromechanischer Drehratensensor für die Fahrdynamikregelung, in: Bosch-Zünder, 78. Jg., 1998, 8/9, S. 6.

Eckhard Noelte, Die Elektronik erobert das Auto, Bosch-Zünder, 47. Jg., 1967, S. 187.

Eckhard Noelte, Abgas unter Kontrolle. Neue mechanische Benzineinspritzung mit Luftmengenmessung. K-Jetronic von Bosch garantiert gleich bleibende Gemischaufbereitung, Bosch-Zünder, 53. Jg., 1973, S. 112–113.

Eckhard Noelte, Neues elektronisches Einspritzsystem. L-Jetronic arbeitet nach dem Prinzip der Luftmengenmessung. Nur noch 80 Bauelemente im Steuergerät, Bosch-Zünder, 53. Jg., 1973, S. 276–277.

Jan P. Norbye, Automotive Fuel Injection Systems. A Technical Guide, Sparkford, England, 1988.

Werner Oswald, Deutsche Autos 1945–1975, [4]Stuttgart 1979.

Franz Pischinger, Vorgeschichte und Stand der katalytischen Entgiftung bei Kraftfahrzeugmotoren, in: Mitteilungen des Institutes für Verbrennungskraftmaschinen der Technischen Universität Graz, Heft 42, 1985, S. 17–32.

Franz Pischinger, Verbrennungsmotoren, Vorlesungsumdruck, Bd. I–II, 12. Auflage, RWTH Aachen 1991; 17. Auflage, RWTH Aachen 1996.

Bernd Plodek, Franz-Jürgen Dehne, Der BMW-3,2-l-Motor mit digitaler Motorelektronik (Motronic), ATZ, Automobiltechnische Zeitschrift, Jg. 81, 1979, 12, S. 625–627.

Rudolf Rühle, Die zentrale Forschung der Bosch-Gruppe, Bosch Technische Berichte, Band 3 (1969–1972), Heft 5, 1971, S. 181–187.

Hans Scherenberg, Rückblick über 25 Jahre Benzin-Einspritzung in Deutschland, MTZ, Motortechnische Zeitschrift, Jg. 16, 1955, 9, S. 245–254.

Hans Scherenberg, Der Erfolg der Benzin-Einspritzung bei Daimler-Benz, MTZ, Motortechnische Zeitschrift, Jg. 22, 1961, 7, S. 241–245.

Hermann Scholl, Elektronische Benzineinspritzung mit Steuerung durch Luftmenge und Motordrehzahl, Bosch Technische Berichte, Band 4, 1973, 5, S. 190–199.

Hermann Scholl, Electronic Fuel Injection, Instn. Mech. Engineers, Conference Paper C 61/72.

Gregor Schuster, Am Anfang steht eine Idee. Aus der Praxis des gewerblichen Rechtsschutzes, Bosch-Zünder, 51. Jg., 1971, S. 308–313.

Helmut Schwarz, Helmut Denz und Martin Zechnall, Steuerung der Einspritzung und Zündung von Ottomotoren mit Hilfe der digitalen Motorelektronik MOTRONIC, Bosch Technische Berichte, Band 7 (1980–1983), 3, 1981, S. 139–151.

Wolfgang Reitzle, Das Automobil, Zukunft durch Innovation und Faszination, Geschichte und Zukunft des Automobils. 100 Jahre ATZ, Sonderheft 1998, S. 46–52.

Josef Wahl, Zwei Jahrzehnte Vorentwicklung, Erinnerungen eines Abteilungsleiters, Typoscript 1991, Robert Bosch-Archiv, Sign. 768006.

Volker Wellhörner, »Wirtschaftswunder« – Weltmarkt – westdeutscher Fordismus. Der Fall Volkswagen, Münster 1996.

Stefan Woltereck, Kraftstoff auf Kommando. Die elektronisch gesteuerte Benzineinspritzung von Bosch, Bosch-Zünder, 50. Jg., 1970, S. 4–7.

V Das Antiblockiersystem als neu erschlossenes Arbeitsgebiet

Geschäftsberichte der Robert Bosch GmbH, Geschäftsberichte der Daimler-Benz AG.

Bosch Presse-Informationen, Daimler-Benz Presse-Informationen, Pressemitteilungen Lucas Varity.

Persönliche Mitteilungen von Kurt Binder, Konrad Eckert, Hans Jürgen Gerstenmeier, Ingo Gorille, Dietrich Grau (Graubremse), Heiner Gutberlet, Otto Holzinger, Wolf-Dieter Jonner, Manfred Knetsch, Jíří Marek, Manfred Rick, Hermann Scholl, Anton Th. van Zanten, Norbert Zimmermann (Teldix). Mitteilungen von Manfred Burckhardt (ehem. Daimler-Benz).

Manfred Barthel und Gerold Lingnau, 100 Jahre Daimler-Benz. Die Technik, Mainz 1986.

Marcus Bierich, Innovation und Wettbewerbsfähigkeit: Zwei Fallbeispiele aus dem Hause Bosch, in: Dess. Beiträge zur Betriebswirtschaftslehre, Stuttgart 1991, S. 335–348.

Marcus Bierich, Globale und strategische Allianzen, in: Beiträge zur Betriebswirtschaftlehre, Stuttgart 1991, S. 447–457.

Holger Bingmann, Mensch – Politik – Kultur. Einflüsse auf die technische Entwicklung bei Daimler-Benz. Wirtschaftswiss. Diss. FU Berlin 1989.

Holger Bingmann, Antiblockiersystem und Benzineinspritzung (Anti-Blocking-System and Fuel Injection), Horst Albach (Ed.), Culture and Technical Innovation, Berlin, New York 1994, S. 736–821.

BMW AG, »Beim BMW 745 i und keinem anderen geht der Fortschritt serienmäßig in beide Richtungen – 0–100 km/h mit Aufladung, 100–0 km/h mit ABS«, Anzeige, Süddeutsche Zeitung, Nr. 221, 24. 9. 1980, S. 8.

Robert Bosch GmbH, »Bremsen ohne ABS. Bremsen mit ABS«, halbseitige Anzeige, Süddeutsche Zeitung, Nr. 247, 26. 10. 1978, S. 5.

Manfred Burckhardt, Erfahrungen bei der Konzeption und Entwicklung des Mercedes-Benz/Bosch-Anti-Blockier-Systems (ABS), ATZ, Automobiltechnische Zeitschrift, 81.Jg.,1979, 5, S. 201–208.

Manfred Burckhardt, Das Anti-Blockier-System (ABS) für Pkw, Stand der Entwicklung (März 1981), in: Polizei, Technik, Verkehr, 10/1981, S. 349–354.

Manfred Burckhardt, Fahrwerktechnik: Radschlupf-Regelsysteme, Würzburg 1993.

Joachim Burkhardt, Herbert Demel, Jürgen Gerstenmeier und Werner Huber, Qualitätssicherung in Entwicklung und Fertigung von Antiblockier-Systemen (ABS), Bosch Technische Berichte, Band 8, 1986–1989, Heft 4, 1986, S. 206–213.

Armin Czinczel, Das Antiblockiersystem: Die Bremse, die mitdenkt. ABS – eine Jahrzehnt-Entwicklung der Automobiltechnik, Bosch-Zünder, 58. Jg., 1978, 7, S. 7.

Daimler-Benz AG, »Sternbilder 78«, ganzseitige Anzeige, Süddeutsche Zeitung Nr. 300, 30. 12. 1978, 31. 12. 1978, 1. 1. 1979, S. 29.

Erik Eckermann, ABS, NLR und KLR: Fritz Ostwald und die Innovations-Kürzel, in: Geschichte und Zukunft des Automobils, 100 Jahre ATZ, Sonderheft 100 Jahre ATZ Automobiltechnische Zeitschrift, Wiesbaden 1998, S. 124–130.

Erik Eckermann, Dynamik beherrschen: Alfred Teves GmbH. Eine Chronik im Zeichen des technischen Fortschritts; Alfred Teves GmbH, Frankfurt/M.; Stuttgart 1986.

Olaf von Fersen (Hrsg.), Ein Jahrhundert Automobiltechnik. Personenwagen, Düsseldorf 1986, insbes. S. 421–427.

E. Herb, Dynamische Stabilitäts Control in BMW-Fahrzeugen, Vortrag 1996, CD-ROM, BMW 1997.

Hans Konradin Herdt, Bosch 1886–1986. Porträt eines Unternehmens. Stuttgart 1986.

Ann Johnson, Engineering Culture and the Production of Knowledge: An Intellectual History of Anti-Lock Braking Systems, PhD Dissertation, Princeton University, Typoscript 2000.

Uwe Kiencke und Martin Zechnall, Ein Digitalfilter unter Verwendung von Inkrementrechenschaltungen, Bosch Technische Berichte, Band 5 (1975–1977), 2, 1975, S. 97–107.

Max Kruk und Gerold Lingnau, 100 Jahre Daimler-Benz. Das Unternehmen, Mainz 1986.

H. W. Kummer und W. E. Meyer (Pennsylvania State University), Verbesserter Kraftschluss zwischen Reifen und Fahrbahn – Ergebnisse einer neuen Reibungstheorie, ATZ, Automobiltechnische Zeitschrift, 69. Jg., 1967, S. 245–251.

Heinz Leiber und Wolfgang Limpert, Der elektronische Bremsregler, ATZ, Automobiltechnische Zeitschrift, 71. Jg., 1969, S. 181–189.

Heinz Leiber und Armin Czinczel, Der elektronische Bremsregler und seine Problematik, ATZ, Automobiltechnische Zeitschrift, 74. Jg., 1972, S. 269–277.

Heinz Leiber, Armin Czinczel und Jürgen Anlauf, Antiblockiersystem (ABS) für Personenwagen, Bosch Technische Berichte, Band 7 (1980–1983), 2, 1980, S. 65–94.

Heinz Leiber, Dankesrede anlässlich der Verleihung des Aachener- und Münchener-Preises für Technik und angewandte Naturwissenschaft 1991, Typoscript, Robert Bosch-Archiv, Sign. 10/10/074.

Hans-Joachim Neu und Jürgen Helling, Bremskraftregelung bei Schnelllastwagen, ATZ, Automobiltechnische Zeitschrift, 71. Jg., 1969, S. 71–76.

N. N., M.A.N.-Lastzüge mit elektronischer Bremskraftregelung System Bosch-Knorr, ATZ; Automobiltechnische Zeitschrift, 73. Jg., 1971, S. 309–310.

Fritz Ostwald, Bremsregler für Fahrzeuge, VDI-Zeitschrift, Bd. 85, Nr. 24, 14. 6. 1941, S. 542–543.

Claudia Schmidt-Wehrmann, Der »Teves«-Mann verläßt Continental, Hannoversche Allgemeine, 30. 11. 2000.

The Elmer A. Sperry Award 1993, to Heinz Leiber, Wolf-Dieter Jonner, Hans Jürgen Gerstenmeier, for the conception, design and development of the Anti-lock Braking System for application in motor vehicles, Broschüre, hrsg. vom Board of Award, 21 Seiten, ohne Ort, 1974.

Marianne Waas-Frey, Damit Satelliten stabil im All stehen. Teldix bietet breites Geräteprogramm für Land-, Luft-, Wasser- und Raumfahrzeuge, Bosch-Zünder, 61. Jg., 1981, 7, S. 9.

Josef Wahl, Zwei Jahrzehnte Vorentwicklung, Erinnerungen eines Abteilungsleiters, Typoscript 1991, Robert Bosch-Archiv, Sign. 768006.

Karl Wessel, Deutsches Reichspatent, Nr. 492199: Bremskraftregler, insbesondere für Kraftfahrzeuge, patentiert ab 19. 10. 1928.

Anton Th. Van Zanten, Optimal Control of the Tractor-Semitrailer Truck, Ph.D. Thesis, Cornell University, Ithaca, 1974.

Anton Th. Van Zanten and Allan I. Krauter, Optimal Control of the Tractor-Semitrailer Truck, in Vehicle System Dynamics 7, 1978, S. 203–231.

Anton Th. Van Zanten, Rainer Erhardt and Georg Pfaff, VDC, The Vehicle Dynamics Control System of Bosch, SAE Technical Paper Series, 950759, 1995.

VI Blaupunkt und Mobile Kommunikation

Geschäftsberichte der Robert Bosch GmbH.

Persönliche Mitteilungen von Kurt Schips, Gert Siegle.

Günther Bolle, Mobile Kommunikation, Bosch Technische Berichte, Band 8 (1986–1989) 1/2, 1986, S. 1–6.

Robert Bosch GmbH (Hrsg.), 75 Jahre Bosch, Bosch-Firmenschrift, Stuttgart 1961.

Robert Bosch GmbH, Zentralabteilung Öffentlichkeitsarbeit (Hrsg.), Datenheft zur Bosch-Geschichte, 1999.

Peter Brägas, Fritz Busch und Claus Mardus, Die Übertragung von codierten Verkehrshinweisen über UKW-Rundfunksender mittels RDS, Bosch Technische Berichte, Band 8 (1986–1989) 1/2, 1986, S. 15–25.

Jochen Doering, Die Leiterbahn ersetzt das Kabel. Herstellung gedruckter Schaltungen für Blaupunkt-Geräte, Bosch-Zünder, 52. Jg., 1972, S. 196–197.

Hans Duckeck, 40 Jahre Autoradio in Deutschland, Technikgeschichte 40 (1973) 2, S. 122–131.

Rainer Hankel und Wilfried Urbanski, OKE – ein autarkes Ortungssystem für Einsatzfahrzeuge, Bosch Technische Berichte, Band 8 (1986–1989) 1/2, 1986, S. 57–65.

Klaus-Dieter Heinrich, 50 Jahre Autoradio Blaupunkt, Bosch-Zünder, 62. Jg., 1982, 4, S. 3.

Frieder Heintz und Peter M. Knoll, Kraftfahrzeuginformation: Ergonomie und Technik, Bosch Technische Berichte, Band 8 (1986–1989) 1/2), 1986, S. 32–46.

Theodor Heuss, Robert Bosch. Leben und Leistung. 1. Auflage, Tübingen, 1946; 2. erweiterte Auflage, München 1981.

Herbert Keppler, Verkehrswarnfunk wird erprobt, Bosch-Zünder, 51. Jg., 1971, S. 252.

Herbert Keppler, ALI führt Autofahrer besser ans Ziel. »Autofahrer-Lenkungs- und Informationssystem« von der Bosch-Gruppe und der TH Aachen entwickelt, Bosch-Zünder, 55. Jg., 1975, 3, S. 5.

Ernst-Peter Neukirchner und Wolf Zechnall, EVA – ein autarkes Ortungs- und Navigationssystem für Landfahrzeuge, Bosch Technische Berichte, Band 8 (1986–1989) 1/2, 1986, S. 7–14.

N. N., Optisches Signal im Auto weist dem Fahrer den Weg. Blaupunkt stellt neues Zielführungssystem ALI vor, Bosch-Zünder, 55. Jg., 1975, 3, S. 1.

N. N., Verkehrswarnfunk hilft dem Autofahrer. ARI-System jetzt offiziell eingeführt, Bosch-Zünder, 54. Jg., 1974, S. 94.

Eckart von Roda, Hybridschaltkreise in der Kraftfahrzeugelektronik, Bosch Technische Berichte, Band 7 (1980–1983), 3, 1981, S. 131–138.

Marianne Waas-Frey, Viele Schaltungen auf kleinstem Raum. Dickschichttechnik sorgt in Autoradios und Fernsehgeräten für hohe Zuverlässigkeit, Bosch-Zünder, 55. Jg., 1975, 9, S. 4.

VII Wie das Neue in das Unternehmen kommt

Geschäftsberichte der Robert Bosch GmbH, Geschäftsberichte der Siemens AG.

Bosch Presse-Informationen.

Persönliche Mitteilungen von Marcus Bierich, Kurt Binder, Christoph Burckhardt (DaimlerChrysler), Gerhard Conzelmann, Konrad Eckert, Otto Glöckler, Heiner Gutberlet, Wolf-Dieter Haecker, Gerhard Henneberger (Bosch, RWTH Aachen), Otto Holzinger, Kurt Schips, Friedrich Scholl, Hermann Scholl.

Walter Baier, 30 000 Bilder auf einer Platte. Der von der Bosch-Forschung entwickelte Laser-Bildspeicher eröffnet der Dokumentation neue Perspektiven, Bosch-Zünder, 57. Jg., 1977, 9, S. 6, Abb. S. 5.

Christian Bartsch, Mit hohem Druck zum niedrigen Verbrauch, FAZ, 9. 5. 2000, S. T 3.

Winfried Bernhardt, Dreiweg-Katalysatoren für Kraftfahrzeuge, Energiewirtschaftliche Tagesfragen, 38. Jg. (1988) 6, S. 456–462.

Kurt Binder, Die Elektrotechnik im Kraftfahrzeug – ein Beitrag zur Verkehrssicherheit, Bosch Technische Berichte, Band 4 (1972–1974), 4, 1973, S. 116–123.

Robert Bosch GmbH (Hrsg.), Diesel Report. 50 Jahre Bosch-Einspritztechnik, Bosch-Firmenschrift, Stuttgart 1977.

Robert Bosch GmbH, Zentralabteilung Öffentlichkeitsarbeit (Hrsg.), Datenheft zur Bosch-Geschichte, 1996–2000.

Der Bundesminister für Verkehr (Hrsg.), Verkehr in Zahlen, 20. Jg., 1991.

Hans-Otto Derndinger, Kraftfahrzeugmotoren, VDI-Zeitschrift, Jg. 106, 1964, S. 848–851.

Friedrich Dieringer und Gerhard Funk, Das Technische Zentrum Forschung Schillerhöhe, Bosch Technische Berichte, Band 3 (1969–1972) 5, 1971, S. 188–195.

Reiner Dillenburg, Frieder Heintz und Erich Zabler, Multiplexsystem als Kabelbaumersatz im Kraftfahrzeug, Bosch Technische Berichte, Band 5 (1975–1977) 2, 1975, S. 91–96.

Hermann Eisele, Abgas und Kontrolle. Neues Regelsystem von Bosch genügt auch verschärften Vorschriften, Bosch-Zünder, 56. Jg., 1976, 9. S. 5.

Olaf von Fersen (Hrsg.), Ein Jahrhundert Automobiltechnik. Personenwagen, Düsseldorf 1986.

Tobias Flegel, Meilenstein für bessere Luft. Vor 25 Jahren erfand Bosch die Lambda-Sonde, Bosch-Zünder, 81. Jg., 2001, 4, S. 7.

Ford Motor Company, Research. The First 50 Years, Dearborn 2001.

Otto Fritscher, Die Sparkönige von Wolfsburg, Süddeutsche Zeitung, Nr. 214, 16./17. 9. 2000, S. V3/49.

Errol J. Gay, Status of Automotive Petrol Injection in the United States of America, The Institution of Mechanical Engineers, Proceedings of the Automobile Division, 1957–58, No. 6, S. 174–184.

Otto Glöckler, Moderne Einspritztechnik für Ottomotoren, VDI-Berichte, Nr. 1256, 1996, S. 105–124.

Klaus-Dieter Heinrich, Siegeszug der Elektronik im Automobil. Wirkungsvolle Waffe im Kampf um das noch umweltfreundlichere Kraftfahrzeug, Bosch-Zünder, 63. Jg., 1983, 4, S. 1 f.

Horst Herberg, Ölpreise und Wirtschaftskrisen, Folgen einer Rohstoffverteuerung, in: Forschung, Mitteilungen der DFG 1/84, S. 25–26.

Ann Johnson, Engineering Culture and the Production of Knowledge: An Intellectual History of Anti-Lock Braking Systems, PhD Dissertation, Princeton University, Typoscript 2000.

Hans Konradin Herdt, Bosch 1886–1986. Porträt eines Unternehmens. Stuttgart 1986.

Uwe Kiencke, Controller Area Network – from Concept to Reality, Proceedings der 1. Internationalen CAN Conference, Erlangen 1994, S. 11–20.

Heinrich Knapp, Messen mit Platin und Gold. Hitzdraht-Luftmassenmesser bringt Vorteile für die Benzineinspritzung, Bosch-Zünder, 61. Jg., 1981, 7, S. 7.

Arno Körber, Patentschutz aus der Sicht eines Großunternehmens, in: Rudolf Boch (Hrsg.), Patentschutz und Innovation in Geschichte und Gegenwart, Peter Lang Verlag, Frankfurt/M., Berlin, Bern [u. a.] 1999, S. 25–31.

Jürgen Langer, Entwicklung eines Sauerstoffteildruck-Messgerätes mit elektrischer Anzeige, BBC-Nachrichten, 46, No. 9, September 1964, S. 479–483.

Heinz Leiber und Armin Czinczel, Antiblockiersysteme für Personenwagen mit digitaler Elektronik – Aufbau und Funktion, ATZ Automobiltechnische Zeitschrift, 81, 1979, 11, S. 569–583.

Hans L. Merkle, Einspritztechnik als Investitions-Motor, Auszüge aus einem Interview mit dem Süddeutschen Rundfunk, Bosch-Zünder, 56. Jg., 1976, 6, S. 3.

Gerhard Mensch, Das technologische Patt. Innovationen überwinden die Depression, Frankfurt a. M. 1975.

Martin Meyer, Does Science Push Technology? Patents Citing Scientific Literature, in: Research Policy 29 (2000), S. 409–434.

N. N., Die Kontrolle der Autoabgas-Schadstoffe in den USA, Neue Züricher Zeitung, 7. 8. 1972, S. 13.

N. N., Im Dienst des Fortschritts. Robert-Bosch-Kolleg gegründet/Aufbaustudien im Unternehmen, Bosch-Zünder, 60. Jg., 1980, 9, S. 1.

N. N., Studienzyklus abgeschlossen. Ein Jahr Robert Bosch Kolleg/Beispielhafte Einrichtung, BZ 61. Jg., 1981, 9, S. 1.

N. N., Chancen für den Dieselmarkt, Bosch-Zünder, 61. Jg., 1981, 6, S. 4.

N. N., EDV hilft konstruieren. Rechnergestützte Erzeugnisentwicklung bei Pkw-Scheinwerfern, Bosch-Zünder, 61. Jg., 1981, 8. S. 6.

N. N., Zentraleinspritzung in Serie. Mono-Jetronic – kostengünstiges System von Bosch für Chrysler, Bosch-Zünder, 63. Jg., 1983, 3, S. 1.

Franz Pischinger, Verbrennungsmotoren, Vorlesungsumdruck, Bd. I–II, 12. Auflage, RWTH Aachen 1991; 17. Auflage, RWTH Aachen 1996.

Stefan Pischinger, Die Zukunft des Verbrennungsmotors, RWTH Themen, 2/1999, S. 10.

Wolfgang Reitzle, Das Automobil, Zukunft durch Innovation und Faszination, Geschichte und Zukunft des Automobils. 100 Jahre ATZ, Sonderheft 1998, S. 46–52.

Rudolf Rühle, Die zentrale Forschung in der Bosch-Gruppe, Bosch Technische Berichte, Band 3 (1969–1972) 5, 1971, S. 181–187.

Gregor Schuster, Am Anfang steht eine Idee. Aus der Praxis des gewerblichen Rechtsschutzes, Bosch-Zünder, 51. Jg., 1971, S. 308–313.

Josef Wahl, Zwei Jahrzehnte Vorentwicklung, Erinnerungen eines Abteilungsleiters, Typoscript 1991, RB Archiv, Sign. 768006.

Heike Weishaupt, Die Entwicklung der passiven Sicherheit im Automobilbau von den Anfängen bis 1980 unter besonderer Berücksichtigung der Daimler-Benz AG, DaimlerChrysler Konzernarchiv, Stuttgart 1999.

Hartmut Weule, Technologiemanagement im integrierten Technologiekonzern, in: Handbuch für Technologiemanagement, hrsg. von Erich Zahn, Schäffer-Poeschel Verlag, Stuttgart 1995, S. 727–757.

Richard Zechnall, Auf neuen Wegen. Zukunftsperspektiven der Kraftfahrzeugausrüstung, Bosch-Zünder, 50. Jg., 1970, S. 112–113.

Personenregister